“十二五”国家重点图书出版规划项目

材料科学技术著作丛书

# 热力学、动力学计算技术在钢铁材料研究中的应用

苏　航　杨才福　柴　锋　潘　涛　王　卓　著

科学出版社

北　京

## 内 容 简 介

本书以作者长期在钢铁材料研发工作中积累的有关材料热力学、动力学方法的成功应用经验为基础，结合国内外最新研究进展，系统介绍了CALPHAD相图计算方法和热力学原理，以及各种材料热力学、动力学计算软件及相应的数据库，并以最流行的Thermo-Calc/DICTRA软件系统为例，重点讨论了如何利用这类方法和软件计算材料的一些基本热力学、动力学性质，最后介绍了运用该方法解决钢铁材料研究、生产中实际应用问题的系统案例。

本书适合从事钢铁材料研发、生产的科技人员和工程技术人员阅读使用，也可作为大专院校相关专业师生的教学参考用书。

**图书在版编目(CIP)数据**

热力学、动力学计算技术在钢铁材料研究中的应用/苏航等著. —北京：科学出版社，2012.6
(材料科学技术著作丛书)
"十二五"国家重点图书出版规划项目
ISBN 978-7-03-034510-3

Ⅰ.①热… Ⅱ.①苏… Ⅲ.①热力计算-应用-黑色金属-金属材料-研究 ②动力学-计算方法-应用-黑色金属-金属材料-研究 Ⅳ.①TG141

中国版本图书馆CIP数据核字(2012)第109978号

责任编辑：牛宇锋 谷 宾 / 责任校对：宋玲玲
责任印制：吴兆东 / 封面设计：耕者设计工作室

**科学出版社** 出版
北京东黄城根北街16号
邮政编码：100717
http://www.sciencep.com
**北京盛通数码印刷有限公司** 印刷
科学出版社发行 各地新华书店经销
*
2012年6月第 一 版 开本：B5(720×1000)
2024年1月第五次印刷 印张：15 3/4
字数：302 000
**定价：128.00 元**
(如有印装质量问题，我社负责调换)

# 《材料科学技术著作丛书》编委会

**顾　　问**　师昌绪　严东生　李恒德　柯　俊
　　　　　　颜鸣皋　肖纪美

**名誉主编**　师昌绪

**主　　编**　黄伯云

**编　　委**（按姓氏笔画排序）

干　勇　才鸿年　王占国　卢　柯
白春礼　朱道本　江东亮　李元元
李光宪　张　泽　陈立泉　欧阳世翕
范守善　罗宏杰　周　玉　周　廉
施尔畏　徐　坚　高瑞平　屠海令
韩雅芳　黎懋明　戴国强　魏炳波

# 序

工业革命以来，材料的研究与开发主要通过实验测试获得经验规律，根据经验规律建立一定的理论体系，再根据这些经验规律或理论指导新材料的研发。各种传统材料的大规模工业化生产使得其使用量呈数量级增长，而各种新材料的开发研制使材料性能，特别是功能的多样性明显提高，从而促进了各种新产品的开发。显微组织分析测试与表征、组织性能关系及强韧化理论的发展极大地推动了材料工业的发展。然而，由于影响材料性能的因素非常复杂，我们所能得到的理论并未包含所有的影响因素，因而是不完善的，而相关的经验规律也只是在特定的条件下（一定的化学成分范围、工艺条件范围等），甚至仅在特定的生产线和生产材料品种中才能使用。新材料甚至新品种的开发往往采用试错法（trial and error），通过大量反复的实验探索，得到较为合理的材料成分与生产工艺，再通过工业化试制使材料成分及生产工艺调整稳定，最后通过产品的长期实际使用情况及使用性能的测定完成材料及相关产品的定型。所以，新材料的开发应用往往需要数十年的时间。

计算机技术的高速发展可极大地促进新材料的开发研究，大规模数据库的建设使我们可以充分利用现有的生产经验和数据，高通量计算技术的突破使得我们可以在计算机上就实现大量新材料的成分、工艺及性能的计算和优选，甚至从原子电子层次进行新材料的设计，快速微区定点测试分析技术的发展使在一个宏观试样上快速得到不同化学成分、不同组织结构材料的性能成为可能。这些新技术的发展将推动材料工业的快速发展，使新材料的研究进入一个新时期——开发研究的成本显著降低并使研发周期缩短一半以上，2011 年美国发布的材料基因组计划就是新材料开发研究进入新时期的一个转折点。

钢铁材料是国民经济建设最重要的结构材料，近二十年来我国钢铁工业高速发展，粗钢产量从 1991 年的 7340 万吨增长到 2011 年的 6.83 亿吨，目前的生产使用量已接近世界产量的一半，已经成为世界钢铁大国并正在向世界钢铁强国迈进。在我国钢铁工业发展的历程中，材料热力学、动力学模拟计算技术的广泛采用起到了重要的推动和促进作用，目前在我国相关的研究单位、高等院校及钢厂技术中心均大量购置相关热力学、动力学软件，应用到新钢种的研制开发中去。

本书是钢铁研究总院在材料热力学、动力学模拟计算与先进钢铁材料研究开发领域的知名专家撰写的，首先深入介绍了目前在钢铁业界广泛采用的几种基于 CALPHAD 的热力学软件及数据库的原理和主要内容，然后介绍了利用相关软件和数据库进行材料热力学、动力学模拟计算的方法及基础算例，最后重点介绍了近年来在含铜钢、大线能量焊接船板钢、海洋平台用特厚钢板、V-N微合金钢、高铁车轮钢、9Ni低温钢等研制开发方面的成功实例，从研究项目背景、钢铁材料性能要求、热力学动力学模拟计算结果、合金设计方面详细介绍了研制开发的过程与结果，同时介绍了所研制钢材的组织结构及相关性能乃至钢材实际生产应用情况，对钢厂及钢铁材料研究领域的工程技术人员具有重要的参考作用。

希望该书的出版能够进一步促进热力学、动力学模拟计算技术在我国钢铁业界的广泛应用，推动我国钢铁工业健康持续发展，促进我国早日成为钢铁强国。

中国工程院　院士/副院长

2012年4月

# 前　　言

1997 年瑞典 Thermo-Calc AB 软件公司成立的时候，我国钢铁产量刚刚突破一亿吨。在我国钢铁工业粗放发展的外表之下，很少有人意识到，正是以钢铁为代表的材料工业的高速进步，使得若干年后，我国成为世界上材料热力学、动力学计算软件最重要的消费市场之一。

钢铁研究总院作为国内最大的专业钢铁材料研发机构，是最早在该领域引入国外热力学相图计算方法和软件的单位之一。在十多年的应用实践中，我们利用相关软件解决了钢铁材料研发、生产、应用方面遇到的多种技术问题，充分感受到这一方法对新材料的设计、工艺开发所带来的特殊价值，也无形中促进了材料热力学、动力学计算技术在我国钢铁行业的发展。今天国内已经有近百家企业、学校和研究院所引进了以 Thermo-Calc、FactSage 为代表的材料热力学、动力学计算系统和数据库，其中包括宝钢、鞍钢、武钢、太钢等十多家大型钢铁企业，还有数十个高校和研究单位。涉及的材料包括钢铁结构材料、高温合金、有色合金、金属功能材料、高分子材料、功能陶瓷、熔盐等，每年发表大量相关文章。2009 年成立了中国金属学会下属的材料计算与模拟学术委员会，每年定期组织召开相关学术交流和研讨会议，进一步推动了该领域的理论和应用工作发展。

应该看到，尽管使用国外商业计算软件可以很方便地实施合金相图计算等基础应用，但热力学、动力学模拟是一项专业性很强的工作，深入的应用必然需要材料研究者熟练掌握相关软件的使用原理和技巧，并对计算方法和数据库有所了解。遗憾的是，目前国内这方面的参考书籍还很少，已有的一些教科书多偏重于基础理论，还缺少从应用角度出发的系统性的入门书籍，这无形中制约了该技术的进一步普及和应用。

本书以作者在长期钢铁材料研发工作中积累的有关材料热力学、动力学方法的成功应用经验为基础，试图从材料研究者的视角编写一本深入浅出、侧重应用的参考资料。书中首先对目前主流的、基于 CALPHAD 计算的材料热力学方法的发展历史、基本原理和发展方向作一个综述性介绍（第 2 章），对国际上流行的主要软件工具进行逐一的解析（第 3 章），然后以最流行的 Thermo-Calc/DICTRA 软件系统为例，详细介绍如何利用这类方法和软件计算材料的一些基本热力学、动力学性质（第 4 章），最后，介绍作者应用该方法解决钢铁材料研究、生产中的一些实际应用问题的系统案例（第 5 章）。其中，第 1 章至第 4 章的内容主要是针对钢铁材料的，但对其他材料的研究也可能有借鉴之处。

由于作者水平和研究领域所限，本书并不能覆盖广泛的材料领域，且难免存在不少不足和疏漏之处。如果能为材料热力学、动力学计算的初学者提供一个粗浅的入门工具，对材料研究同行们提供一些有益的启发，编写本书的目的就达到了。

在本书的酝酿和成稿过程中，受到了钢铁研究总院张永权教授、雍岐龙教授的悉心指导，书中的一些计算实例来源于与燕山大学王青峰教授、上海大学鲁晓刚教授、钢铁研究总院沈俊昶高级工程师、朗宇平高级工程师等的深入探讨。瑞典 Thermo-Calc AB 公司提供了软件和技术上的重要支持，特别是 Shi（石平方）博士，本书的编写直接得益于他的指导与鼓励。在此对以上各位专家的辛勤付出深表谢意。

苏航

2012 年 4 月

# 目　录

# 第1章　绪　　论

数千年来，人类历史上新材料的研究与开发一直沿用了试错法（trial and error）的模式，经过反复、大量的实验摸索，才能探索到一种更好的材料成分与工艺。材料研究者和工艺师一直渴望达到这样的自由境界：能够从设计的材料组成和工艺来预知其组织性能，或根据性能要求来设计其组成和工艺。因此，探知材料的组成、工艺与微观结构，乃至宏观性能之间的关系，一直是新材料研究所关注的焦点和难题。

过去的几十年里，计算模拟技术的日益成熟对材料设计产生了革命性的影响。各种热力学和动力学模型的组合，使得预测材料加工过程中的成分、结构及性质成为可能。材料热力学、动力学、温度-应变场分析以及由此发展起来组织模拟、工艺模拟、计算机辅助合金设计及性能预报技术，在先进材料研发和生产工艺研究中的地位日益重要。

针对多元多相体系，将各元素、组元、相的热力学平衡信息以及材料加工过程中的相变动力学（以及化学反应、表面反应、形核、熟化、流体流动性等）信息整合在一个软件系统中，这就是材料热力学、动力学模拟系统。它们可以为许多不同的领域提供准确的计算服务，如冶金、钢铁/合金、陶瓷、高分子、化工、燃烧、溶液化学、地球化学甚至宇宙化学等。可以同时考虑的组分或相平衡可多达十几乃至几十种。这类方法最重要的特性之一就是提供了一种较之实验方法更为快捷的手段，使我们能够在不同外部和内部因素影响下研究热力学平衡以及动力学过程。这不仅可以大大简化实验研究工作、缩短研究时间、节约研究经费、缩短新产品开发周期，并且可以模拟极端条件下实际无法进行的实验，有力地促进原始创新和集成创新活动。

对于钢铁材料而言，材料热力学、动力学模拟的意义尤为重大。因为钢铁是产量最大、应用面最广的材料，其组成元素较多，生产工艺复杂，其中每一个环节的变化都对后续的工艺乃至最终产品的性能产生显著的影响。以前，钢铁材料的发展很大程度上依赖于工程师的知识和经验，具有很大局限性。随着近年来研究工作不断深入，物理冶金方面的研究取得了巨大进展，已经能够相当准确地把握钢铁材料内部发生的冶金现象。因此，钢铁冶金工业已经成为材料热力学、动力学模拟应用最为成功的领域之一。

这种方法上的巨大变化如图1-1所示。通过热力学、动力学计算，把握材料中每一个关键相的产生、演变过程，了解材料使用状态的相组成，再结合对这些组成相的特性的认识，去设计和预估材料的宏观力学性能、物理性能。

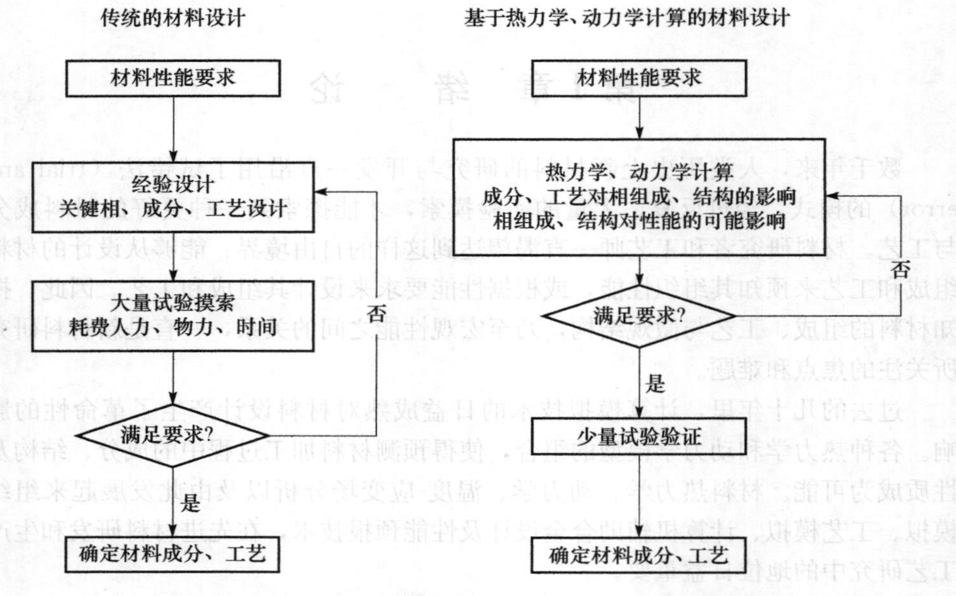


图 1-1　传统材料设计与基于热力学、动力学计算的材料设计

材料热力学计算的三大要素是热力学模型、热力学数据库和热力学软件。

(1) 热力学模型：从热力学基本原理出发，建立材料热力学的数学模型并以算法形式表达出来；

(2) 热力学数据：积累和优化各种材料体系的热力学数据，形成各类材料热力学数据库；

(3) 热力学软件：利用以上热力学数据库和计算模型，采用最小自由能等优化算法，实现各种条件下复杂体系的相平衡计算，从而获得计算相图或体系平衡的其他信息。

动力学计算以热力学计算为基础，但需要引入以时间为变量的扩散动力学模型和原子移动性数据库，通过大量的迭代运算，获得材料热力学状态随时间的变化关系，因此计算时间也更长。

通过将共性化的热力学基本模型与个性化的材料热力学数据库相结合，使得这些计算软件获得了前所未有的普适性，仅仅通过一些热力学参数的改变，就可以描述绝大多数材料的相变特性和主要物理化学特征。这是迄今为止，具有最广泛成功经验的材料设计理念，如图 1-2 所示。

正是看到这一发展趋势，2011 年 6 月，美国总统奥巴马宣布了一项超过 5 亿美元的“先进制造业伙伴关系”计划，其核心内容之一是所谓“材料基因组计划”

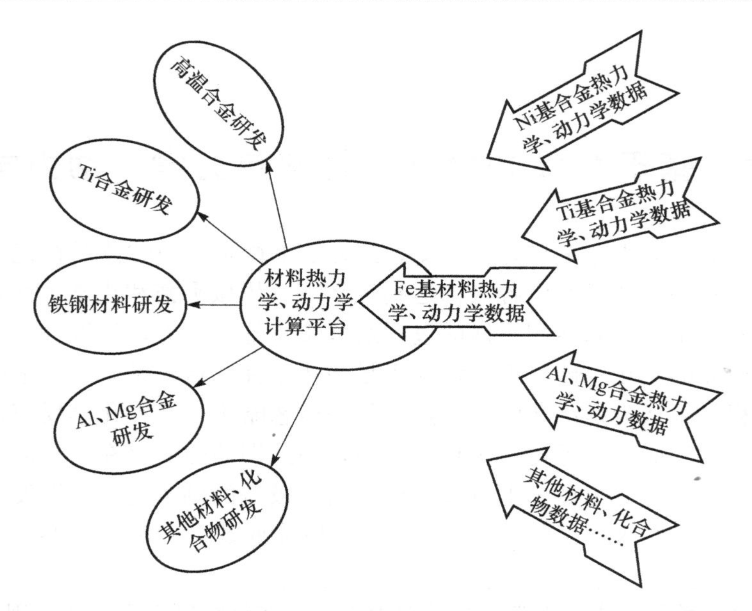


图 1-2　更换数据库可以方便地实现不同材料体系的热力学、动力学计算

(materials genome initiative，MGI)。“材料基因组计划”的目的是为新材料发展提供必要的工具集，通过强大的计算分析减少对物理实验的依赖，加上实验与表征方面的进步，显著加快新材料投入市场的种类及速度，其开发周期可从目前的10～20年缩短为2～3年。与“人类基因组计划”相比较，“材料基因组计划”中热力学、动力学参数等基础数据是区别各种材料特征的“基因”，而近年来材料基础数据获取手段的进步可以媲美当年“基因快速测序”手段上的突破。

可以看到，在这些理念和方法的影响下，材料科学的发展已经进入到一个全新的阶段，以材料热力学、动力学模拟为代表的材料计算技术，正在从根本上改变着数千年来经验主义占统治地位的材料研究历史。

# 第 2 章　基于 CALPHAD 的材料热力学、动力学模拟

热力学的基本概念是热力学平衡。热力学平衡是热力学体系在绝热情况下的一类最终状态，即体系中各点都达到热平衡、机械平衡和化学平衡，并且没有热流。实践中，如果达到平衡的过程远远快于外界压力、温度、化学成分带来的系统边界的变化，即可近似认为满足绝热条件，这就是“局部平衡假设”。如燃烧过程一般认为是绝热的，其热损失一般忽略不计。在化学反应器中，通常也认为化学反应速率远远大于热流速率，因此即使热流存在于反应器中，化学平衡（或局部化学平衡）也可以达成。两个极端的例子是：火箭发动机中燃烧产物在 $10^{-5}$ s 内达到平衡，而一些地质反应需要数百万年（$10^{14}$ s）才能达到平衡。

材料热力学是经典热力学和统计热力学理论在材料研究方面的应用，其目的在于揭示材料中相和组织的形成规律。其主要研究对象是：固态材料中的熔化与凝固以及各类固态相变、相平衡关系和相平衡成分的确定、结构上的物理和化学有序性以及各类晶体缺陷的形成条件等。同样，材料热力学也遵从“局部平衡假设”，为了保证计算的有效性和适用性，必要时还需引入高浓度溶液近似等其他约束条件。一些新的软件工具通过非线性项的近似处理，也可以对一些亚稳态相平衡做出计算。

简言之，一个典型热力学模型的主要组成部分应包括：

（1）热力学平衡的温度、压力参数；

（2）体系的化学元素列表、数量及基本性质；

（3）体系的组元列表及其热力学性质；

（4）相平衡方程；

（5）相中各组元的分布；

（6）保证平衡假设的其他约束条件，如高浓度溶液的近似处理等。

热力学模型的求解取决于很多基本化学及热力学数据。因此，现代热力学软件一般都需要以物质的热力学性质数据库为支撑。数据库的规模及更新速率已成为判断一个热力学模拟软件成熟与否的关键。

从理论模型的提出，到求解方法的探索，再到数据库的建立，再到软件系统的开发和应用，这些构成了材料热力学计算技术发展的基本脉络。

## 2.1　材料热力学计算简史

如果从1878年吉布斯（Gibbs）提出著名的“相律”开始算起，材料热力学方法已经发展了130余年。但作为一类独立的模拟研究工具，第一个材料热力学计算软件的出现仅有40余年的历史。在这一发展过程中，一些著名的研究工作包括：

1878年，吉布斯发表了《非均质体系的平衡》这一经典之作，提出了“相律”的概念及理论，成为经典热力学的重要里程碑，奠定了复杂化学反应体系热力学判定的理论基础[1]。

1899年，Roozeboom把相律应用到了多组元系统，把理解物质内可能存在的各种相及其平衡关系提升到了理论阶段。其后，Roberts-Austen通过实验构建了Fe-$Fe_3C$相图的最初的合理形式，使钢铁材料的研究开始有了理论支撑。

20世纪初，Tamman等通过实验建立了大量金属系相图，有力地推动了合金材料的开发，被认为是那个时代材料研究的主流基础性工作。

1923年，路易斯（Lewis）和兰德尔（Randall）出版了《化学物质的热力学与自由能》一书[2]，构筑了热力学理论与实践的桥梁。此后，布拉格（Bragg）和威廉斯（Williams）利用统计方法建立了自由能理论。这些工作使热力学的分析研究有可能与材料结构的有序性等微观认识结合起来，意义巨大。但由于计算工作量很大，直到计算机出现后实际意义上的热力学计算才成为可能。

计算平衡组成的第一批算法由Brinkley和Kandiner在“多元体系平衡组成计算”[3]、“复杂平衡问题的计算”[4]等文章中提出。他们的算法使用了平衡常数的概念。此后，White、Johnson和Dantzig在“复杂体系的化学平衡”[5]一文中提出了另一个基于吉布斯自由能最小化的算法。

第一个实用性的、带有物质热力学性质数据库的计算机程序是20世纪60年代由美国国家航空航天局（National Aeronautics and Space Administration，NASA）的Zeleznik、Gordon和McBride开发的[6,7]，采用了当时通用的IBM704或7090计算机，此程序可用于计算化学平衡组成、火箭推进剂比冲以及炸药爆轰等。必须承认，早期的热力学模拟和计算主要是出于火箭发动机设计的需要。如果没有充分的理论手段研究燃烧过程中数以百计的复杂化学反应，现代火箭发动机是难以开发出来的。

在这些工作的基础上，NASA不断地进行开发和完善，至今已经形成了一个名为CEA（chemical equilibrium with applications）的大型软件包，并在持续更新中（详细情况参见http://www.grc.nasa.gov/WWW/CEAWeb/）。大约在同时，出于军事用途，苏联也开发了类似的软件，用于研究火箭推进剂的燃烧平衡产物[8]。

热力学计算的第二个阶段与冶金工业的发展有关。传统的冶金化学主要是研究主导反应（或独占反应），但这一近似很不可靠，环境参数（温度、压力、初始组成）的变化往往会改变主导反应的次序。因此，热力学计算对冶金过程研究提供了极大的帮助。1971 年 Eriksson 发表的“高压力平衡的热力学研究”[9]就是该领域早期的工作。1975 年 Eriksson 发表了首个基于吉布斯自由能最小化的计算程序 SOLGASMIX，在此基础上逐渐开发了用于计算复杂化学平衡的软件 ChemSage，后来又发展成功能更为全面的 FactSage 软件包[10,11]。

20 世纪 70 年代由 Kaufman、Hillert 等倡导的相图热力学计算，使金属、陶瓷材料多元相图的研究走进了一个新的发展时期[12]。在热力学数据库支持下相图计算（calculation of phase diagram，CALPHAD）逐渐成熟，形成了一种相平衡研究的 CALPHAD 模式，其核心是理论模型与热力学数据库的完美结合，从低组元系统合理推算高组元系统的热力学数据。1973 年成立了 CALPHAD 国际工作组织，专门从事基于热力学数据的合金系及陶瓷系相图的计算工作。在 1976 年 CALPHAD 国际会议上，Lukas 展示了进行热力学优化的 BINGS 和 BINKFKT 计算程序，它们能根据实验数据广泛同步地进行模型系数的调整，实现热力学和相图实验数据的耦合。此后，一批通用的相图计算软件在 20 世纪 80 年代逐渐崛起，如 Thermo-Calc、FACT、Luka 和 MTDATA 等[13]。

Thermo-Calc 是 CALPHAD 模式的典型代表。1981 年瑞典皇家工学院的 Sundman 教授等领导开发了这一系统，还特别考虑了对非理想体系的计算方法，此系统借助强大的优化算法，配合开放的数据库系统和广泛的数据支持，很快成为冶金、材料领域最为强大的热力学计算工具软件之一。后来在此基础上又开发了 DICTRA 计算软件，将功能扩大到扩散动力学过程的计算。至今该系统仍在不断发展之中[14]。

关于材料热力学发展历程简单汇总如图 2-1 所示。

目前热力学计算领域形成了众多的算法和软件。这种多样性首先是由于热力学体系的多样性（如燃烧过程与固态相变差异很大）导致热力学模型众多，其次是由于热力学计算依赖于特定的材料热力学数据库。但在材料工程领域中，目前居主导地位的是以计算相图（CALPHAD）方法为核心的热力学计算工具，并形成了材料热力学研究的 CALPHAD 模式或称 CALPHAD 学派，流行的软件包括 Thermo-Calc/DICTRA、FactSage、Pandat、JMatPro 等，我们将在下一章重点介绍。

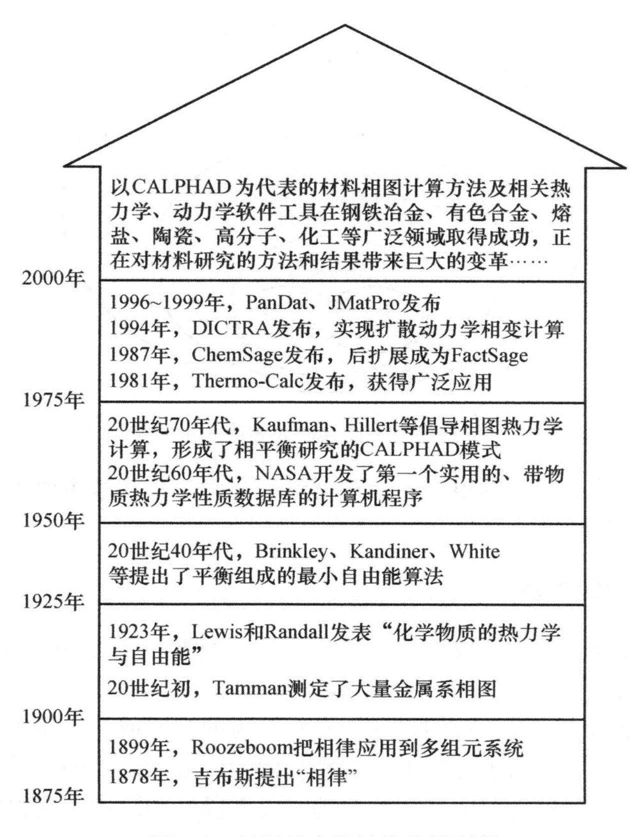

以CALPHAD为代表的材料相图计算方法及相关热力学、动力学软件工具在钢铁冶金、有色合金、熔盐、陶瓷、高分子、化工等广泛领域取得成功，正在对材料研究的方法和结果带来巨大的变革……
2000年
1996~1999年，PanDat、JMatPro发布
1994年，DICTRA发布，实现扩散动力学相变计算
1987年，ChemSage发布，后扩展成为FactSage
1981年，Thermo-Calc发布，获得广泛应用
1975年
20世纪70年代，Kaufman、Hillert等倡导相图热力学计算，形成了相平衡研究的CALPHAD模式
20世纪60年代，NASA开发了第一个实用的、带物质热力学性质数据库的计算机程序
1950年
20世纪40年代，Brinkley、Kandiner、White等提出了平衡组成的最小自由能算法
1925年
1923年，Lewis和Randall发表“化学物质的热力学与自由能”
20世纪初，Tamman测定了大量金属系相图
1900年
1899年，Roozeboom把相律应用到多组元系统
1878年，吉布斯提出“相律”
1875年


图 2-1　材料热力学计算发展历程

## 2.2　材料相图计算

材料热力学计算的三大要素是热力学数据库、热力学模型和计算软件。材料热力学研究和应用成果十分丰富，其主要工作大致分为三个层次，如图 2-2 所示。

(1) 热力学模型及热力学数据：积累和优化各种材料体系的热力学数据，形成各种材料热力学数据库，从有限的热力学数据出发，建立热力学模型并以数学形式表达出来；

(2) 热力学软件及算法：利用以上热力学数据库、计算模型和相关优化算法，实现复杂体系相平衡状态的计算，以获得计算相图或体系平衡的其他信息；

(3) 热力学计算应用：利用以上软件及算法，针对特定材料体系，通过研究材料在不同温度、工艺条件下微观相组成、相变趋势等的变化及其与材料宏观物理、化学、力学性能的关系，实现对材料性能的预测和优化。

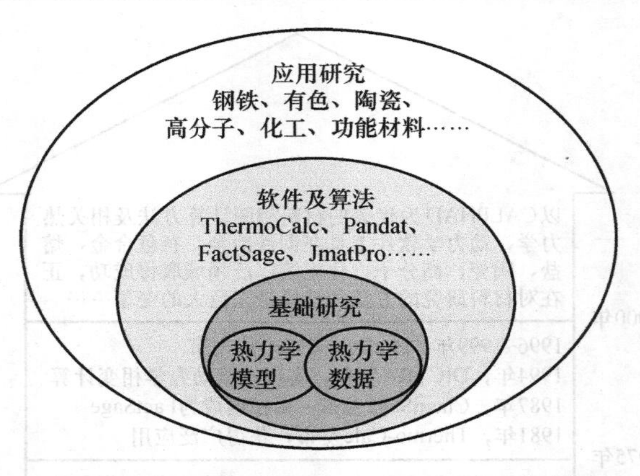


图 2-2　材料热力学计算研究和应用的三个层次

热力学计算的涵盖范围很广，但对材料研究而言，其最主要也是最成功的核心应用是相图计算。

### 2.2.1　计算相图的兴起

相图是以温度、压力、成分、浓度为参数的材料状态的可视化描述。因此，其经常作为认识了解合金基本状态的基础和蓝图。合金设计离不开相图这一工具。传统的合金设计主要依赖的是基于实验获得的二元或三元相图。但对于新材料而言，实验相图的获取十分困难，特别是四元、五元以上的体系基本没有可用的实验相图。相图计算是解决这一困境的有效手段。相图按其获得的手段可以分成三类。

(1) 实验相图（experimental phase diagrams）：利用各种实验手段（热分析、热膨胀、金相、X 射线衍射、电子探针微区成分分析等）测定的相图，以二元、三元系为主。二元合金相图大体都已经绘制完成，三元合金相图目前只有少部分可查，四元合金实验相图还极为少见。

(2) 理论相图（theoretical phase diagrams）：也称第一原理计算相图，是不需要任何参数，利用从头计算方法实现的理论计算相图，目前还在理论研究及探索阶段，只在个别二元和三元体系材料设计方面有少量报道。

(3) 计算相图（calculated phase diagrams）：也称热力学计算相图，是在严格的热力学理论框架下，利用各种相关热力学参数计算的相图。目前这种方法理论成熟、应用广泛，不仅可以再现各种实验二元相图，而且可解决大量三元、四元、五元以及复杂体系的材料设计问题。本书所讲的计算相图均是指热力学计算相图。

材料热力学模型的准备工作从 20 世纪初就已经开始了。1908 年 van Larr 就进行了计算相图的尝试[15]，他利用了吉布斯自由能的概念，首次采用正规溶液模型计算了二元系相平衡，得到了一系列形成偏晶、共晶、包晶、退化固溶体和溶解度间隙的二元相图。

20世纪60年代初，Broesh和Shaner利用电子空穴理论预报脆性相的形成，提出了后来称为PHACOMP（相计算，phase computation）的计算方法，并用于Ni基高温合金的设计，开创了现代合金设计的先河。这种方法基于这样一个理论：每个元素都有一个特定的电子空穴序数，其平均电子空穴序数与其合金中的拓扑密排相有关。虽然这种方法在Ni基高温合金中的应用很好，但是在其他高温合金中应用时仍然需要校正，也难以应用到更广泛的合金体系中。尽管具有很多局限性，但PHACOMP体现了多元合金相分析对于合金设计的重要性[16]。

热力学计算相图真正成为一个重要研究领域是在高性能计算机和算法技术成熟后的20世纪70年代。随着热力学、统计力学和溶液理论与计算机技术的发展，由Kaufman和Hillert等倡导，经过两代人的努力，相图研究从以相平衡的实验测定为主进入了热化学与相图计算机耦合研究的新阶段，并发展成为一门介于热化学、相平衡和溶液理论与计算技术之间的交叉学科分支——CALPHAD方法，其标志是1977年创办的CALPHAD国际性学术杂志[12,13]。

CLAPHAD计算是一种建立在实验数据基础上，合乎热力学原理的相图再现过程。其精华是根据已知的热力学和相平衡数据，为低组元（二元和三元）系统中各相的吉布斯能获得热力学模型参数，然后从低组元系统通过外推方法获得多组元合金相的吉布斯能。这些吉布斯能值在许多情况下能让我们计算出可靠的多组元相图。实验工作仅仅是为了验证而不是为了确定整个相图。这种模式追求采用普适性热力学模型来计算多元系的相平衡。虽然这种计算仍依赖于由实验获得的热力学参数，但已可以说，相平衡成分的获得已达到了真正意义上的理性阶段。

由CALPHAD方法获得的计算相图，由于热力学与相图间的高度自洽性等一系列优点，成为相图研究中最活跃的领域之一。基于CALPHAD方法的相关热力学模拟软件的出现，使相平衡研究真正成了材料设计的一部分，成为冶金、化工等过程模拟的重要工具。

### 2.2.2　CALPHAD相图计算的热力学原理

1. 热力学描述和模型[17]

众所周知，按照经典热力学理论，平衡的多元体系具有最小的吉布斯自由能

$$G_{eq} = \min\left(\sum_{i=1}^{p} n_i G_i^{\phi}\right) \tag{2-1}$$

式中，$n_i$ 代表摩尔数；$G_i^{\phi}$ 代表 $i$ 相的吉布斯摩尔自由能；$G_{eq}$ 代表体系的平衡自

由能。

一个体系的热力学描述要求每一个相都有对应的热力学函数。相图计算方法应用了各种模型，描述温度、压力、浓度与各个相自由能函数的关系。一个相的自由能可以写成

$$G^{\phi} = G^{\phi}_{T}(T,x) + G^{\phi}_{p}(p,T,x) + G^{\phi}_{m}(T_{C},\beta_{0},T,x) \tag{2-2}$$

式中，$G_T(T,x)$ 是由温度 $T$、成分 $x$ 贡献的吉布斯自由能；$G_p(p,T,x)$ 是由压力 $p$ 贡献的吉布斯自由能；$G_m(T_C,\beta_0,T,x)$ 是磁性项的吉布斯自由能，由居里温度或尼尔温度 $T_C$、原子平均磁矩 $\beta_0$ 确定。

浓度项 $G_T$ 对温度的依赖关系，一般可表示为 $T$ 的幂级数

$$G = a + bT + cT\ln(T) + \sum d_n T^n \tag{2-3}$$

式中，$a$、$b$、$c$ 以及 $d_n$ 是系数；$n$ 是整数。为表示纯元素，$n$ 的典型值一般取 2、3、−1、7、−9[18]。该函数在温度高于德拜温度时有效。一般而言，只有前两项用于描述超额吉布斯自由能。文献［18］还给出了压力和磁性对吉布斯自由能的影响，然而凝聚体系中压力的影响一般可以忽略不计。

将多元体系中一个相的吉布斯自由能 $G^{\phi}$ 分解为三个独立的部分，将有助于研究

$$G^{\phi} = G^{0} + G^{\text{ideal}} + G^{\text{ex}} \tag{2-4}$$

式中，第一项 $G^0$ 是机械混合相的吉布斯自由能；第二项 $G^{\text{ideal}}$ 对应的是理想溶液的混合能量；第三项 $G^{\text{xs}}$ 是所谓的超额项，是由相变和化学反应所引发的额外能量，是我们研究的重点。为描述超额吉布斯自由能 $G^{\text{ex}}$，Hildebrand[19] 提出了“正规溶液”的概念来描述各种溶液和固溶体中不同元素的相互作用，此后，人们提出了一系列模型来描述偏离“正规”的相，即成分变化伴随着强烈热力学性质变化的相。其中，对于液相有离子液体模型[20]和缔合物模型[21]等；对于有序固相，Wagner 和 Schottky[22]引入了晶格缺陷的概念以描述偏离化学计量比的现象，Bragg 和 Williams[23]提出了有序/无序相变。今天常用的模型类别包括：对无序相多采用满足化学计量比、相对简单的正规溶液模型；对具有一定溶解度范围或存在有序/无序相变的有序相，多采用亚点阵模型。以下的例子给出了二元相模型描述，很容易扩展到三元或更高元体系。

二元化学计量相的吉布斯自由能由下式给出

$$G^{\phi} = x^{0}_{A}G^{0}_{A} + x^{0}_{B}G^{0}_{B} + \Delta G^{f} \tag{2-5}$$

式中，$x^0_A$ 和 $x^0_B$ 分别是元素 A 和 B 的摩尔分数，由化合物的化学计量比确定；$G^0_A$ 和 $G^0_B$ 是元素 A 和 B 的基准状态；$G^f$ 是生成吉布斯自由能。前两项对应于式（2-4）中的 $G_0$，第三项对应于式（2-4）中的 $G^{\text{ex}}$。由于没有随机的混合，对化学计量相，式（2-4）中的 $G^{\text{ideal}}$ 为零。

二元溶液相，如液相和无序固溶相，在正规溶液模型中定义为元素的随机混合

$$G^{\phi} = x_{A}^{0}G_{A}^{0} + x_{B}^{0}G_{B}^{0} + RT\{x_{A}\ln x_{A} + x_{B}\ln x_{B}\} + x_{A}x_{B}\sum_{i=0}^{n}G_{i}(x_{A} - x_{B})^{i} \tag{2-6}$$

式中，$x_{A}$ 和 $x_{B}$ 是摩尔分数；$G_{A}^{0}$ 和 $G_{B}^{0}$ 分别是元素 A 和 B 的基准状态。前两项对应式（2-4）中的 $G^{0}$，第三项对应式（2-4）中的随机混合项 $G^{\text{ideal}}$，第四项中的 $G_{i}$ 是式（2-4）中超额吉布斯自由能 $G^{\text{ex}}$ 的系数，求和项 $(x_{A} - x_{B})^{i}$ 是 Redlich-Kister 多项式[24]，它是正规溶液模型中最常用的多项式。过去也用过其他形式的多项式，但是大都可以转化为 Redlich-Kister 多项式形式[25]。

最复杂也是最通用的模型是亚点阵模型，经常用来描述有序二元溶液相。该模型的基本假定是在晶体结构中每个不同位置都从属于一个亚点阵。例如，CsCl（B2）结构由两个亚点阵构成，其中一个主要由 Cs 原子占据，另一个主要由 Cl 原子占据。一个存在两个亚点阵、并存在化学计量比置换偏差的有序二元溶液相，可以描述如下：

$$\begin{aligned}
G^{\phi} = {} & x_{A}G_{A}^{0} + x_{B}G_{B}^{0} + RT\{a^{1}(y_{A}^{1}\ln y_{A}^{1} + y_{B}^{1}\ln y_{B}^{1}) + a^{2}(y_{A}^{2}\ln y_{A}^{2} + y_{B}^{2}\ln y_{B}^{2})\} \\
& + y_{A}^{1}y_{A}^{2}G_{AA}^{0} + y_{A}^{1}y_{B}^{2}G_{AB}^{0} + y_{B}^{1}y_{A}^{2}G_{BA}^{0} + y_{B}^{1}y_{B}^{2}G_{BB}^{0} \\
& + y_{A}^{1}y_{B}^{1}y_{A}^{2}\sum_{i=0}^{n_{1A}}G_{i}^{2A}(y_{A}^{1} - y_{B}^{2})^{i} + y_{A}^{1}y_{B}^{1}y_{B}^{2}\sum_{i=0}^{n_{1B}}G_{i}^{2B}(y_{A}^{1} - y_{B}^{1})^{i} \\
& + y_{A}^{1}y_{A}^{2}y_{B}^{2}\sum_{i=0}^{n_{1A}}G_{i}^{1A}(y_{A}^{2} - y_{B}^{2})^{i} + y_{B}^{1}y_{A}^{2}y_{B}^{2}\sum_{i=0}^{n_{1B}}G_{i}^{1B}(y_{A}^{2} - y_{B}^{2})^{i} + y_{A}^{1}y_{B}^{1}y_{A}^{2}y_{B}^{2}G^{hp}
\end{aligned} \tag{2-7}$$

式中，$y_{A}^{1}$、$y_{B}^{1}$、$y_{A}^{2}$ 和 $y_{B}^{2}$ 代表了亚点阵 1 和 2 中元素 A 和 B 的浓度；$a^{1}$ 和 $a^{2}$ 表示亚点阵 1 和 2 的占位分数，即单个晶胞中它们所占据的点阵位置分数。且

$$a^{1}y_{A}^{1} + a^{2}y_{A}^{2} = x_{A}$$
$$a^{1}y_{B}^{1} + a^{2}y_{B}^{2} = x_{B}$$
$$y_{A}^{1} + y_{B}^{1} = 1$$
$$y_{A}^{2} + y_{B}^{2} = 1$$

式（2-7）中的前两项对应于式（2-4）中的 $G^{0}$，第三项对应于公式（2-4）中的 $G^{\text{ideal}}$，其他项对应于式（2-4）中的超额自由能项 $G^{\text{ex}}$。参数 $G_{AA}^{0}$、$G_{AB}^{0}$、$G_{BA}^{0}$ 和 $G_{BB}^{0}$ 可以看做是某种“终端组元”的吉布斯自由能，当每一个亚点阵只被一种元素占据时形成所谓“终端组元”，它可以是现实存在的（如 $A_{a}^{1}B_{a}^{2}$，元素 A 和 B 分别在亚点阵 1 和 2 上），也可以是假想的（如 $A_{a}^{1}A_{a}^{2}$、$B_{a}^{1}A_{a}^{2}$ 及 $B_{a}^{1}B_{a}^{2}$）。剩余的 $G^{\text{ex}}$ 相关项描述了一个亚点阵中原子的相互作用，类似于无序溶液相的常规溶液型模型。这种模型是由 Sundman 和 Ågren 首先提出，随后 Andersson 等进行了

改良[26]。为了利用该模型处理有序/无序转变，$G^{ex}$相关项中的各个系数之间并非是独立的。Ansara 等针对 fcc/$L1_2$ 相的有序/无序转变导出了这种相关关系[27]，并对该模型进行了改进以适用于无序相的热力学性质的独立估算[28]。Chen 等针对有序相提出了另一个模型[29]。

必须指出，式（2-5）和式（2-6）事实上都是式（2-7）的特殊形式。如果考虑一个亚点阵，式（2-7）便简化成式（2-6）；如果两个亚点阵中只包含一种元素，那么式（2-7）就简化为式（2-5）。对亚点阵的一般性描述，使我们能够形成对多元相的数学描述并建立相关的计算方法。Lukas 等[25]对此给出了研究实例。

我们已经知道，在给定温度、压力、成分条件下，热力学平衡状态时吉布斯自由能最小。基于这一基本原理，吉布斯提出了众所周知的化学势平衡条件，即在所有平衡相 $\phi$ 中的每一个成分 $n$ 的化学势 $\mu_n^\phi$ 都相同

$$\begin{cases}\mu_1^1=\mu_1^N=\cdots=\mu_1^\phi\\ \mu_2^1=\mu_2^N=\cdots=\mu_2^\phi\\ \quad\cdots\cdots\\ \mu_n^1=\mu_n^N=\cdots=\mu_n^\phi\end{cases}\tag{2-8}$$

化学势与吉布斯自由能有以下众所周知的关系

$$G=\sum_{i=1}^{n}\mu_i x_i\tag{2-9}$$

式（2-8）包含 $n$ 个非线性方程，可进行数值计算求解。所有的 CALPHAD 类相图计算软件，无论是 Hillert 的二步法[30]还是 Lukas 等的一步法[25]都采用吉布斯自由能最小化原理，用这些方法得到的方程通常是非线性的，可采用牛顿-拉夫逊（Newton-Raphson）算法，对非线性方程作泰勒级数展开，忽略高阶导数项后，通过迭代计算完成数值求解。

2. 热力学参数的确定

不同体系的吉布斯自由能函数的系数通过实验数据确定。为了获得一组优化的系数，最好各种类型的实验数据都能考虑进来，如实验相图、化学势和熵等数据。通过试错法或数学归纳法从这些实验数据中确定优化的一组系数。试错法只适用于可用数据类型很少的情况，随着组元数或者数据类型的增加该方法的工作量会急剧增大。这种情况下，采用数学归纳方法，如高斯最小二乘法[31]、马夸特方法[32]或者贝叶斯估计方法[33]会更为有效，确定体系热力学参数的过程通常称为一个体系的“估定（assessment）”或者“优化（optimization）”。

3. 多组元体系

更多组元的体系可以通过低阶子系统的超额热力学参量外推获得。已发展了

几种方法来确定这种外推公式，Hillert 分析了各种外推方法[34]，推荐采用易于推广 Muggianu 方法[35]。利用该方法，通过二元相吉布斯自由能外推三元相吉布斯自由能的公式如下：

$$
\begin{aligned}
G^{\phi} = & x_{A}G_{A}^{0} + x_{B}G_{B}^{0} + x_{C}G_{C}^{0} + RT\{x_{A}\ln x_{A} + x_{B}\ln x_{B} + x_{C}\ln x_{C}\} \\
& + x_{A}x_{B}\sum_{i=0}^{n_{AB}} G_{i}^{AB}(x_{A} - x_{B})^{i} + x_{A}x_{C}\sum_{i=0}^{n_{AC}} G_{i}^{AC}(x_{A} - x_{C})^{i} \\
& + x_{B}x_{C}\sum_{i=0}^{n_{BC}} G_{i}^{BC}(x_{B} - x_{C})^{i}
\end{aligned}
\tag{2-10}
$$

其中，每一个二元项的参数 $G_{i}^{jk}$ 与式（2-6）中取一样的值。如果必要的话，可以加入一个三元相的附加项 $x_{A}x_{B}x_{C}G^{ABC}$（$T,x$），用来描述三种元素相互作用对吉布斯自由能的贡献。

CALPHAD 发展了所谓“估定”的方法来完成简单体系到多元体系的递推和重建。一般而言，对于一个多元体系的估定步骤如图 2-3 所示。首先，确立组成该多元系的各个二元体系的热力学描述；其次，利用热力学外推法，将热力学函数从二元推广到三元或更高元的体系中；最后，根据外推结果设计严格的实验，比较试验结果和外推结果。如果发现偏差较大，可添加高阶的相互作用函数到该多组元体系的热力学方程中，而前面已经提到，相互作用函数的系数可以基于这些实验数据估定而来。原则上，对于一个 $n$ 元体系，重复进行以上步骤，可依次对组成它的二元、三元……体系进行估定，直到 $n$ 元体系被估定。当然，经验表明，多数情况下四元以上体系就几乎无需校正了。由于在合金体系中很少有真正的四元相，大多数三元系被估定后就足以描述一个 $n$ 元体系了。

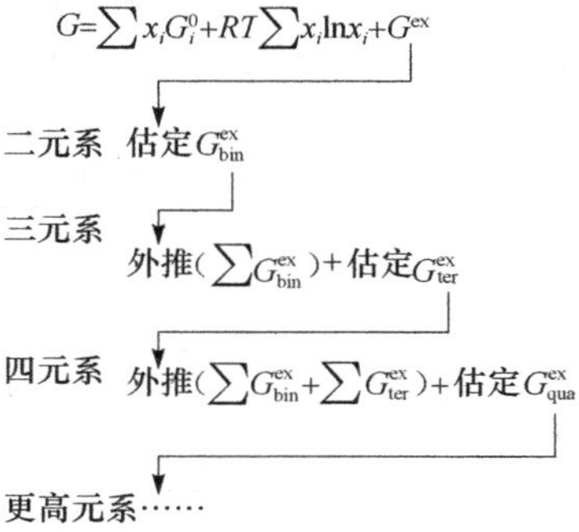

$G=\sum x_{i}G_{i}^{0}+RT\sum x_{i}\ln x_{i}+G^{ex}$

二元系　估定 $G_{bin}^{ex}$

三元系　外推（$\sum G_{bin}^{ex}$）+ 估定 $G_{ter}^{ex}$

四元系　外推（$\sum G_{bin}^{ex}+\sum G_{ter}^{ex}$）+ 估定 $G_{qua}^{ex}$

更高元系……

图 2-3　多组元体系 CALPHAD 相图计算的基本步骤（估定超额自由能后的子体系可用于外推更高组元体系）

热力学数据库是热力学计算的基础。目前主要的材料体系如钢铁材料、铝合金、硅酸盐等的数据近乎完备，仅在金属系统中就已建立了 3000 多个二元合金的实测相图，加上其他的实测数据来源，CALPHAD 相图计算的数据基础已经基本具备。

### 2.2.3　CALPHAD 相变动力学计算模型

早在 20 世纪 80 年代已经开始了合金热力学和动力学耦合的系列研究，瑞典皇家工学院和马克斯普朗克钢铁研究所的合作促进了与 Thermo-Calc 并行发展的 DICTRA（diffusion controlled transformation）动力学计算软件的形成[36]。该软件运用 Thermo-Calc 计算的热力学数据，通过同时求解控制液态和固态相变的扩散和热力学方程，来对多元合金的扩散反应进行动力学模拟。

目前 DICTRA 是唯一能够模拟多元系统中动力学扩散控制转变的软件包。它在假定各相界面都满足热力学平衡的基础上，基于求解材料不同相区域内的多元扩散方程，实现对多组元合金系的扩散动力学模拟计算。计算过程中所需要的平衡热力学数据由 Thermo-Calc 软件提供，动力学数据由相关数据库提供。因此 DICTRA 可以同时使用热力学数据库中的多元合金热力学数据计算扩散的热力学因子、动力学数据库中的移动性（mobility）数据计算合金的互扩散系数（inter-diffusion coefficient）。

图 2-4 为 DICTRA 软件的基本计算原理图，除了单相模型（one-phase model）外，其他五种模型（移动相界模型、弥散体系模型、粗化模型、晶胞模型、协同生长模型）均是基于 Thermo-Calc 计算的热力学相平衡计算数据[36]。

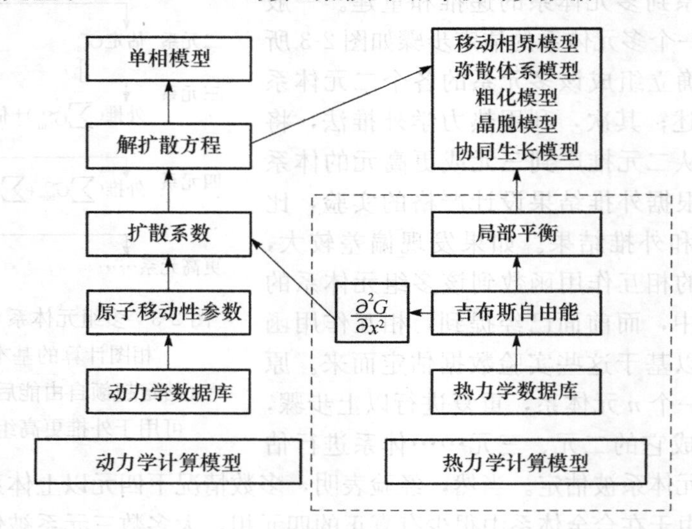


图 2-4 DICTRA 动力学计算基本步骤

在多组元体系中，求解动力学扩散问题面临的难题之一是组元间大量交互作用带来的模型的复杂性。含有 $n$ 个组元的相其互扩散矩阵中有 $(n-1)^2$ 个交互项，每一项都与成分和温度相关。DICTRA 通过引入原子移动性参数（mobility），将问题大大简化，$n$ 个组元的互扩散矩阵只需要 $n$ 个与成分、温度相关的原子移动性参数即可对体系扩散性进行描述。

多组员体系中，原子移动参数可描述为 Arrhenius 方程形式

$$M=\frac{M^0}{RT}\exp\left(\frac{-\Delta Q}{RT}\right) \tag{2-11}$$

式中，$M^0$ 为频率因子；$\Delta Q$ 为扩散激活能；$R$ 为理想气体常量；$T$ 为热力学温度。

对于 $n$ 个组元的体系，若以体积固定参考系，则相互扩散系数可以由原子移动性参数表征为

$$D_{kj}^{n} = \sum_{i} (\delta_{ik} - x_k) x_i M_i \left( \frac{\partial \mu_i}{\partial x_j} - \frac{\partial \mu_i}{\partial x_n} \right) \tag{2-12}$$

式中，$\delta_{ik}$ 为克罗内克判据，若 $i=k$ 则 $\delta_{ik}=1$，否则 $\delta_{ik}=0$；$x_i$、$\mu_i$ 和 $M_i$ 分别是元素 $i$ 的摩尔分数、化学势和原子移动性参数。

在 A-B 二元系中，式（2-12）可简化为

$$\widetilde{D} = (x_A M_B + x_B M_A) x_A x_B \left( \frac{\partial^2 G_m}{\partial^2 x_A} + \frac{\partial^2 G_m}{\partial^2 x_B} - 2 \frac{\partial^2 G_m}{\partial x_A \partial x_B} \right) \tag{2-13}$$

式中，$G_m$ 为摩尔自由能；$\widetilde{D}$ 为本征扩散系数。

扩散系数确定后，求解以下多元扩散方程组[37]，即可得到体系各组元的浓度分布及其变化信息

$$J_k = -\sum_{j=1}^{n-1} D_{kj}^{n} \frac{\partial c_j}{\partial z}, \quad k = 1,2,3,\cdots,n \tag{2-14}$$

式中，$J_k$ 为扩散通量；$\frac{\partial c_j}{\partial z}$是组元 $j$ 的浓度梯度。

对于一些特定的材料体系，也有软件采用了以下半经验公式实现相变动力学曲线 TTT 的简化计算

$$\tau(x,T) = \frac{1}{\alpha D \Delta T^q} \int_0^x \frac{\mathrm{d}x}{x^{2(1-x)/3}(1-x)^{2x/3}} \tag{2-15}$$

式中，$\alpha=\beta 2^{(G-1)/2}$，$\beta$ 是一个经验系数，$G$ 是 ASTM 晶粒度；$D$ 是有效扩散系数；$\Delta T$ 是过冷度；$q$ 是一个取决于有效扩散机制的指数；$x$ 是转变的百分数。

运用 DICTRA 中不同的模型可以模拟计算具有重要科学和实际意义的过程，相关算例有 ε 相不锈钢的沉积[38]、硬质合金的梯度烧结[39]、合金的瞬时液相焊接[40]、电子材料焊接[41]、基底和无铅焊料合金的界面反应[42]等。Thermo-Calc/DICTRA 组合是研究扩散型相变和模拟材料过程有力的工具，本书第 3 章将对软件有详细的介绍，读者也可参阅文献［14］获得深度的理论介绍。

### 2.2.4　合金集团型数据库

“合金集团（alloys group）”型数据库是 CALPHAD 得以成功的另一个重要技术支撑。“合金集团”的概念是指由几个或十几个元素组成的一个有限系统，是针对特定领域的材料计算问题而建立的热力学数据库，其规模大小对应于特定领域材料设计和生产的实际需要。

由于多元合金相图是一个极其庞大的集合，如由 50 个元素构成的二元相图为 4400 个，如前所述，现已实测 3000 多个，应该说二元相图的主要任务已基本完成。但这些元素构成的三元相图达 84800 之多，每个相图又有若干个温度的等温截面，这个数字将大得难以在几十年内用任何方法完成其研究。如果再考虑到四元、五元合金，对于实验和计算来说都将是无法接受的数字。因此，尽管完善多元相图是人类的终极目标，但是在一个阶段内人们只能追求阶段目标，针对实际的材料研究、设计、开发需要，确定符合这一目标的“合金集团”，并在可接受的时期内完善其相图和数据库，用于工程实践。

在一个合金集团中，实验相图研究的重点是二元、三元相图，这不仅因为这类相图的实验工作量相对较小，实验难度小，实际用途大；更重要的是二元、三元相图研究完成后，相关的热力学参数就会得到补充、评估和优化，为计算更高元相图积累所必需的热力学数据。

例如，由 6 个元素组成的合金集团相图总数为 57，对于实验研究虽然工作量很庞大，但对于热力学计算还是可以承受的。钢铁材料中的不锈钢、高速钢、耐热钢、镍基高温合金、高强高韧铝合金、钛合金等都是由特定的 6～20 个元素所组成的合金集团，其中的各种合金相图经过多年来的研究，多数已经实验测定或计算过了，可以为合金设计提供有力的支撑。另外，前面提到的集团内的相图总数是最大数值，必要数值有时要比这个数值要小得多。

计算相图软件所依赖的数据库大都是这样一些合金集团型数据库，如著名的 TCFE 数据库，涉及钢铁材料中常见的 20 种元素（Fe、Al、B、C、Co、Cr、Cu、Mg、Mn、Mo、N、Nb、Ni、O、P、S、Si、Ti、V、W），包括了它们构成的所有二元系的评估数据和一些三元系的评估数据，以及少量高阶体系的数据，适用于各种钢铁材料的相图计算。更大范围的合金集团型数据库如“SGTE 物质数据库 SSUB”，包括了 99 种元素及其 5000 种化合物的热力学基本数据。一般而言，合金集团越大，覆盖面越广；合金集团越小，专业性越强。目前这样的数据库目前已经有多达近百种，本书第 3 章中会有详细介绍。

## 2.3 材料热力学计算的特点和发展趋势

### 2.3.1 CALPHAD 热力学计算的特征和优势

对于实际应用的二元或三元合金来说，成分设计参照现有的相图还比较方便。但真正完善的三元相图不是很多，四元或更多元系统的相图信息就更少了。因此对三元和更多元的系统，通过热力学方法计算出平衡的相成分、相体积分数是非常有意义的，这就是基于热力学计算的材料设计。

CALPHAD 方法的巨大成功，使相平衡计算真正成了材料设计的一部分，在钢铁冶金、石油化工、陶瓷水泥、电子器件以及特种功能材料等广泛的领域之中得到应用。现今 CALPHAD 方法的内涵已不再局限于相图-热化学的耦合，而是拓展至宏观热力学计算与量子化学第一原理相结合，以及宏观热力学计算与动力学模拟相结合等，新一代的计算软件和多功能数据库层出不穷。基于 CALPHAD 方法的材料热力学计算已经成为材料科学成熟而重要的分支。

总结起来目前计算相图的主要特点和优点如下。

### 1. 据实而考，实验热力学与计算热力学数据高度自洽

CALPHAD 方法将实验数据与理论模型高度融合，充分考虑了体系热力学性质和相平衡信息之间的内在联系，基于所有可以获得的合理实验数据，在严密的理论模型下拟合出一组描述体系中各相热力学性质的表达式，用于相平衡条件下的相图计算。体系所有热力学数据之间的自洽性，是 CALPHAD 方法最重要的优点之一，为由二元系热力学性质预测多元系的热力学性质奠定了可靠的基础。

### 2. 以简推繁，外推和预测复杂体系热力学性质和相图

传统的用实验测定相图方法，即使测定一个二元系的相图也十分复杂和繁琐，更何况大量具有实用价值的三元、高元相图。通过多个简单体系的热力学数据来推导复杂体系的热力学性质和相图，这是 CALPHAD 方法的核心价值所在。它对合金设计和工业过程模拟均有重大意义，对合金相图的实验测定也是重要参考。

### 3. 由易而难，热力学性质和相图向亚稳平衡区域的外插

利用相图计算可以外推和预测相图的亚稳部分，从而建立体系的亚稳相图，并可以计算一些在实验条件下极难达到的平衡（如高压、高温、放射性条件下的平衡），给出有价值的信息。这使得材料热力学计算的应用范围得到了极大的扩展。

### 4. 积少成多，形成热力学数据的有效积累模式

以往实验测定的二元、三元相图适用面很窄，更换其中一个组分就需要测定新的相图。CALPHAD 方法提供了高效的热力学参数“估定”模式，基于二元体系向多元体系的递推来提供可靠的热力学参数。因此，基础热力学数据的收集、比较、评估和优化成为有长远价值的工作，经过较长时间的积累，终会构筑

起适用于某一类材料研究的热力学数据库。因此，专业性的材料热力学性质数据库的成为一个非常活跃的研究领域，开发了许多商业化的专业数据库群。

5. 由静致动，热力学计算与动力学计算相结合

实际意义上的材料设计离不开对体系动力学状态的把握。借助于日渐成熟的热力学计算方法，基于扩散过程计算的动力学模拟也得到极大发展。两者相结合，使得严格意义上的材料设计成为可能。Thermo-Calc 与 DICTRA 的结合是这一方面的典范之作。

### 2.3.2 材料热力学计算的发展方向

可以预期 CALPHAD 热力学方法的研究和拓展在今后一段时间仍将是材料设计领域一个热门的主题，而相关软件工具的发展也正在迎来一个高峰时期。从宏观上看，目前 CALPHAD 方法和软件的三个发展方向值得关注。

1. CALPHAD 方法与量子力学第一性原理结合

量子力学第一性原理（first principles）计算，是一种从量子力学的角度求解构成多粒子系统的薛定鄂方程的量子理论全电子计算方法，是最严格的理论计算方法，但同时又是一种较复杂的计算方法。其严格的理论基础，可以使得热力学数据的获取更为准确、严谨和方便。

第一原理计算有着半经验方法不可比拟的优势：只需要知道构成微观体系各元素的原子序数，而不需要任何其他的经验参数，就可以应用量子力学来计算出该微观体系的总能量、电子结构等，进而计算结构能、生成热、相变热和热力学函数等热力学性质。因此，第一性原理计算是相图计算的有效补充，可取代部分实验获得体系的热力学性质，充实 CALPHAD 热力学数据库，并且，第一性原理的电子结构计算和统计力学相结合可以获得合金的热力学函数随成分、温度和压力的变化。近年来，基于密度泛函理论的第一性原理计算与分子动力学相结合，在物理性质预测、材料设计、合成和评价诸多方面有许多突破性的进展，已经成为计算材料科学的重要基础和核心技术[43,44]。例如，Kaufman 等用此方法计算了 Cr-Ta-W 相[45]。第一性原理计算与集团变分法或蒙特卡罗方法模拟计算相结合可以直接计算相图，Colilet 总结了这方面的成果[46]。由第一性原理计算提供热力学数据库，再由 CALPHAD 方法预测多元合金系的热力学性质和相图，也已经报道开发了一系列针对特定材料的计算软件[47]，如图 2-5 所示。应该指出的是，由于多元体系的复杂性，这方面的工作多为探索性研究，还远不能取代基于实验和估定热力学参数的多元相图计算方法。

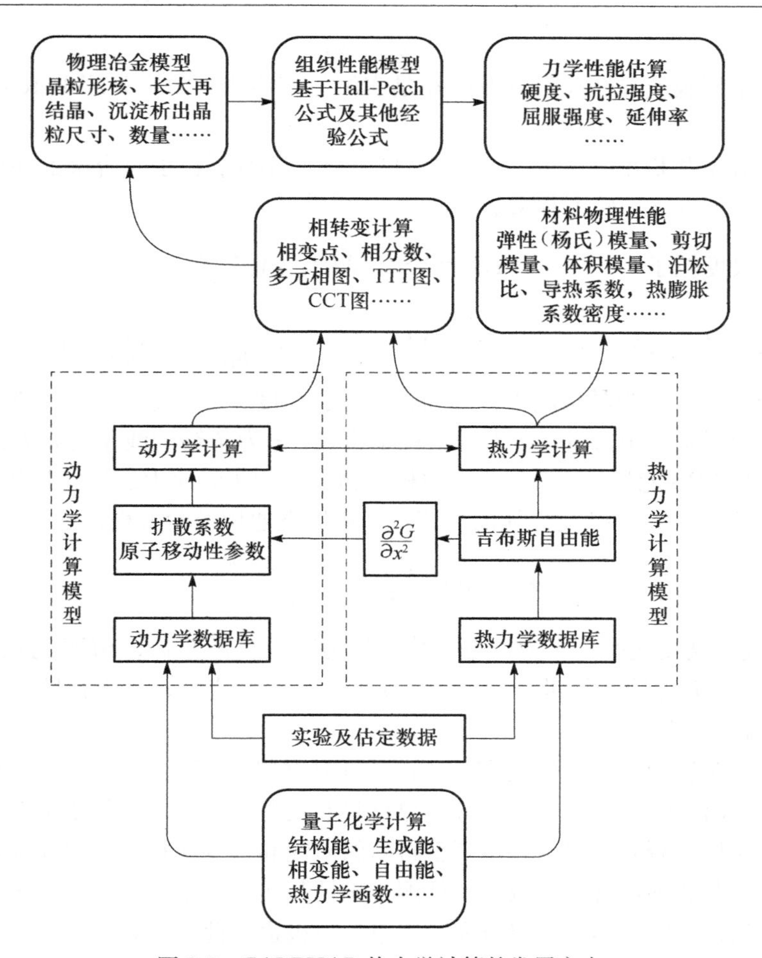


图 2-5　CALPHAD 热力学计算的发展方向

2. CALPHAD 方法与半经验的材料物理冶金模型相结合

采用热力学相图计算能帮助我们了解成分、温度变化对材料相组成、相结构的影响，然而，要将这些信息转化为最终用户想要了解的材料性能信息，还需要一个大的跨跃，需要建立材料相组成、相结构与材料宏观性能特征的关系，如 TTT 图、CCT 图、力学性能、物理性能等。

以钢铁材料、高温合金为代表，对材料的物理冶金规律研究已经形成大量的关于形核、再结晶、析出长大以及组织-性能关系的经验、半经验模型，可实现一些常见材料的动态相变过程、物理性能乃至基本力学性能的估算[48]。

如对固溶强化合金，单相合金的屈服或弹性极限应力可以用 Hall-Petch 公式计算

$$\sigma_y = \sigma_0 + kd^{1/2} \tag{2-16}$$

式中，$\sigma_y$ 是屈服或弹性极限应力；$\sigma_0$ 是实测流变应力；$k$ 是 Hall-Petch 系数；$d$ 是晶粒大小。

又如对 $\gamma'$相析出强化的 Ni 基超耐热合金，微小 $\gamma'$粒子对合金的屈服强度的强化效果可用以下经验方程来表征

对小尺度粒子
$$YS_1 = YS_0 + M\frac{\gamma}{2\boldsymbol{b}}\left[A\left(\frac{\gamma f d}{\tau}\right)^{1/2} - f\right] \tag{2-17}$$

对于大尺寸的粒子
$$YS_1 = YS_0 + 1.72M\frac{\tau f^{1/2}}{2\boldsymbol{b}d}\left(1.28\frac{\gamma d}{\omega\tau} - 1\right)^{1/2} \tag{2-18}$$

式中，$YS_0$ 和 $YS_1$ 为晶格屈服强度和合金屈服强度；$M$ 为泰勒系数；$\boldsymbol{b}$ 为柏格斯矢量；$A$ 为形状因子常量；$d$ 为析出粒子直径；$\tau$ 为位错的线张力；$f$ 为 $\gamma'$体积分数；$\gamma$ 为 APB 能量；$\omega$ 为一个表明析出物内部位错间斥力的经验常数。

Ni 基合金的高温蠕变性能的计算可采用以下通用经验方程：

$$\dot{\varepsilon} = AD\left(\frac{SFE}{G\boldsymbol{b}}\right)^3\left(\frac{\sigma - \sigma_0}{E}\right)^n \tag{2-19}$$

式中，$\dot{\varepsilon}$ 代表蠕变速率；$A$ 为材料常数；$D$ 为有效扩散系数；$SFE$ 为层错能；$G$ 为剪切模量；$\boldsymbol{b}$ 为柏氏矢量；$\sigma$ 为外加应力；$\sigma_0$ 为背应力；$E$ 为弹性（杨氏）模量；$n$ 为蠕变指数。

这方面典型的一个软件是 JMatPro，可对材料硬度、抗拉强度、屈服强度、延伸率等作出半经验预测，对部分成熟材料有较好参考价值。但受限于材料组织性能关系模型的研究现状，外推到新材料的研究和预测还存在诸多风险，而且在组成较为复杂的钢铁材料领域，其预测准确性与实测结果仍有较大差距。国内钢铁研究总院、中国科学院金属研究所等单位也报道过此类计算模型和软件的开发工作[49]，如图 2-6 所示。但总体而言，至少在钢铁材料研究领域，这类性能预测工作距离成熟的商业应用还有一段路要走。

Thermo-Calc 软件团队提出的 TC-PRISMA 系统是一个值得期待的工具软件，它以 Thermo-Calc、DICTRA 为基础，引入了经典的晶胞/析出相的形核、长大、粗化模型，可以计算材料的 TTT/CCT 相变曲线、晶粒/析出相尺寸分布、晶粒长大过程、形核速率、长大速率以及一些基本物性参数，理论基础较强，据称有望获得较好的适用面[50,51]。

3. CALPHAD 方法与相场方法相结合

相场理论（multiphase field method）建立在统计物理学基础上，以金兹堡-朗道（Ginzburg-Landau）相变理论为基础，通过微分方程来反映扩散、有序化势与热力学驱动力的综合作用。它是描述在平衡状态中复杂相界面演变的强有力工具[52]。

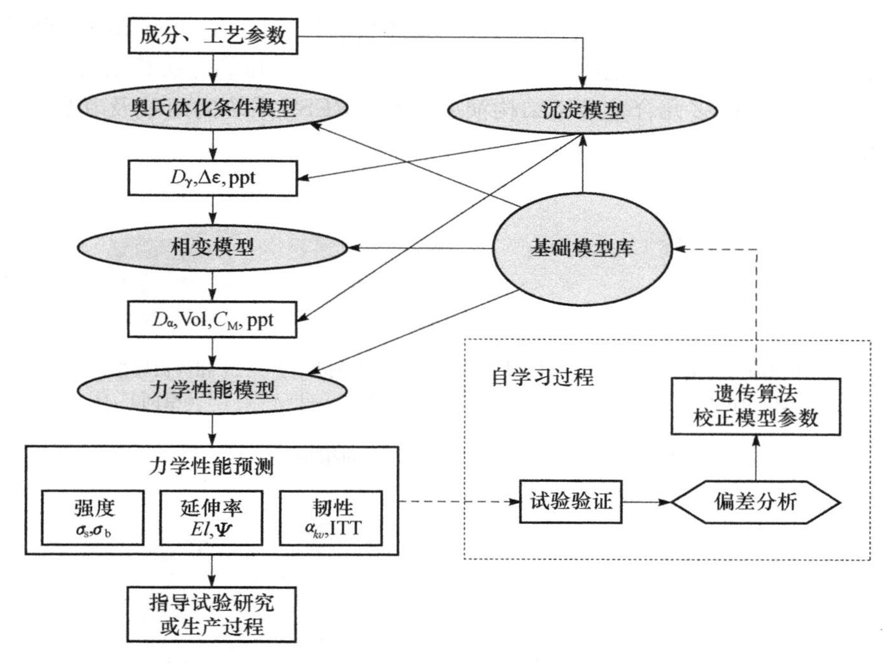


图 2-6　钢铁研究总院开发的材料性能预报软件[49]

相场法由引入相场变量 $\varphi$ 而得名。$\varphi$ 是一个有序化参数，表示系统在时间和空间上的物理状态。对凝固过程，$\varphi=1$ 时表示全固相，$\varphi=0$ 时表示全液相；在固液界面上 $\varphi$ 的值在 0～1 之间连续变化，且当所有物相 $i=1$，2，…，$N$ 时，存在 $\sum_{i=1}^{N}\varphi_i=1$。

例如，在晶粒长大时唯一的驱动力是晶界能最小化，此时的相场方程可以写为

$$\dot{\varphi}_i=\sum_{j=1}^{N}\mu_{ij}\sigma_{ij}\left[(\varphi_j\nabla^2\varphi_i-\varphi_i\nabla^2\varphi_j)+\frac{\pi^2}{2\eta^2}(\varphi_i-\varphi_j)\right] \tag{2-20}$$

式中，$\dot{\varphi}_i=\dfrac{\partial\varphi_i}{\partial t}$，即物相 $i$ 的相场变量 $\varphi$ 对时间的偏导数；$\eta$ 为晶格间距；$\mu\sigma$ 为动力学因子项，是表面能与界面移动性的乘积；$\nabla$ 为拉普拉斯算子。通过有限差分或有限元方法求解以上方程，即可得到相界在空间和时间上的变化情况。

相场方程的解可描述金属系统中固液界面的形态、曲率和界面的移动，从而避免了跟踪复杂固液界面的困难。目前该方法已成为微观组织模拟中的研究热点，属于材料科学的前沿研究领域，详细介绍可参阅文献［52］、［53］。

将 CALPHAD 方法与相场方法相结合，可以研究材料在制备、加工过程中组织演化及分布情况。MICRESS 是这一领域的代表性软件。MICRESS（microstructure evolution simulation software）软件系统是德国 Aachen ACCESS 公司开发的一款优秀软件，它把热力学、扩散动力学计算与相场方法相结合，模拟随温度及时间过程的多元合金显微结构演变。MICRESS 系统的组成及其典型研究方向和领域如图 2-7～图 2-9 所示。

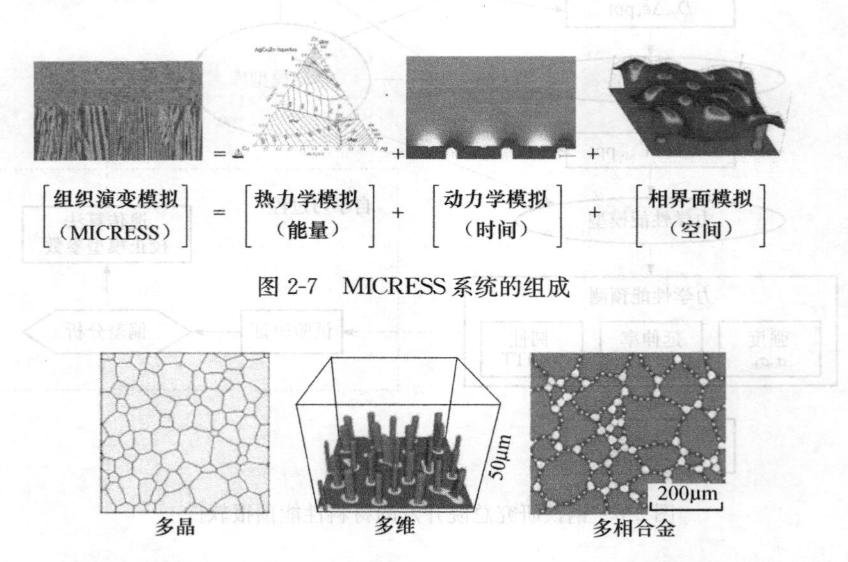


图 2-7 MICRESS 系统的组成

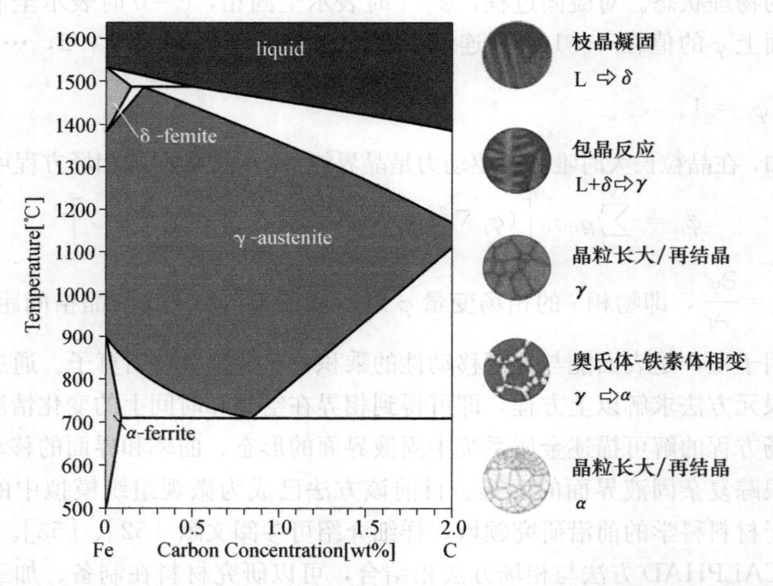


图 2-8 MICRESS 对多晶、多维、多元、多相合金体系的模拟研究



图 2-9 MICRESS 系统研究钢铁材料从凝固到相变、再结晶过程中各种相的分布和演变界面图

## 2.4 本章总结

本章回顾了材料热力学计算的发展历史，重点介绍了基于 CALPHAD 方法的材料热力学相图计算、相变动力学计算基本原理，分析了 CALPHAD 热力学计算的特征和优势，即与实验数据的良好吻合、对多元体系外推能力、对亚稳态组织外推能力、日益完善的数据积累、热力学与动力学的良好结合等。也总结了该领域最新的发展方向和有关成果。

从根本上说，材料热力学计算成功的三大要素是热力学数据库、热力学模型和计算软件。CALPHAD 理论成功解决了热力学、动力学的模型问题，而相关数据库和软件将是下一章介绍的重点。

### 参 考 文 献


[1] Gibbs J W. On the equilibrium of heterogeneous substances [J]. Transactions of the Connecticut Academy, 1876, 3: 108～248.

[2] Lewis G N, Randall M. Thermodynamics and the Free Energy of Chemical Substances [M]. New York: McGraw-Hill, 1923.

[3] Brinkley S R. Calculation of equilibrium composition of systems of many constituents [J]. Journal of Chemical Physics, 1947, 15 (2): 107～110.

[4] Kandiner H J, Brinkley S R. Calculation of complex equilibrium problem [J]. Industrial and Engineering Chemistry Research, 1950, 42 (5): 850～855.

[5] White W B, Johnson S M, Dantzig G B. Chemical equilibrium in complex mixtures [J]. Journal of Chemical Physics, 1958, 28 (5): 751～755.

[6] Zeleznik F J, Gordon S A. General IBM 704 or 7090 computer program for computation of chemical equilibrium compositions, rocket performance, and chapman-jouget detonations [J]. NASA Technical Note D, 1962: 1454.

[7] Gordon S, McBride B J. Computer program for calculation of complex chemical equilibrium composition, rocket performance, incident and reflected shocks and chapman-jouget detonations [J]. NASA Special Publication, 1971: 273.

[8] Alemasov V E, Dregalin A F, Tishin A P, et al. Thermodynamic and Thermophysical Properties of Combustion Products [M]. Moscow: Keter Publishing House, 1971.

[9] Eriksson G. Thermodynamic studies of high temperature equilibria [J]. Acta Chemica Scandinavica, 1971, 25 (7): 2651～2658.

[10] Eriksson G, Hack K. ChemSage—a computer program for the calculation of complex chemical equilibria [J]. Metallurgical Transactions B, 1990, 21B: 1013～1023.

[11] Siniarev G B, Vatolin N A, Trusov B G. Primenenie EVM Dlia Termodinamicheskih Raschetov Metallurgicheskih Protsessov (Thermodynamic Modeling of Metallurgical

Processes with Computer) [M]. Moscow: Nauka, 1982.

[12] Kaufman L, Nesor H. Coupled phase diagrams and thermochemical data for transition metal binary systems [J]. Calphad, 1978, 2: 325～348.

[13] Okamoto H. Co-Gd (Cobalt-Gadolinium) [J]. Journal of Phase Equilibria, 1993, 14: 257～259.

[14] Anderson J O, Helander T, Hoglund I, et al. Thermo-Calc and Dictra, computational tools for materials science [J]. Calphad, 2002, 26 (2): 273～312.

[15] Van Larr J J. Melting or solidification curves in binary system [J]. Zeitschrift fur Physikalische Chemie Bd, 1908, 63: 216～220.

[16] 潘金生，仝键民，田民波. 材料科学基础 [M]. 北京：清华大学出版社，1998：132～136.

[17] Ursula R, Kattner. Thermodynamic modeling of multicomponent phase equilibria [J]. The Journal of the Minerals, Metals & Materials Society, 1997, 49 (12): 14～19.

[18] Dinsdale A T. SGTE data for pure elements [J]. Calphad, 1991, 15: 317～425.

[19] Hildebrand J H. The activities of molten alloys of thallium with tin and with lead [J]. Journal of the American Chemical Society, 1929, 51: 66～80.

[20] Hillert M, Staffansson L I. Regular-solution model for stoichiometric phases and ionic melts [J]. Acta Chemica Scandinavica, 1970, 24: 3618～3626.

[21] Sommer F. Thermodynamic investigations of liquid copper-titanium alloys [J]. Zeitschrift fur Metallkunde, 1982, 73: 72～76.

[22] Wagner C, Schottky W. Theorie der geordneten mischphasen [J]. Journal of Physical Chemistry, 1930, B11: 163～210.

[23] Bragg W L, Williams E J. The effect of thermal agitation on atomic arrangement in alloys [J]. Proceeding of the Royal Society Series A, London, 1934, 145: 699～730; 1935, 151: 540～566.

[24] Redlich O, Kister A T. Algebraic representation of thermodynamic properties and the classification of solutions [J]. Industrial and Engineering Chemistry, 1948, 40: 345～348.

[25] Lukas H L, Weiss J, Henig E T. Strategies for the calculation of phase diagrams [J]. Calphad, 1982, 6: 229～251.

[26] Andersson J O, Fernández Guillermet A, Hillert M, et al. A compound-energy model of ordering in a phase with sites of different coordination numbers [J]. Acta Metallurgica, 1986, 34: 437～445.

[27] Ansara I, Sundman B, Willemin P. Thermodynamic modeling of ordered phases in the Ni-Al system [J]. Acta Metallurgica, 1988, 36: 977～982.

[28] Ansara I, Dupin N, Lukas H L, et al. Thermodynamic assessment of the Al-Ni system [J]. Journal of Alloys and Compounds, 1997, 247: 20～30.

[29] Chen S L, Kao C R, Chang Y A. Site preference of substitutional additions to triple-de-

fect B2 intermetallic compounds [J]. Intermetallics, 1995, 3: 233~242.

[30] Hillert M. Some viewpoints on the use of a computer for calculating phase diagrams [J]. Physica B+C, 1981, 103B: 31~40.

[31] Lukas H L, Henig E T, Zimmermann B. Optimization of phase diagrams by a least squares method using simultaneously different types of data [J]. Calphad, 1977, 1 (3): 225~236.

[32] Marquardt D W, Soc J. An algorithm for least-squares estimation of nonlinear parameters [J]. Journal of Applied and Industrial Mathematics, 1963, 11: 431~441.

[33] Königsberger E. Improvement of excess parameters from thermodynamic and phase diagram data by a sequential Bayes algorithm [J]. Calphad, 1991, 15: 69~78.

[34] Hillert M. Empirical methods of predicting and representing thermodynamic properties of ternary solution phases [J]. Calphad, 1980, 4: 1~12.

[35] Muggianu Y M, Gambino M, Bros L P. Enthalpies de formation des alliages liquides bismuth-etain-gallium a 723 K [J]. Journal de Chimie Physique, 1975, 72: 85~88.

[36] Agren J. Computer simulations of diffusional reactions in complex steels [J]. ISIJ International, 1992, 32: 291~296.

[37] Andersson J O, Agren J. Models for numerical treatment of multicomponent diffusion in simple phases [J]. Journal of Applied Physics, 1992, 72 (4): 1350~1355.

[38] Schwind M, Kallqvist J, Nilsson J O, et al. Sigma phase precipitation in stainless steel [J]. Acta Materialia, 2000, 48: 2473~2481.

[39] Ekroth M, Frykholm R, Lindholm M, et al. Gradient sintering of cemented carbides [J]. Acta Materialia, 2000, 48: 2177~2185.

[40] Campbell C, Boettinger W J. Transient liquid phase binding of alloys [J]. Metallurgical and Materials Transactions A, 1991, 22A: 1745~1752.

[41] Liux J, Takaku Y, Ohnuma I, et al. Design of Pb-free solders in electronic packing by computational thermodynamics and kinetics [J]. Journal of Materials and Metallurgy, 2005, 4 (2): 122~125.

[42] Ishida K. Application to non-ferrous systems [C] //Mohri, T. Phase Diagrams as a Tool for Advanced Materials Design. Hokkaido: Hokkaido University, 2003: 41~48.

[43] Dreizler R M. Gross E K U Density Functional Theory [M]. Berlin: Springer Vertag, 1990.

[44] Parr R G, Yang W. Density Functional Theory of Atoms and Molecules [M]. New York: Oxford, 1989.

[45] Kaufman I, Turchi P A, Huang W, et al. Thermodynamics of the Cr-Ta-W system by combining the Ab-initio and CALPHAD methods [J]. Calphad, 2001, 25 (3): 419~433.

[46] Colinet C. Phase diagram calculations: contribution of Ab-initio and cluster variation methods [C] //Turchi P E A, Gonis A, Shull R D. CALPHAD and Alloy Thermody-

namics. Seattle: TMS, 2002: 123～128.
[47] 戴占海，卢锦堂，孔纲. 相图计算的研究进展 [J]. 材料研究导报，2006，4 (20)：94～97.
[48] JMatPro 计算原理说明. JMatPro 用户手册，2008.
[49] 杨才福，苏航，张永权，等. 973 项目"新一代钢铁材料重大基础研究"会议文集 [C]. 北京：中国金属学会，2001.
[50] Engström A, Strandlund H, Lu X, et al. TC-PRISMA, a New Tool for Simulation of Precipitation Reactions in Alloys [C] //19th AeroMat Conference & Exposition, Austin, June, 23～26, 2008. USA: ASM international, 2008.
[51] Chen Q, Jeppsson J, Ågren J. Analytical treatment of diffusion during precipitate growth in multicomponent systems [J]. Acta Materialia, 2008, 56: 1890～1896.
[52] Steinbach I, Pezzolla F, et al. A phase field concept for multiphase systems [J], Physica D, 1996, 94: 135～147.
[53] 龙文元，蔡启舟，陈立亮，等. 二元合金等温凝固过程的相场模型 [J]，物理学报，2005，54 (1)：256～262.

# 第3章 材料热力学、动力学计算软件及数据库简介

目前国际上已经有多种相图计算的通用软件，如 Thermo-Calc、FactSage、Pandat、JMatPro 等，作为一类专业计算工具，这些软件大都技术背景深厚、功能繁多，需要经过专门培训才能应用。本章介绍目前在我国较为流行的几个主要软件及数据库系统，对其发展历史、组成及功能作一般性描述，研究者可根据自己的专业领域和应用需求做出考量。

需要说明的是，本章节在编写过程中参考了部分软件的说明书，并列于文献列表中。此外，由于这些软件和数据库的版本更新很快，本章以介绍其主要功能特点为主，2010 年以后发生的软件更新请查阅有关资料。

## 3.1 Thermo-Calc 及 DICTRA 系统

### 3.1.1 开发历史

Thermo-Calc 是“平衡热化学数据库及相图计算（thermo-chemical databank for equilibria and phase diagram calculations)”的简写。DICTRA 是“扩散控制相变（diffusion-controlled phase transformation)”的缩写。它们是瑞典 Thermo-Calc Software（TCS）公司旗下的两款著名的姊妹软件。最新版本为 TCW5 及 DICTRA25。

1981 年，以 Sundman、Jansson 等独创性的著作与论文为理论依据，瑞典皇家工学院开发并推出了 Thermo-Calc 第 1 版。在此基础上，1994 年瑞典皇家工学院又推出了首个 DICTRA 版本。2000 年 Thermo-Calc 的 Windows 版本发布。在瑞典，Thermo-Calc 和 DICTRA 软件及部分数据库版权归非营利性机构——斯德哥尔摩计算热力学基金（Foundation of Computational Thermodyanmics Stockholm）所有。为更好地使相关软件和技术得到推广应用，1997 年，该基金组建了 Thermo-Calc Software AB（TCS AB）公司，接手了这两款软件的后续开发、经营、销售、技术支持及其他相关活动，但瑞典皇家工学院继续提供基础性数据和技术的支持工作[1]。

一个热力学软件只有得到精确而有效的数据库支持才能发挥作用。Thermo-Calc 和 DICTRA 软件可以使用许多不同的热力学数据库，在瑞典皇家工学院的 Thermo-Calc 和 DICTRA 研发小组通过组织和参与许多国际合作项目，致力于

开发通用的基础性数据库，而 Thermo-Calc Software AB 公司则侧重于开发应用型数据库，以满足不同的工业需求。同时，遍布世界各地学术界和企业界的用户也在 Thermo-Calc 和 DICTRA 软件的协助下建立起自己的数据库，这其中最重要的是由欧洲热力学数据库组织（Scientific Group Thermodata Europe，SGTE）和其他 CALPHAD 群体开发的各种材料热化学数据库系统，这些数据库所涉及的领域包罗万象，包括冶金、金属合金、陶瓷、熔岩、硬质合金、粉末冶金、无机物、焊接材料、腐蚀与防护等。

Thermo-Calc 是计算热力学领域中最强大和最柔性的软件包之一。历经 30 多年的发展应用、国际研发合作，Thermo-Calc 软件系统已经更新了 20 多个版本，成为数据齐全、功能众多、在国际上得到广泛应用的相图计算软件包，声誉卓著。现在 Thermo-Calc 已在世界范围内拥有超过 1000 个用户，包括学术机构及工业界，其研究结果被广泛引用于科技文献中，成为这一行业名副其实的国际标准软件。前面提到的关于 CALPHAD 的诸多特征，在该软件系统中体现得最为全面和典型。

### 3.1.2 系统组成

1. TCC 与 TCW

早期 Thermo-Calc 软件是基于类似于 DOS 的命令行模式的。随着 Windows 图形操作界面占据 PC 机主导地位，从 2000 年 5 月起，Thermo-Calc 软件被分为两个独立版本 TCC 和 TCW[2,3]，如图 3-1 和图 3-2 所示。

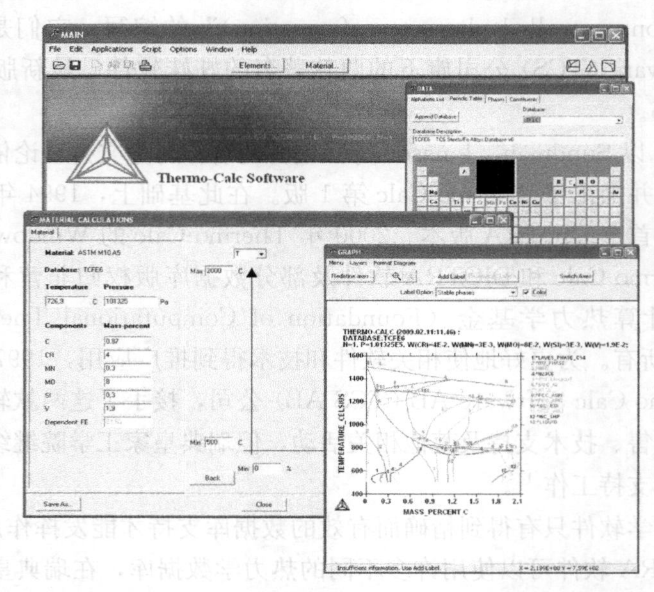


图 3-1 基于 Windows 图形用户界面的 Thermo-Calc Windows 版本

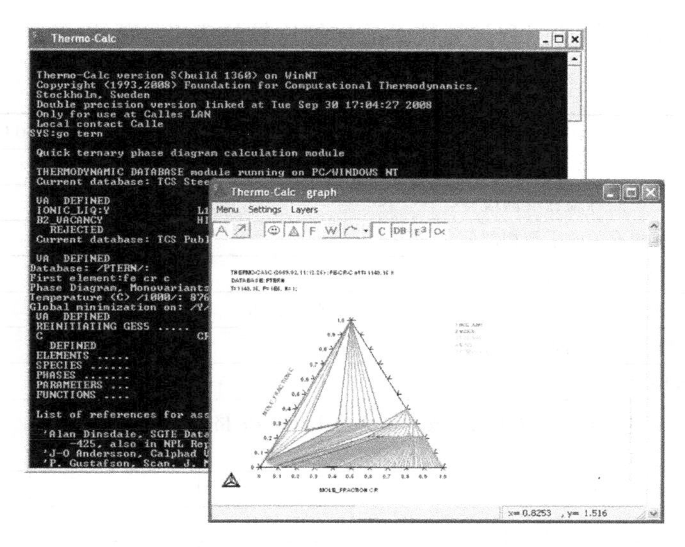


图 3-2　基于传统命令行界面的 Thermo-Calc Classic 版本

（1）Thermo-Calc Classic（TCC）——基于命令行的 Thermo-Calc 软件；

（2）Thermo-Calc Windows（TCW）——基于 Windows 图形用户界面的 Thermo-Calc 软件。

很多用户在第一次使用时都有所困惑，这两个版本之间的差异何在？为什么还要保留传统的 TCC 版本？

事实上，两者应用的数据库都是相同的，核心算法也相同。完全图形界面驱动的 Thermo-Calc Windows 从 TCC 的 N 版本开始独立于 TCC 存在。它的最新版本与 TCC 完全兼容，TCW 用户可以在界面友好的 Windows 环境下直接进行计算，使用更加简单，对多数工业界用户和初学者而言，它大大地简化了热力学计算过程，可以满足绝大部分应用需求。

但是，作为一款专业性很强的软件，基于传统命令行模式的 TCC 版本在一段时间内仍然有存在的必要。这是由于：

（1）兼容传统用户习惯的要求。Thermo-Calc Classic 开发于 Thermo-Calc 历史的最早期。传统用户认为，它虽然要记忆大量操作指令，但具有更好的灵活性，对基础研究而言具有更高的计算效率。通过交互地使用不同的模块和命令，用户可以在最大程度上学习软件的使用、探索处理复杂体系的可能性，并更好地理解软件的工作原理。

（2）传统 TCC 版本包含的一些特性一直被部分用户所推崇。如“宏”功能，可以使用户通过预先编定或录制的程序，更迅速地实现对指定算例的计算、修改和批处理，这对熟练用户而言是十分有用的计算工具。

TCW 和 TCC 的功能和技算技术的详细比较如表 3-1 所示。

**表 3-1 TCW 和 TCC 的功能比较**

| 版本差异 | | Thermo-Calc | |
|---|---|---|---|
| | | TCC 版本 R | TCW 版本 4 |
| 功能 | 多元相图，如等温和等值段 | √ | √ |
| | 与多元材料有关的平衡相部分和成分 | √ | √ |
| | 热力学特性，如活度、热焓、化学势 | √ | √ |
| | 热力学状态变量和用户定义功能，如不锈钢的 PRE 值 | √ | √ |
| | Scheil 模块固化期间的微观偏析 | √ | √ |
| | 水溶液的甫尔拜图 | √ | |
| | 性能图表可以输出到文本文件或 Microsoft Excel. xls 格式文件 | √ | √ |
| | 与其他图表或实验数据比较 | √ | √ |
| | 优化热力学参数，创建自己的数据库（PARROT 模块） | √ | |
| | 打开多图形窗口 | | √ |
| | 从文件中选择预定义的合金并计算不同类型的图表 | | √ |
| 计算技术 | 单平衡、阶跃和映射计算的最小化步骤 | √ | √ |
| | 改善混性气体的成分设置 | √ | √ |
| | 设置相成分的启动值 | √ | √ |
| | 改变成分的参考状态 | √ | √ |
| | 重新定义成分（例如，使用 MgO、$SiO_2$ 和 O 代替 Mg、Si、O） | √ | √ |
| | 在相图计算时，用户可以定义起点（ADD_INITIAL_EQUILBRIUM） | √ | √ |
| | 合并热力学数据库（APPEND_DATABASE） | √ | √ |
| | 点击绘制图表中的相区标记 | | √ |
| | 计算亚稳状态的平衡 | √ | |
| | 用户可定义各种宏 | √ | |

总体来看，随着新版本 TCW 的不断改进和完善，TCC 版本的用户群逐渐在减少。特别是当伴随着 Windows 成长起来的年青一代用户成为主体后，TCW 版本完全取代 TCC 版本应是必然趋势。但 TCC 版本作为 TCW 的一个可编程版本长期存在，也是一种可能的选择。

2. TCS 软件包的组成[4]

Thermo-Calc 软件系统由平衡计算、相与性质图计算、热力学量制表、数据库管理、模型参数估价、试验数据处理和专业图形表达的后处理等模块构成，它是整个 TCS 热力学计算体系中最核心的部分。Thermo-Calc 相关的软件、数据库和界面如图 3-3 所示。

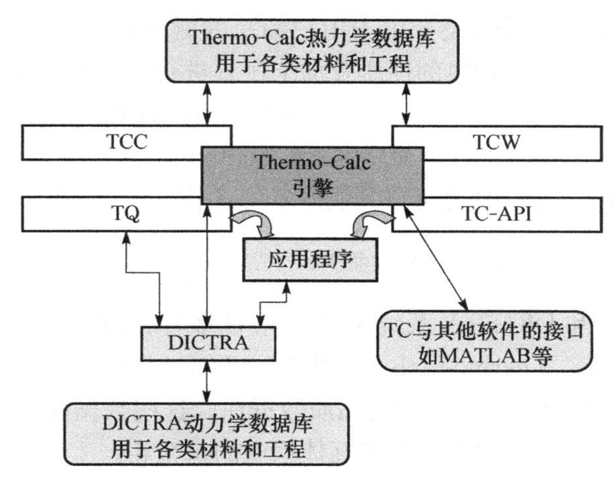


图 3-3　Thermo-Calc 相关的软件、数据库和界面

DICTRA 是模拟多组元体系中由扩散控制的转变过程的一个通用软件包。它是建立在多组元扩散方程的数值解基础之上的，并假设所有的相界面上均为局部的热力学平衡。DICTRA 与 Thermo-Calc 相接，后者为前者提供所有的热力学计算数据。

以 Thermo-Calc 和 DICTRA 为核心，TCS 公司提供了一系列相关软件包，见表 3-2。

**表 3-2　TCS 相关软件包的构成**

| 类　别 | 名　称 | 功　能 | 需要的资源支持 |
| --- | --- | --- | --- |
| 软件 | TCC | 热力学计算的经典版本 | 与数据库配合运行 |
| | TCW | 热力学计算的 Windows 版本 | 与数据库配合运行 |
| | DICTRA | 扩散动力学计算软件 | 依赖于 TCC 和数据库运行 |
| 开发工具 | TQ | Thermo-Cala、DICTRA 软件二次开发编程接口 | 与软件配合使用 |
| | TCAPI | Thermo-Cala、DICTRA 数据库二次开发编程接口 | 与数据库配合使用 |
| | TC MATLAB Toolbox | 服务于第三方软件包 MATLAB 的软件工具箱 | 与软件配合使用 |
| 数据库 | 纯物质、二元系、三元系数据库、动力学原子移动性数据库等四十余个各种热力学、动力学数据库 | | 与软件配合使用 |
| 用户手册 | TCC、TCW、TQ、TCAPI、TC MATLAB Toolbox 用户说明书 | | 与软件配合使用 |
| | TCC、TCW、TQ、TCAPI、TC MATLAB Toolbox 计算实例文档 | | |
| | Thermo-Calc、DICTRA 文献清单 | | |

除了 TCC 和 TCW 软件，两个名为 TQ 和 TCAPI 的编程接口可用于与 Thermo-Calc 引擎（以及 DICTRA 扩展）和 Thermo-Calc（和 DICTRA）数据

库相连接。这些编程接口被设计用于用户编写的侧重应用的程序或第三方软件包，从而可以对其他类型材料的性质及加工过程进行计算和模拟。强大的 Thermo-Calc 引擎可以提供准确、可信并且快速的热力学计算。这些接口还有服务于第三方软件包 MATLAB 的 TC MATLAB Toolbox，这是一个与 Thermo-Calc 软件/数据库相关的工具箱，使之可在其他许多领域中进行化学热力学计算和模拟。

3. Thermo-Calc 和 DICTRA 数据库[5]

Thermo-Calc 和 DICTRA 系统采用了来自多种国际合作渠道（如 SGTE、CAMPADA、CCT、ThermoTech、NPL、NIST、MIT、Theoretical Geochemistry Group 等）、经过严格评估的高品质数据库。这些数据库使用不同的热力学模型来处理一个指定的多组元多相交互体系中的每个相。

这些数据库包括欧洲热力学数据库组织（SGTE）的 SGTE 纯物质（SSUB）、溶液（SSOL）和二元合金（BIN）数据库，以及众多的合金和材料数据库：TC 不锈钢/合金（TCFE）、TCAB 镍基超合金（TCNI）、铝基合金（TTAl）、钛基合金（TTTi）、镁铝基合金（TTMg）、镍铝基合金（TTNi）数据库等。这些数据库可应用于各种企业研发和科学研究之中，如 SSUB/SSOL 数据库用于无机和冶金体系中的物质和溶液，TCFE 适用于钢铁和铁合金，TCNI/TTNi 适用于 Ni 基高温合金，TTAl/TTMg/TTTi 适用于 Al/Mg/Ti 基合金，SLAG 对应于炉渣体系，ION 适用于碳化物/氮化物/氧化物/硅化物/硫化物（固/液/气），TCMP 适用于材料加工过程以及冶金、化工、废弃物处理中有关循环、重熔、烧结、焚烧和爆炸方面环境问题的应用，SMEC 专为半导体设计，NSLD/USLD 适用于无铅焊料，SNOB 适用于贵金属，NUMT/NUOX 适用于核物质及其氧化物，GCE 适用于矿物，TCAQ/AQS 适用于水合溶液体系等。TCS 软件的数据库如表 3-3 所示。

**表 3-3　TCS 软件的数据库来源**

| 缩写名 | 全　称 | 研制者 | 权　限 | 更　新 |
|---|---|---|---|---|
| PURE | SGTE 纯元素数据库 | SGTE | 1 | Y |
| PSUB | TC 公共物质数据库 | TCSAB | 1 | N |
| PBIN | TC 公共二元合金数据库 | SGTE，TCSAB | 1 | Y |
| PTER | TC 公共三元合金数据库 | TCSAB | 1 | Y |
| KP | Kaufman 二元合金数据库 | LK | 1 | N |
| CHAT | Chatenay-Malabry 后过渡二元合金数据库 | CM | 1 | N |
| COST | COST507 轻合金数据库 | COST507 | 1 | N |
| SSUB | SGTE 物质数据库 | SGTE | 2 | Y |
| SSOL | SGTE 溶体数据库 | SGTE | 2 | Y |
| TCFE_subset | TC 钢数据库 | KTH-MSE | 2 | Y |

续表

| 缩写名 | 全　称 | 研制者 | 权　限 | 更　新 |
| --- | --- | --- | --- | --- |
| TCFE | TCSAB 钢/铁基数据库 | TCSAB | 2 | Y |
| SLAG | TC 含铁矿渣数据库 | TCSAB，IRSID | 2 | Y |
| ION | TCSAB 离子溶体数据库 | KTH-MSE | 2 | Y |
| STBC | SGTE 热障涂层数据库 | MPI-MF，PML | 2 | Y |
| PION | TC 公共离子氧化物溶体数据库 | TCSAB | 1 | N |
| SALT | SGTE 融盐数据库 | SGTE | 2 | Y |
| TCNI | TCSAB 镍基超合金数据库 | TCSAB，ND | 2 | Y |
| CCC | CCT 硬质合金数据库 | CCT | 2 | Y |
| G35 | ISC III-V 族二元半导体数据库 | ISC | 1 | N |
| SEMC | TC 半导体数据库 | USTB-MSE | 3 | Y |
| TTAl | TT 铝基合金数据库 | TT | 3 | Y |
| TTTi | TT 钛基合金数据库 | TT | 3 | Y |
| TTMg | TT 镁基合金数据库 | TT | 3 | Y |
| TTNi | TT 镍基合金数据库 | TT | 3 | Y |
| TTZr | TT 锆基合金数据库 | TT | 3 | Y |
| TCMP | TCSAB 材料工艺数据库 | TCSAB，PS | 2 | Y |
| TCES | TCSAB 烧结/焚化/燃烧数据库 | TCSAB，PS | 2 | Y |
| PAQ | TC 适于 Pourbaix 模型公共含水数据库 | TCSAB | 1 | N |
| TCAQ | TCSAB 水溶液数据库 | TCSAB | 2 | Y |
| AQS | TGG 水溶液数据库 | TGG | 2 | Y |
| GEO | Saxena 矿物数据库（仅对物质） | TGG | 1 | N |
| GCE | TGG 地球化学/环境数据库 | TGG | 2 | Y |
| NUMT | UES 纯放射性核数据库 | UES | 3 | Y |
| NUOX | UES 核氧化物溶体数据库 | UES | 3 | Y |
| SNUX | SGTE 堆内核氧化物数据库 | SGTE | 2 | Y |
| NUTA | UES Ag-Cd-In 三元溶体数据库 | UES | 3 | Y |
| NUTO | UES Si-U-Zr-O 金属-金属氧化物溶体数据库 | UES | 3 | Y |
| NSOL | NPL 合金溶体数据库 | NPL | 3 | Y |
| NAL | NPL 铝基合金数据库 | NPL | 3 | Y |
| NOX | NPL 氧化物溶体数据库 | NPL | 3 | Y |
| NSLD | NPL 焊料溶体数据库 | NPL | 3 | Y |
| USLD | NIST 焊料溶体数据库 | NIST | 3 | Y |

注：① 研制者

CM：法国 Chatenay-Malabry 大学；COST507：科学技术研究 507 项目欧洲合作组织；CCT：瑞典斯德哥尔摩腐蚀与金属研究所计算热力学中心；FCT：瑞典斯德哥尔摩计算热力学基金会；ISRID：法国 Institut de Recherches de la Siderurgie Franscaise；ISC：Ansara 等非正式科学协作组；KTH-MSE：瑞典斯德哥尔摩 KTH 材料科学与工程系；LK：美国 MIT 的 Larry Kaufman；MPI-MF、PML：德国斯图加特马普金属所粉末冶金研究室；ND：法国 Nathalie Dupin；NIST：美国国家标准与技术研究所；NPL：英国国家物理实验室；SGTE：欧洲热数据科学小组；PS：美国纽约飞利浦·斯宾塞；TCSAB：瑞典斯德哥尔摩 Thermo-Calc 软件公司；TGG：美国佛罗里达国际大学理论地球化学小组和瑞典 Uppsala 大学；TT：英国 ThermoTech 有限公司；UES：美国 UES 软件；USTB-MSE：北京科技大学材料科学与工程系。

② 使用权限

1：TCC/TCW 自带免费数据库；2：TCSAB 代理的有偿数据库；3：TCSAB 研制的有偿数据库。

③ 更新

Y：不定期更新或扩展；N：不存在正常的更新。

在这些合作伙伴的帮助下，Thermo-Calc/DICTRA 系统覆盖了最为广泛的化学计量比和非理想溶体模型和数据库，可用于描述大范围温度（高达 6000K）、压力（高达 1Mbar①）和成分的各种材质，包括钢铁、合金、陶瓷、熔体、炉渣、盐、玻璃、硬质材料、半导体/超导体、焊料、气/液、水溶液、有机物质、高分子、核材料、地球材料，以及地球化学及环境系统等。

此外，Thermo-Calc 能够通过在各种试验信息基础上严格估价来有效地建立自己可靠数据库。目前，中南大学、北京科技大学、厦门大学等多家单位已经或正在建立自己的合金数据库系统。

1）Thermo-Calc 数据库

Thermo-Calc 具有所有热力学计算系统中最为丰富、全面的数据群，可以用包罗万象来形容。涉及的领域包括：

（1）钢铁和铁合金；

（2）镍基超级合金；

（3）铝/钛/镁基合金；

（4）气体、纯无机/有机物质，一般合金；

（5）熔渣、金属液体、熔融盐类；

（6）陶质、硬质材料；

（7）半导体、焊接合金；

（8）贵金属合金；

（9）材料处理、冶金、环境状况；

（10）水溶液、材料腐蚀、湿法冶金系统；

（11）矿物质、地球化学/环境处理；

（12）核材料、核燃料/废物处理。

Thermo-Calc 附带的数据库内容详见表 3-4、表 3-5。这些数据库有些是免费提供的，有些需要有偿提供。数据库名后面的数字（如 PURE4 中的 4）是其新近版本号。需要注意的是，不是所有的数据库都是软件运行必须的，用户可根据本领域的专业需求予以选择。

**表 3-4 Thermo-Calc 公共数据库清单**

| 数据库缩写 | 数据库全名及内容 |
| --- | --- |
| PURE4 | SGTE 纯元素数据库：包含严格评估的 99 种元素和 2 种同位素数据（Ac，Ag，Al，Am，Ar，As，At，Au，B，Ba，Be，Bi，Br，C，Ca，Cd，Ce，Cf，Cl，Cm，Co，Cr，Cs，Cu，Dy，Er，Es，Eu，F，Fe，Fm，Fr，Ga，Gd，Ge，H，Ge，Hf，Hg，Ho，I，In，Ir，K，Kr，La，Li，Lu，Mg，Mn，Mo，N，Na，Nb，Nd，Ne，Ni，Np，O，Os，P，Pa，Pb，Pd，Pm，Po，Pr，Pt，Pu，Ra，Rb，Re，Rh，Rn，Ru，S，Sb，Sc，Se，Si，Sm，Sn，Sr，Ta，Tb，Tc，Te，Th，Ti，Tl，Tm，U，V，W，Xe，Y，Yb，Zn，Zr，D，T）。覆盖从 298.15K 至其液态和气态的所有稳态及亚稳态相 |

① 1bar＝$10^5$Pa，余同。

续表

<table>
<tr><th>数据库缩写</th><th>数据库全名及内容</th></tr>
<tr><td>PSUB</td><td>TC 公共物质数据库：包括 Cu、Fe、H、N、O、S 单质数据。含 1 个气相（含约 100 种气相组元）、约 50 个凝聚相（固态、液态、化学计量比相或溶液相）数据</td></tr>
<tr><td>PBIN</td><td>TC 公共二元合金数据库：包括 21 种元素（Ag，Al，C，Co，Cr，Cu，Fe，Mn，Mo，N，Nb，Ni，O，Pb，S，Si，Sn，Ti，V，W，Zn），40 个二元合金体系，专门设计用于 BIN 模块</td></tr>
<tr><td>PTER</td><td>TC 公共三元合金数据库：包括 7 种元素（Al，C，Cr，Fe，Mg，Si，V），3 个三元合金体系（Al-Mg-Si，Fe-Cr-C，Fe-V-C），专门设计用于 TERN 模块</td></tr>
<tr><td>PKP</td><td>Kaufman 二元合金数据库：包括 14 种元素（Al，B，C，Co，Cr，Cu，Fe，Mn，Mo，Nb，Ni，Si，Ti，W）的 86 种二元合金体系（Al-B，Al-C，Al-Co，Al-Cr，Al-Cu，Al-Fe，Al-Mn，Al-Mo，Al-Nb，Al-Ni，Al-Si，Al-Ti，Al-W，B-C，B-Co，B-Cr，B-Cu，B-Fe，B-Mn，B-Mo，B-Nb，B-Ni，B-Si，B-Ti，B-W，C-Co，C-Cr，C-Fe，C-Mn，C-Mo，C-Nb，C-Ni，C-Si，C-Ti，C-W，Co-Cr，Co-Cu，Co-Fe，Co-Mn，Co-Mo，Co-Nb，Co-Ni，Co-Si，Co-Ti，Co-W，Cr-Fe，Cr-Mn，Cr-Mo，Cr-Nb，Cr-Ni，Cr-Si，Cr-Ti，Cr-W，Cu-Fe，Cu-Mn，Cu-Nb，Cu-Ni，Cu-Si，Cu-Ti，Fe-Mn，Fe-Mo，Fe-Nb，Fe-Ni，Fe-Si，Fe-Ti，Fe-W，Mn-Ni，Mn-Si，Mn-Ti，Mo-Ni，Mo-Si，Mo-Ti，Nb-Ni，Nb-Si，Nb-Ti，Ni-Si，Ni-Ti，Ni-W，Si-Ti，Si-W，Ti-W）数据
<table>
<tr><td></td><td>Al</td><td></td><td></td><td></td><td></td><td></td><td></td><td></td><td></td><td></td><td></td><td></td><td></td><td></td><td></td></tr>
<tr><td>B</td><td>*</td><td>B</td><td></td><td></td><td></td><td></td><td></td><td></td><td></td><td></td><td></td><td></td><td></td><td></td><td></td></tr>
<tr><td>Be</td><td></td><td></td><td>Be</td><td></td><td></td><td></td><td></td><td></td><td></td><td></td><td></td><td></td><td></td><td></td><td></td></tr>
<tr><td>C</td><td>*</td><td>*</td><td></td><td>C</td><td></td><td></td><td></td><td></td><td></td><td></td><td></td><td></td><td></td><td></td><td></td></tr>
<tr><td>Co</td><td>+</td><td>*</td><td>+</td><td>*</td><td>Co</td><td></td><td></td><td></td><td></td><td></td><td></td><td></td><td></td><td></td><td></td></tr>
<tr><td>Cr</td><td>*</td><td>*</td><td></td><td>*</td><td>*</td><td>Cr</td><td></td><td></td><td></td><td></td><td></td><td></td><td></td><td></td><td></td></tr>
<tr><td>Cu</td><td>*</td><td>*</td><td>+</td><td></td><td>*</td><td>+</td><td>Cu</td><td></td><td></td><td></td><td></td><td></td><td></td><td></td><td></td></tr>
<tr><td>Fe</td><td>*</td><td>*</td><td>+</td><td>*</td><td>*</td><td>*</td><td>*</td><td>Fe</td><td></td><td></td><td></td><td></td><td></td><td></td><td></td></tr>
<tr><td>Mn</td><td>*</td><td>*</td><td></td><td>*</td><td>*</td><td>*</td><td>*</td><td>*</td><td>Mn</td><td></td><td></td><td></td><td></td><td></td><td></td></tr>
<tr><td>Mo</td><td>*</td><td>*</td><td></td><td>*</td><td>*</td><td>*</td><td></td><td>*</td><td></td><td>Mo</td><td></td><td></td><td></td><td></td><td></td></tr>
<tr><td>Nb</td><td>*</td><td>*</td><td></td><td>*</td><td>*</td><td>*</td><td>*</td><td>*</td><td></td><td></td><td>Nb</td><td></td><td></td><td></td><td></td></tr>
<tr><td>Ni</td><td>*</td><td>*</td><td>+</td><td>*</td><td>*</td><td>*</td><td>*</td><td>*</td><td>*</td><td>*</td><td>*</td><td>Ni</td><td></td><td></td><td></td></tr>
<tr><td>Si</td><td>*</td><td>*</td><td></td><td>*</td><td>*</td><td>*</td><td>*</td><td>*</td><td>*</td><td>*</td><td>*</td><td>*</td><td>Si</td><td></td><td></td></tr>
<tr><td>Ti</td><td>*</td><td>*</td><td></td><td>*</td><td>*</td><td>*</td><td>*</td><td>*</td><td>*</td><td>*</td><td>*</td><td>*</td><td>*</td><td>Ti</td><td></td></tr>
<tr><td>W</td><td>*</td><td>*</td><td></td><td>*</td><td>*</td><td>*</td><td></td><td>*</td><td></td><td></td><td></td><td>*</td><td>*</td><td>*</td><td>W</td></tr>
</table>
注：* 为已有数据，+为已有数据但未加入数据库</td></tr>
<tr><td>PCHAT</td><td>Chatenay-Malabry 后过渡二元合金数据库：包括 11 种外过渡元素（Au，Bi，Cd，Ge，Sb，SE，Si，Sn，Te，Tl，Zn）、多个后过渡二元合金体系（Au-Ge，Au-Si，Au-Te，Bi-Sb，Cd-Ge，Cd-Te，Cd-Zn，Ge-Sn，Se-Te，Zn-Te，Ge-Te，Sn-Se，Tl-Te）和气相数据</td></tr>
<tr><td>PAQ2</td><td>适用于 POURBAIX 模块的 TC 公共水数据库：包括水溶液相（使用 SIT 模型）、气体混合物、化学计量固态化合物和固溶体，涉及 11 种元素（H，O，C，N，S，Cl，Na，Fe，Co，Ni，Cr）。专门设计用于 POURBAIX 模块</td></tr>
<tr><td>PION</td><td>TC 公共离子氧化溶液数据库：包括 Ca-Si-O 体系中的离子氧化溶液相位</td></tr>
<tr><td>PG35</td><td>ISC 第Ⅲ-Ⅴ族二元半导体数据库：包括 6 种元素（Al，As，Ga，In，P，Sb）的 15 种二元半导体合金数据</td></tr>
<tr><td>PGEO</td><td>Saxena 矿物质数据库：包括 15 种元素（Al，C，Ca，H，K，Fe，Mg，Mn，N，Na，Ni，S，Si，Ti，O）的 150 种成矿氧化物、硅酸盐数据。适用温度范围 298.15～6000K，压力 1～200kbar（20GPa）</td></tr>
</table>

**表 3-5　Thermo-Calc 商业数据库清单**

| 数据库缩写 | 数据库全名及内容 |
| --- | --- |
| 综合数据库，通用化合物和溶液数据 | |
| SSUB4 | SGTE 物质数据库：包括 99 种元素（Ac，Ag，Al，Am，Ar，As，At，Au，B，Ba，Be，Bi，Br，C，Ca，Cd，Ce，Cf，Cl，Cm，Co，Cr，Cs，Cu，Dy，Er，Es，Eu，F，Fe，Fm，Fr，Ga，Gd，Ge，H，He，Hf，Hg，Ho，I，In，Ir，K，Kr，La，Li，Lu，Mg，Mn，Mo，N，Na，Nb，Nd，Ne，Ni，Np，O，Os，P，Pa，Pb，Pd，Pm，Po，Pr，Pt，Pu，Ra，Rb，Re，Rh，Rn，Ru，S，Sb，Sc，Se，Si，Sm，Sn，Sr，Ta，Tb，Tc，Te，Th，Ti，Tl，Tm，U，V，W，Xe，Y，Yb，Zn，Zr）和 2 个同位素（$^2$H 和 $^3$H）的超过 5000 个化合物或气体的焓、熵、比热容数据及其随温度的变化。适用于合金设计、冶金工程、无机材料、气相化学等 |
| SSOL2 | SGTE 溶液数据库：包括严格评估的 83 种元素集（Ag，Al，Ar，As，Au，B，Ba，Be，Bi，Br，C，Ca，Cd，Ce，Cl，Co，Cr，Cs，Cu，Dy，Er，Es，Eu，F，Fe，Ga，Gd，Ge，H，Hf，Hg，Ho，I，In，Ir，K，La，Li，Lu，Mg，Mn，Mo，N，Na，Nb，Nd，Ni，Np，O，Os，P，Pa，Pb，Pd，Pr，Pt，Pu，Rb，Re，Rh，Ru，S，Sb，Sc，Se，Si，Sm，Sn，Sr，Ta，Tb，Tc，Te，Th，Ti，Tl，Tm，U，V，W，Y，Yb，Zn，Zr）内的 106 种二元合金系、59 种三元、四元、五元系非理想合金溶液相数据 |
| SBIN2 | SGTE 二元合金溶液数据库：是 SSOL2 数据库的子集，只能用于 SSOL2 数据库。专门设计用于 BIN 模块 |
| SPOT3 | POTENTIAL 模块的 SGTE 物质数据库：是 SSUB 数据库的子集，只能用于 SSUB 数据库。专门设计用于 POT 模块 |
| SSOL4 | SGTE 合金溶液数据库：包括 78 种元素集（Ag，Al，Ar，As，Au，B，Ba，Be，Bi，C，Ca，Cd，Ce，Co，Cr，Cs，Cu，Dy，Er，Eu，Fe，Ga，Gd，Ge，Hf，Hg，Ho，In，Ir，K，La，Li，Lu，Mg，Mn，Mo，N，Na，Nb，Nd，Ni，Np，O，Os，P，Pa，Pb，Pd，Pr，Pt，Pu，Rb，Re，Rh，Ru，S，Sb，Sc，Se，Si，Sm，Sn，Sr，Ta，Tb，Tc，Te，Th，Ti，Tl，Tm，U，V，W，Y，Yb，Zn，Zr）内的多种非理想溶液相位数据，是最新、最通用和最先进的合金数据库，溶液相及金属间化合物的数量多达 600 余种，适用于合金设计及工程、无机材料等 |
| TCBIN | TC 二元合金溶液数据库：TC 新开发的二元合金相数据库，包含 67 种元素（Ag，Al，As，Au，B，Ba，Bi，C，Ca，Cd，Ce，Co，Cr，Cs，Cu，Dy，Er，Eu，Fe，Ga，Ge，H，Hf，Hg，Ho，In，Ir，K，La，Li，Mg，Mn，Mo，N，Na，Nb，Nd，Ni，O，Os，P，Pb，Pd，Pr，Pt，Rb，Re，Rh，Ru，S，Sb，Sc，Se，Si，Sn，Sr，Ta，Tb，Te，Ti，Tl，U，V，W，Y，Zn，Zr）内的 621 种凝聚相和 1 种气体混合相，360 种二元合金相 |
| Fe 基合金数据库 | |
| TCFE6 | TC 钢铁/Fe 合金数据库：这是最重要、也是最常用的 Fe 基材料数据库，在此前 5 个版本基础上更新而来。包括了严格评估的 22 种元素（Fe，Al，B，C，Ca，Co，Cr，Cu，Mg，Mn，Mo，N，Nb，Ni，O，P，S，Si，Ti，V，W，H）内的所有二元系的数据和部分三元系的数据，以及一些高阶体系的数据，适用于各种钢铁材料及铁基合金，推荐温度范围从 700℃到 2000℃。各种元素含量范围如下： |

续表

<table>
<tr><th>数据库缩写</th><th>数据库全名及内容</th></tr>
<tr><td>TCFE6</td><td>
<table>
<tr><th>元素</th><th>最大值/%</th><th>元素</th><th>最大值/%</th><th>元素</th><th>最大值/%</th><th>元素</th><th>最大值/%</th></tr>
<tr><td>Al</td><td>5.0</td><td>Cu</td><td>5.0</td><td>Nb</td><td>5.0</td><td>Si</td><td>5.0</td></tr>
<tr><td>B</td><td>痕量</td><td>Mg</td><td>痕量</td><td>Ni</td><td>20.0</td><td>Ti</td><td>3.0</td></tr>
<tr><td>C</td><td>7.0</td><td>Mn</td><td>20.0</td><td>O</td><td>痕量</td><td>V</td><td>15.0</td></tr>
<tr><td>Co</td><td>20.0</td><td>Mo</td><td>10.0</td><td>P</td><td>痕量</td><td>W</td><td>15.0</td></tr>
<tr><td>Cr</td><td>30.0</td><td>N</td><td>5.0</td><td>S</td><td>痕量</td><td>Fe</td><td>≥50</td></tr>
<tr><td>Ca</td><td>痕量</td><td>H</td><td>痕量</td><td></td><td></td><td></td><td></td></tr>
</table>
在数据库中各常见相的对应名称如下：
<table>
<tr><th>相</th><th>数据库</th><th>相</th><th>数据库</th><th>相</th><th>数据库</th></tr>
<tr><td>奥氏体</td><td>FCC＃1</td><td>铁素体</td><td>BCC</td><td>α-Mn</td><td>CBCC-A21</td></tr>
<tr><td>M（C，N）$_x$</td><td>FCC＃2</td><td>$M_2$（C，N）</td><td>HCP＃2</td><td>β-Mn</td><td>CUB-A13</td></tr>
</table>
</td></tr>
<tr><td colspan="2">Ni基合金数据库</td></tr>
<tr><td>TCNI5</td><td>TCS-Ni基超级合金数据库：包括20种元素集（Al，Ar，B，C，Co，Cr，Fe，H，Hf，Mo，N，Nb，Ni，O，Pd，Pt，Re，Si，Ta，Ti，V，W，Zr）内所有重要的Ni基合金数据。数据基于有序及无序的BCC（A2、B2）相以及FCC（A1和L12/γ′）相的双亚点阵模型。包含了所有相的摩尔体积数据，适于各类Ni基超级合金设计及工程</td></tr>
<tr><td>TTNI8</td><td>TT Ni基超级合金数据库：包括23种元素（Ni，Al，Co，Cr，Cu，Fe，Hf，Mn，Mo，Nb，Pt，Re，Ru，Si，Ta，Ti，V，W，Zr，B，C，N，O）。涉及的合金相包括液相、γ、γ′、γ″、η、σ、μ、α-（Cr，Mo，W）、NiAl、$Ni_3Nb$、$Ni_4Mo$、δ-NiMo、Laves_C14、Laves_C15、P相、R相、M（C，N）、$M_{23}$（B，C）$_6$、$M_6C$、$M_7$（B，C）$_3$、$M_2N$、$M_3B$、$M_3B_2$（四方结构）、$MB_2$（四方结构）、$MB_2$（正交结构）、MB（正交结构）、$Cr_5B_3$、$TiB_2$、$Ni_3Si$（h）、$Ni_5Si_2$、$Cr_3Ni_2Si_3$、B2_BCC、A4B_D1、Cub_A15、富硅G相、氮化物、$SiO_2$、MO_B2、$M_3O_4$、$M_2O_3$、$M_2SiO_4$、莫来石、尖晶石等</td></tr>
<tr><td>TTNF5</td><td>TT镍铁基超级合金数据库：包括14种元素（Ni，Fe，Al，Co，Cr，Mn，Mo，Nb，Si，Ti，Zr，B，C，N）。适于镍铁基合金，涉及的合金相包括液相、γ、γ′、γ″、η、σ、μ、α-（Cr，Mo，W）、NiAl、$Ni_3Nb$、$Ni_4Mo$、δ-NiMo、Laves、P相、M(C，N)、$M_{23}$(B，C)$_6$、$M_6C$、$M_7$(B，C)$_3$、$M_2N$、$M_3B_2$（四方结构）、$TiB_2$、$Ni_3Si$（h）、$Ni_5Si_2$、Cub_A15等</td></tr>
<tr><td colspan="2">轻质合金数据库</td></tr>
<tr><td>TCAL1</td><td>TCS Al基合金数据库：包括26种元素（Ag，Al，B，C，Ca，Cr，Cu，Fe，Ge，H，Hf，K，La，Li，Mg，Mn，Na，Ni，Sc，Si，Sn，Sr，Ti，V，Zn，Zr）内的所有重要Al基合金相。适用于从纯Al到非常复杂的商业Al合金设计及工程应用</td></tr>
<tr><td>TTAL7</td><td>TT-Al基合金数据库：包括23种元素（Al，B，C，Ca，Co，Cr，Cu，Fe，H，La，Li，Mg，Mn，Ni，Pb，Sc，Si，Sn，Sr，Ti，V，Zn，Zr）的综合数据库。适用于从纯Al到非常复杂的Al合金体系</td></tr>
</table>

续表

| 数据库缩写 | 数据库全名及内容 |
| --- | --- |
| TTTI3 | TT-Ti 基合金数据库：包括 21 种元素（Ti，Al，Cr，Cu，Fe，Mn，Mo，Nb，Ni，Re，Ru，Si，Sn，Ta，V，Zr，C，O，N，B，H）。涉及的合金相包括液相、BCC（β）、HCP（α）、$\alpha_2$-$Ti_3Al$、Laves_C14、Laves_C15、TiFe_B2、$Ti_2Cu$、$Ti_2Ti$、$Ti_5Si_3$、TiZrSi、TiB、$TiB_2$、MC 碳化物、$Ti_3AlC$、SiC、TiN 等 |
| TTTIAL1 | TT-TiAl 基合金数据库：包括 13 种元素（Ti，Al，Cr，Mn，Mo，Nb，Si，Ta，V，W，Zr，O，B）。涉及的合金相包括：液相、γ-TiAl、$\alpha_2$-$Ti_3Al$、B2、BCC（β）、HCP（α）、$Al_3$（Ti，Mo，Nb，V，…）、Laves_C14、Laves_C15、σ-$(Nb，Ta)_2Al$、$Ti_5Si_3$、TiZrSi、TiB、$TiB_2$、$Al_2O_3$ 等 |
| TTMG4 | TT-Mg 基合金数据库：包括 16 种元素（Mg，Al，Ca，Ce，Cu，Fe，Gd，La，Mn，Nd，Si，Sn，Sr，Y，Zn，Zr）。涉及的合金相包括：液相、Mg、$Mg_{17}Al_{12}$、$Mg_2Cu$、$MgCu_2$、$MgZn_2$、$Mg_{12}RE$、$Mg_2Si$、MgZn、$Mg_2Zn_3$、$Al_4Mn$、$Al_{11}Mn_4$、$Al_8Mn_5$、$Al_{11}RE_3$、$Al_3RE$、$Al_2RE$、$Al_2Zr$、Φ-AlMgZn、Q-$Al_7Cu_3Mg_6$、T-AlCuMgZn、α-Mn、β-Mn、α-Zr 等 |
| COST2 | COST507 轻合金数据库：包括 19 种元素集（Al，B，C，Ce，Cr，Cu，Fe，Li，Mg，Mn，N，Nd，Ni，Si，Sn，V，Y，Zn，Zr）内的 192 个轻合金溶液相位数据 |
| 焊料数据库 | |
| NSLD2 | NPL 焊锡溶液数据库：包括 12 种元素集（Ag，Al，Au，Bi，Cu，Ge，In Pb，Sb，Si，Sn，Zn）内的焊接合金溶液相数据，包括其中所有二元系合金，以及 Ag-Au-Pb、Bi-In-Pb、Ag-Sb-Sn、Al-Cu-Zn、Al-In-Sb、Cu-Si-Sn 等三元系合金。适用于含铅或无铅焊料体系 |
| USLD1 | NIST 焊接合金数据库：包括 6 种元素集（Ag，Bi，Cu，Pb，Sb，Sn）内的焊接合金溶液相位数据 |
| 特种材料数据库 | |
| CCC1 | CCT 硬质合金数据库：包括 6 种元素（C，Co，Nb，Ta，Ti，W）的所有二元合金系及部分多元合金系数据，主要针对 C-Co-W 系硬质合金，可准确计算材料的液相、FCC、HCP、$MC_x$、$M_6C$、WC 以及石墨相等 |
| TTZr1 | TT 锆基合金数据库：包括 12 种合金元素（Zr，Cr，Fe，Hf，Nb，Ni，Si，Sn，C，O，N，H），可用于核反应堆燃料棒等锆基合金研究 |
| SNOB1 | SGTE 贵金属数据库：包括 8 种贵金属（Ag，Au，Ir，Os，Pd，Pt，Rh，Ru）内的合金，以及它们与 22 种元素（Al，As，Bi，C，Co，Cr，Cu，Fe，Ge，In，Mg，Ni，Pb，Sb，Si，Sn，Ta，Te，Ti，Tl，Zn，Zr）之间的合金。适用于珠宝加工、电子原件、焊料、电镀、生物材料、催化剂、核裂变产物、新型合金等的研究 |
| SEMC2 | TC 半导体数据库：包括 10 种元素（Al，As，Ga，In，P，Sb，Pb，Sn，C，H）内Ⅲ族元素（Al、Ga 和 In）和Ⅴ族元素（P、As 和 Sb）之间的所有 15 个可能的二元亚系和 18 个三元亚系，以及多种气体组元数据 |

续表

| 数据库缩写 | 数据库全名及内容 |
| --- | --- |
| STBC1 | SGTE 热障涂层数据库：由德国马普金属所研制，包含 Al、Gd、Y、Zr、O 等 5 种元素，主要针对 $Al_2O_3$-$Gd_2O_3$-$Y_2O_3$-$ZrO_2$ 氧化物涂层体系，适用温度范围 1100～1300℃，可用于氧化钇稳定的氧化锆、固体电解质（萤石）、热障涂层（TBC 喷涂用四方晶系氧化物）等研究 |
| TCSC1 | TC 超导数据库：适用于 6 种元素（Ag，Bi，Ca，Cu，O，Sr）内的超导材料研究，以及相关氧化物计算 |
| TCFC1 | TC 固体氧化物燃料电池数据库：适用于 6 种元素（La，Mn，O，Sr，Y，Zr）内的固体氧化物燃料电池研究，以及相关氧化物计算 |
| 熔渣，熔融盐，氧化物，离子溶液数据库 | |
| SLAG3 | TCS 含 Fe 熔渣数据库：包括 30 种元素集（Ag，Al，Ar，B，C，Ca，Co，Cr，Cu，F，Fe，H，Mg，Mn，Mo，N，Na，Nb，Ni，O，P，Pb，S，Si，Sn，Ti，U，V，W，Zr）内的熔融渣、凝聚氧化物、硅酸盐、硫化物、氟化物和磷酸盐，和多种气体的改进的数据，主要针对 $Al_2O_3$-CaO-CrO-$Cr_2O_3$-FeO-$Fe_2O_3$-MgO-MnO-$Na_2O$-$SiO_2$ 体系，适用于各种熔炼冶金过程中炉渣相（含氧化物、硅酸盐、硫化物、磷酸盐、氟化物等）与液相金属、气相混合物之间的相平衡的计算研究 |
| TCOX4 | TCS 含金属氧化物溶液数据库：包括 10 种元素集（Al，C，Ca，Cr，Fe，Mg，Mn，Ni，O，Si）内的多种复合氧化物、硅酸盐、碳化物，适用于多种材料研究，如陶瓷、金属/合金、材料腐蚀等 |
| SALT1 | SGTE 熔融盐数据库：涉及 17 种元素（C，Ca，Cl，Cr，Cs，F，H，I，K，Li，Mg，Na，O，Rb，S，Zn），包括其中的金属元素与 F、Cl、Br、I、$SO_4$、$CO_3$、$CrO_4$、OH 等负离子形成的多种二元和三元熔融盐数据，适用于合金熔盐腐蚀、高能照明系统设计等 |
| ION2 | TCS 离子溶液数据库：适用于一些氧化物，硫化物和渗氮材料研究。包括 17 元素（Ag，Al，Bi，Ca，Cr，Cu，Fe，La，Mg，Ni，Si，Sr，O，C，N，S，As）内的多种二元、多元氧化物、硅酸盐及部分碳化物、渗氮化合物、硫化物和砷化物的评估数据 |
| NOX2 | NPL 氧化溶液数据库：包括 6 种元素体系（Al，Ca，Fe，Mg，Si，O）内的多种氧化物和硅酸盐评估数据。适用于陶瓷、金属/合金、矿物、材料腐蚀等 |
| 材料处理，冶金和环境数据库 | |
| TCMP2 | TCS 材料处理数据库：由 35 种元素组成的集合（Ag，Al，Ar，B，Bi，C，Ca，Cd，Cl，Co，Cr，Cu，F，Fe，H，K，Mg，Mn，Mo，N，Na，Nb，Ni，O，P，Pb，S，Sb，Si，Sn，Ti，U，V，W，Zn），包括熔渣、金属液体和各种固相、气体的数据，可以用于材料的熔融、烧结、煅烧、燃烧和其他加工工艺过程 |
| TCES1 | TCS 烧结/焚化/燃烧数据库：包括 30 种元素集（Al，As，Br，C，Ca，Cd，Cl，Cr，Cu，F，Fe，H，Hg，I，K，Mg，Mn，N，Na，Ni，O，P，Pb，S，Sb，Si，Sn，Te，Ti，Zn）内的多种固相和气体数据，最高适用温度可达到 1200℃ |

续表

| 数据库缩写 | 数据库全名及内容 |
|---|---|
| 水溶液数据库 | |
| TCAQ2 | TCS 水溶液数据库：包括 84 种元素集（Ag，Al，Ar，As，Au，B，Ba，Be，Br，Bi，C，Ca，Cd，Ce，Cl，Co，Cr，Cs，Cu，Dy，Er，Eu，F，Fe，Ga，Gd，Ge，H，He，Hg，Ho，I，In，Ir，K，Kr，La，Li，Lu，Mg，Mn，Mo，N，Na，Nb，Ne，Nd，Ni，O，Os，P，Pb，Pd，Pr，Pt，Ra，Rb，Re，Rh，Ru，S，Sb，Sc，Se，Si，Sm，Sn，Sr，Ta，Tb，Te，Th，Ti，Tl，Tm，U，V，W，Xe，Y，Yb，Ze，Zn，Zr）内的合成水溶液相（大约 350 种无机和有机阳离子/阴离子和络合物）的数据，元素框架与 SSOL 数据库相同。它可用于 SSUB、SSOL、NSOL、TCFE、SLAG、ION、TCNI、TCMP、TCES、TTAl/Ti/Mg/Ni 和 GCE 数据库，满足常压、温度 350℃以下、浓度 3M① 以下的各项应用计算 |
| AQS2 | TGG 水溶液数据库：包括 83 种元素集（Ag，Al，Ar，As，Au，B，Ba，Be，Bi，Br，C，Ca，Cd，Ce，Cl，Co，Cr，Cs，Cu，Dy，Er，Eu，F，Fe，Fr，Ga，Gd，H，He，Hf，Hg，Ho，I，In，K，Kr，La，Li，Lu，Mg，Mn，Mo，N，Na，Nb，Nd，Ne，Ni，O，P，Pb，Pd，Pm，Pr，Pt，Ra，Rb，Re，Rh，Rn，Ru，S，Sb，Sc，Se，Si，Sm，Sn，Sr，Tb，Tc，Th，Ti，Tl，Tm，U，V，W，Xe，Y，Yb，Zn，Zr）内的合成水溶液相（大约 1400 种无机和有机阳离子/阴离子和络合物）的数据，其中 46 种元素与 GCE 数据库相同。它可用于 SSUB、SSOL、NSOL、TCFE、SLAG、ION、TCNI、TCMP、TCES、TTAl/Ti/Mg/Ni 和 GCE 数据库，满足大范围温度（1000℃以下）、压力（小于 5kbar）、浓度（常温常压小于 6M，高温高压大于 6M）下的各项应用 |
| 矿物质数据库 | |
| GCE2 | TGG 地球化学/环境数据库：包括 46 种元素集（Ag，Al，Ar，As，Au，B，Ba，Be，Br，C，Ca，Cd，Cl，Co，Cr，Cs，Cu，F，Fe，Ga，Gd，H，Hg，I，K，Li，Mg，Mn，Mo，N，Na，Ni，O，P，Pb，Rb，S，Se，Si，Sn，Sr，Ti，U，V，W，Zn）内的大约 600 种矿物质（物质和溶液）。适用温度范围 298.15～6000K，压力范围 1～1000kbar（100GPa） |
| 核材料数据库 | |
| NUMT2 | AEA/TCS 纯放射性核素数据库：包括 15 种元素（Ba，Ce，Cs，I，La，Mo，Pd，Pr，Pu，Rh，Ru，Sr，Te，U，Zr）体系内的 596 种凝聚和气相物质、纯放射性核素的数据，以及 44 种元素集（Ag，Al，Am，B，Ba，Bi，C，Ca，Cd，Ce，Cl，Co，Cr，Cs，Eu，F，Fe，H，I，In，Kr，La，Mg，Mn，Mo，Na，Nb，Nd，Ni，O，Pd，Pr，Pu，Rh，Ru，Sb，Si，Sn，Sr，Tc，Te，U，Xe，Zr）内的其他有关单质（和混合气）数据 |
| NUOX4 | AEA/TCS 核氧化物溶液数据库：由英国 AEA Technology 公司开发。包括 $UO_{2+X}$、$ZrO_2$、$SiO_2$、CaO、$Al_2O_3$、MgO、BaO、SrO、$La_2O_3$、$CeO_2$、$Ce_2O_3$ 体系中的整套二元和三元评估数据，适合多种核应用 |
| SNUX6 | SGTE 堆内核氧化物数据库：由法国 ThermoData 和英国 AEA Technology plc. 合作开发。包括 $UO_{2+X}$、$ZrO_2$、$SiO_2$、CaO、$Al_2O_3$、MgO、BaO、SrO、$La_2O_3$、$CeO_2$、$Ce_2O_3$ 体系数据 |

① 1M=1mol/dm³，下同。

续表

| 数据库缩写 | 数据库全名及内容 |
| --- | --- |
| TCNF2 | TC 核燃料数据库：包括 10 种元素（Am，Np，Pu，U，Zr，C，N，O，H，He）内的各种核燃料及衍生物数据 |
| NUTA1 | AEA/TCS Ag-Cd-In 三元合金溶液数据库：包括 Ag-Cd-In 三元合金体系的评估数据，也是许多核反应堆中的重要控制杆材料 |
| NUTO1 | AEA/TCS Si-U-Zr-O 金属-金属氧化物溶液数据库：它包括 U-Zr-Si-O 体系内的金属和金属氧化物的评估数据，可用于模仿反应堆内燃料容器出入 |

2）DICTRA 数据库

DICTRA 软件可用的合金原子移动性数据库目前主要覆盖了以下不同的材料类型：

（1）钢铁和 Fe 合金；

（2）铝基合金；

（3）镍基合金。

最通用的数据库是 MOB2，包括了绝大部分金属合金体系。此外，TCS 还开发了一些更为专业的 Fe、Ni、Al 基合金移动性数据库，清单见表 3-6。

**表 3-6　DICTRA 商业数据库清单**

| 数据库缩写 | 数据库全名及内容 |
| --- | --- |
| 合金溶液普通移动性数据库 | |
| MOB2 | TCS 通用合金移动性数据库：是最通用的合金移动性数据库，包含 75 种元素（Al，Am，As，Au，B，Ba，Be，Bi，C，Ca，Cd，Co，Cr，Cs，Cu，Dy，Er，Fe，Ga，Gd，Ge，Hf，Hg，Ho，In，Ir，K，La，Li，Lu，Mg，Mn，Mo，N，Na，Nb，Nd，Ni，Np，Os，P，Pa，Pb，Pd，Pr，Pt，Pu，Rb，Re，Rh，Ru，S，Sb，Sc，Se，Si，Sm，Sn，Sr，Ta，Tb，Tc，Te，Th，Ti，Tl，Tm，U，V，W，Y，Yb，Zn，Zr）。主要用于钢铁/Fe 合金，也可用于一些 Ni 合金，Al 合金等。适用于存在扩散控制现象的合计设计、优化，如凝固过程偏析、均质化、相变、沉淀长大/溶解速率、渗碳、渗氮等过程 |
| 钢铁/铁合金的专用移动性数据库 | |
| MOBFE1 | TCS 钢/铁合金移动性数据库：包括 22 种元素（Al，Ar，B，C，Ca，Co，Cr，Cu，Fe，Mg，Mn，Mo，N，Nb，Ni，O，P，S，Si，Ti，W，V）的 Fe 基合金移动性数据库。通过对扩散控制过程，如凝固过程偏析、均质化、相变、沉淀长大/溶解速率、渗碳、渗氮等模拟，实现对钢铁材料的合金设计与优化 |
| Ni 基合金移动性数据库 | |
| MOBNI1 | TCS 镍基合金移动性数据库：包括 22 种元素（Al，B，C，Co，Cr，Cu，Fe，Hf，Mn，Mo，N，Nb，Ni，O，Re，Ru，Si，Ta，Ti，W，V，Zr）的 Ni 基合金的移动性数据。与 Ni 基热力学数据库（如 TTNI）配合，可以实现 Ni 基合金成分设计与优化模拟，包括凝固过程偏析、均质化、沉淀长大/溶解速率、Ni 基合金涂层与基体材料的相互扩散等 |

续表

| 数据库缩写 | 数据库全名及内容 |
| --- | --- |
| MOBNI2 | TCS镍基合金移动性数据库：是 MOBNI1 的优化版本。包括 17 种元素（Al，Co，Cr，Fe，Hf，Mo，Nb，Ni，Pd，Pt，Re，Si，Ta，Ti，W，V，Zr）的 Ni 基合金的移动性数据。主要与 Thermo-Calc 的 Ni 基热力学数据库 TCNI5 配合使用，以实现 Ni 基合金成分设计与优化模拟，包括凝固过程偏析、均质化、沉淀长大/溶解速率、Ni 基合金涂层与基体材料的相互扩散等 |
| Al 基合金移动性数据库 | |
| MOBAL1 | TCS铝基合金移动性数据库：包括 41 种元素（Ag，Al，Au，B，Be，C，Ca，Cd，Ce，Co，Cr，Cs，Cu，Fe，Ga，Ge，H，In，La，Li，Mg，Mn，Mo，Na，Nb，Nd，Ni，Pb，Pd，Pr，Sb，Sc，Si，Sm，Sn，Sr，Ti，Tl，V，Zn，Zr）。与用于 Al 基热力学数据库（如 TTAL）相配合，实现 Al 合金成分设计与优化模拟，包括凝固过程偏析、均质化、沉淀长大/溶解速率、Al 基化合物的相互扩散等 |
| MOBAL2 | TCS铝基合金移动性数据库：是 MOBAL1 的优化版本。包括 26 种元素（Ag，Al，B，C，Ca，Cr，Cu，Fe，Ge，H，Hf，K，La，Li，Mg，Mn，Na，Ni，Sc，Si，Sn，Sr，Ti，V，Zn，Zr）。主要与 Thermo-Calc 的 Al 基热力学数据库 TCAL1 相配合，可实现 Al 基合金成分设计与优化模拟，包括凝固过程偏析、均质化、沉淀长大/溶解速率、Al 基化合物的相互扩散等 |

### 3.1.3 功能及应用

Thermo-Calc 是功能最强、应用范围最广的热力学计算系统，DICTRA 则是唯一商业化的扩散动力学计算平台，再配合最为全面的数据库系统，强大的二次开发功能，使得 TCS 软件包成为材料热力学动力学模拟领域名副其实的行业标准，并且广泛地用于各类工程材料的研发计算，以及其他工程计算软件的开发。

1. Thermo-Calc 的功能及应用领域

Thermo-Calc 最多可处理 40 个组元体系的热力学计算软件。其数据库主要包括含有优化的 200 多个体系的溶液数据库，含有 3000 多种化合物热力学参数的 SSUB 数据库，专用计算钢铁材料相图和热力学性质的数据库（FEDAT、TCFE）以及计算铁液和炉渣的数据库等，从而基本满足了对铁基材料进行分析评价的要求。它不仅适用于各种热力学体系的平衡计算，而且可以通过 DICTRA 软件进行非平衡计算，从而模拟扩散控制的相变过程。

Thermo-Calc 是一个通用灵活的软件系统，可用于计算不同材料的各种热力学性质（不仅仅包括温度、压力和成分的影响，而且涵盖磁性贡献、化学/磁性有序、晶体结构/缺陷、表面张力、非晶形成、弹性变形、塑性变形、静电态、电势等信息）、热力学平衡、局部平衡、化学驱动力（热力学因子）和各类稳定/亚稳相图和多类型材料多组元体系的性质图。它可以有效地处理非常复杂的多组元多相体系，最多可含 40 种元素、1000 种组元和许多不同的固溶体以及化学计量相。其中还包含了强大的工具可以计算其他各种不同类型的图表，例如 CVD/

PVD沉积、有序-无序现象的CVM计算、Scheil-Gulliver凝固模拟（可以处理间隙元素的背扩散）、液相面投影图、优势区域图、埃林厄姆-理查森图、配分系数、气体中的分压、气体活度及钢铁材料的成分设计等。

Thermo-Calc是仅有的可以计算体系中最多含有5个独立变量的任意截面相图的热力学软件（如计算5元系合金的最低溶化温度），也是唯一可以计算化学驱动力（热力学因子，即吉布斯自由能对成分的二阶导数）的软件。化学驱动力为动力学模拟（如扩散控制的相变、形核、熟化等）提供了重要信息。一般的相图计算软件计算的相图是温度-成分图，很难转化为别的形式，如温度-热力学函数、活度-相组成等。Thermo-Calc软件具有使用灵活、模型多、物理意义明确的特点，可以任意改变坐标轴，得到想要的相图类型。利用该软件系统计算的大量的二元、三元及高组元体系的相图和热力学性质见文献[6]、[7]。

下面列出了Thermo-Calc软件的部分应用[2,3]：

(1) 相图计算（二元、三元、等值截面、等温截面等，可设置5个以上独立变量）；

(2) 单质、化合物、固溶相的热力学性能；

(3) 化学反应的热力学性能；

(4) 性能曲线（相分数、吉布斯自由能、热焓、$C_p$、体积等，可计算40种以上成分）；

(5) 含水互动体系的甫尔拜图和许多其他图表；

(6) 挥发物的化学势、偏气压（大于1000种物质）；

(7) Scheil-Gulliver固化模拟，固相间隙反扩散；

(8) 多元合金液相面计算；

(9) 热力学因素、驱动力；

(10) 多相平衡（可计算40种以上成分）；

(11) 亚平衡、次平衡；

(12) 液剂的传递性能；

(13) 特定热力学参数，例如，$T_0$、$A_3$温度、绝热温度$T$、冷淬因素、$\partial T/\partial x$，等；

(14) 钢铁表面、钢铁/合金精炼的氧化层形成；

(15) 热液作用、变质、爆发、沉淀、风化过程的演变；

(16) 腐蚀、循环、重熔、烧结、煅烧、燃烧中的物质形成；

(17) CVD图、薄膜形成；

(18) CVM计算，化学有序-无序；

(19) 稳态堆热力学；

(20) 数据集或数据库的编制和修改；

(21) 卡诺循环数模拟。

应该指出，这些应用只是 Thermo-Calc 诸多应用的一部分，该软件的实际应用要广泛得多。正如其用户手册上所说，Thermo-Calc 软件可以用来研究“你认为可以表现平衡的任何东西。”

2. DICTRA 的功能及应用领域

DICTRA 可用来处理任意组元的体系（假设存在所必需的热力学和动力学数据）。但是，目前只适用于解决简单几何形状（包括平面形、圆柱形和球形）的多组元系统中的扩散问题。DICTRA 软件的基本结构见图 3-4[8]，可以看出 DICTRA 软件中的热力学参数来自于 Thermo-Calc，而迁移率作为扩散参数储存于自身的 MOB 数据库中，结合迁移率和有关的热力学参数便可计算与温度和浓度有关的扩散系数。此外，图 3-4 中不同的模型都基于解多元扩散方程而建立，除单相模型之外所有的模型都需使用 Thermo-Calc 中的相平衡计算，而针对不同的扩散问题可采用不同的模型加以解决。例如，采用单相模型（one phase mode1）可解决合金均匀化及钢的渗碳和脱碳问题；采用胞模型（cell mode1）可以讨论不同类型颗粒的溶解过程；而采用协同长大模型（cooperative growth mode1）则可对二元或多元系中珠光体的长大过程进行分析。此外，DICTRA 尤其适合处理含一个移动边界的问题，且边界问题可以以一种相当灵活的方式给出，这就使得用户可以处理实际中所感兴趣的问题。

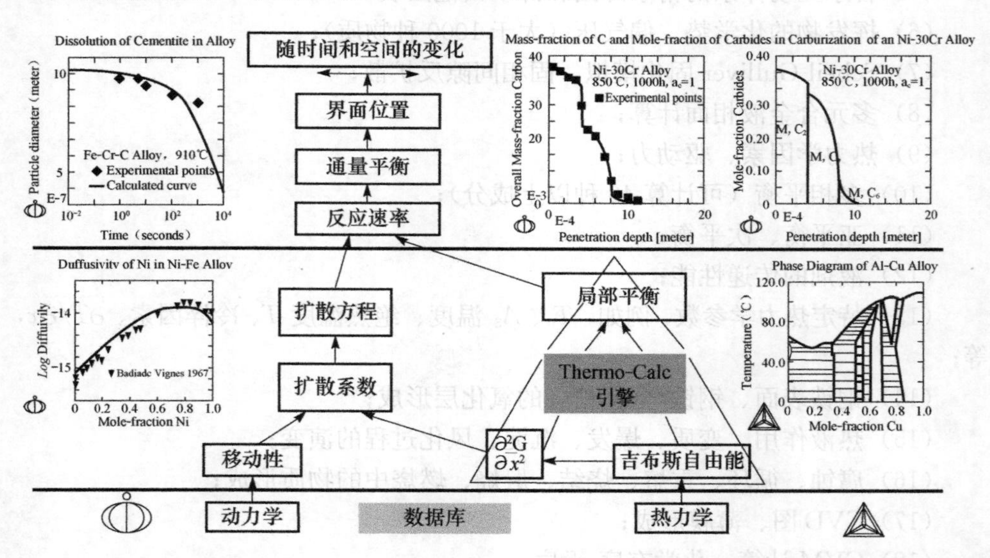


图 3-4 DICTRA 与 Thermo-Calc 耦合解决扩散过程模拟问题及相关软件界面

下面列举 DICTRA 可以处理的问题实例[8]。

1）单相问题

（1）合金的均匀化；

（2）渗碳和脱碳，如钢铁在奥氏体状态。

2）移动边界问题

（1）钢铁在奥氏体化过程中碳化物的分解；

（2）合金的凝固；

（3）合金中中间相的生长；

（4）析出相的长大或溶解；

（5）奥氏体-铁素体转变；

（6）氮化或碳氮化反应。

3）弥散体系的扩散

（1）高温合金的渗碳；

（2）化合物间的扩散，如涂层体系。

4）协作生长

合金钢中的珠光体生长。

5）局部平衡的偏离

仲平衡条件下的计算。

6）复杂相中的扩散

存在有序 B2 相体系中的扩散。

### 3. Thermo-Calc 编程界面及其应用

Thermo-Calc 提供了具有最快和最稳定数学和热力学解的标准热力学计算引擎，它可以使精确计算热力学量的任何其他软件（用户编写应用程序或第三方的软件包）便利地、有效地插入 Thermo-Calc 引擎。对于希望在 Thermo-Calc 基础上进行二次开发的用户，软件还提供了一些二次开发的界面、接口和工具，统称 Thermo-Calc 编程界面。包括功能强大的应用编程接口 TQ 和 TCAPI，以及 TC-MATLAB 热力学计算工具箱[9~11]。

使用这些编程界面，无需进行各种繁琐复杂的数学模型编程，可在不熟悉 Thermo-Calc 的情况下，直接获取热力学数据以及计算各种相平衡。例如，温度、压力、体积、化学势、相量、相成分、分配系数、液相或固态点、不变温度、反应热、绝热燃烧温度、迁移数据库（如 MOB2），还可以获得扩散系数。此外，还可以通过改变相的状态进行亚稳或非平衡状态的计算。

1）TCAPI（Thermo-Calc application programming interface）

提供 Thermo-Calc 应用程序开发接口，用户可以直接开发自己的 Thermo-Calc 功能模块，适用于想要在自己的应用程序中使用 Thermo-Calc 的用户。例如，TCAPI 已经并入美国 QuesTek Innovations LLC 公司开发的材料/工艺设计和优化程序包 PrecipiCalc-Precipitation，可用于材料加工过程中多相析出的动力学计算（图 3-5、图 3-6）。

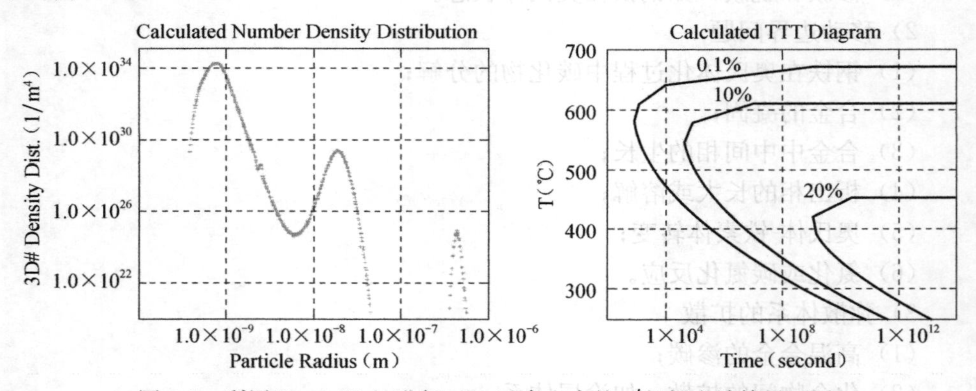


图 3-5　利用 PrecipiCalc 进行 $Ni_{12}Al$ 合金中的 $\gamma'$ 相析出计算界面图

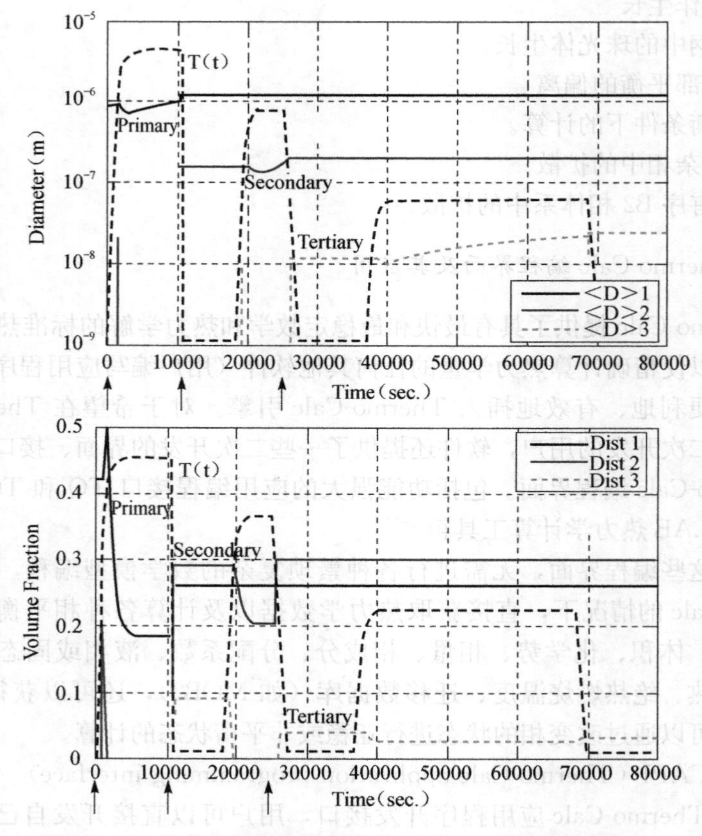


图 3-6　Ni 基合金复杂热处理条件下的析出相计算界面图

图 3-5、图 3-6 是针对复杂热处理条件下的航空发动机用 Ni 基合金（IN100）涡轮盘，利用 PrecipiCalc 进行了 γ′相析出计算。实验和计算都发现了 10nm～1μm 之间 3 个尺度的 γ′相析出。

2）TQ（thermodynamic calculation interface）

提供热力学计算接口，用户可以在自己的软件中直接调用这些函数。如德国 Aachen ACCESS 公司开发的 MICRESS 相场分析软件就使用了 TQ 直接调用 Thermo-Calc 热力学数据，用于模拟多元合金中的显微结构演变。

图 3-7 显示了利用 MICRESS 计算的 Fe-Mn-C 体系凝固过程情况，包括枝晶成长过程、C、Mn 的分布以及 δ 相、γ 相的先后析出。图 3-8 显示了在有杂质和无杂质环境下对钢晶粒长大过程的模拟。

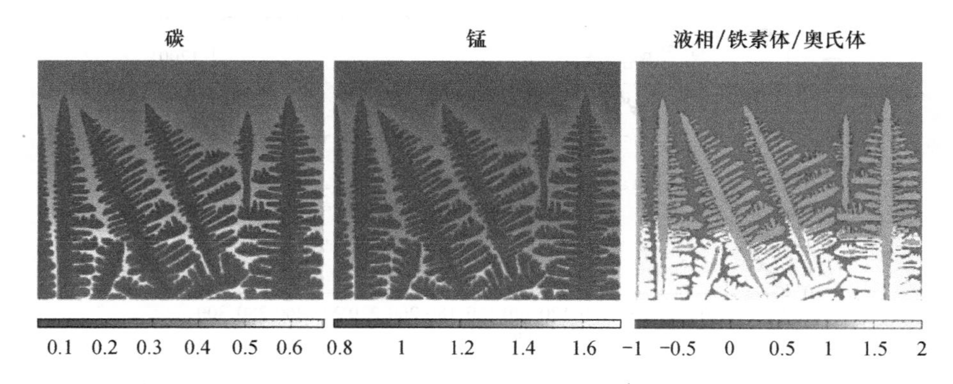


图 3-7　Fe-Mn-C 体系在凝固过程中枝晶的成长

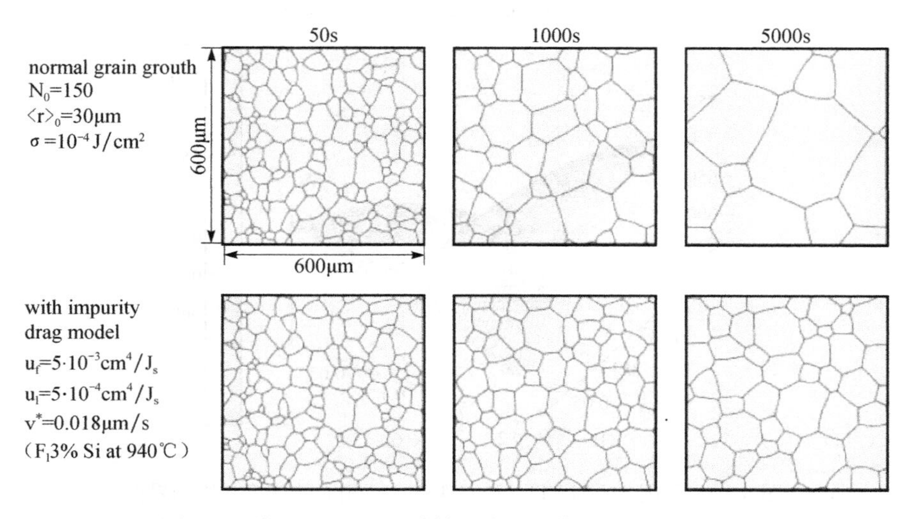


图 3-8　利用 MICRESS 计算钢中奥氏体晶粒长大界面图

3）TC MATLAB Toolbox（Thermo-Calc Toolbox for MATLAB）

MATLAB是一个非常灵活的软件，可以进行工艺计算和数据的可视化。通过 TC MATLAB 可以检索热力学和动力学参数，使用此编程界面在研究和开发过程中可以快速计算结果以及实现结果的可视化。瑞典 SSAB 公司已经将 TC MATLAB 用于开发过程模拟模型，用于预测热轧产品的力学性能。

图 3-9 显示了利用 TC MATLAB 计算的微合金钢中 Nb、Ti 析出相随加热温度的提升而溶解的情况，与半经验的 HYBROLL 模型十分吻合。图 3-10 显示了利用 TC MATLAB 实现的三元液相面计算和绘图，可用于辅助浇铸工艺的选取。

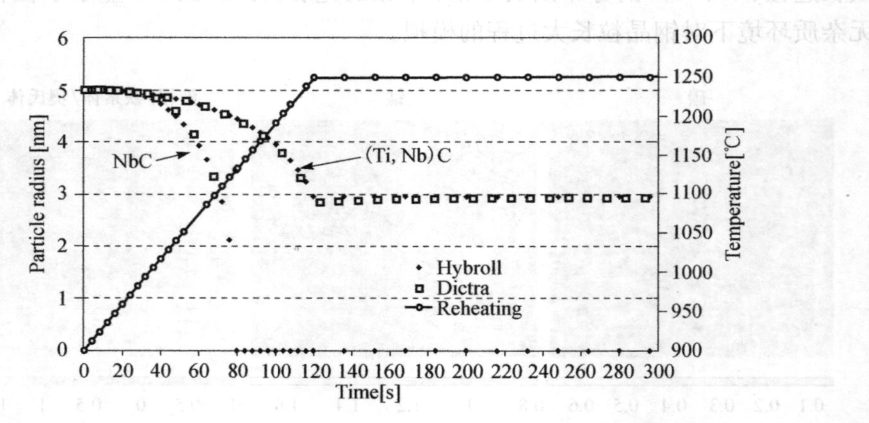


图 3-9 SSAB利用 TC MATLAB 开发的热轧过程模拟系统界面图

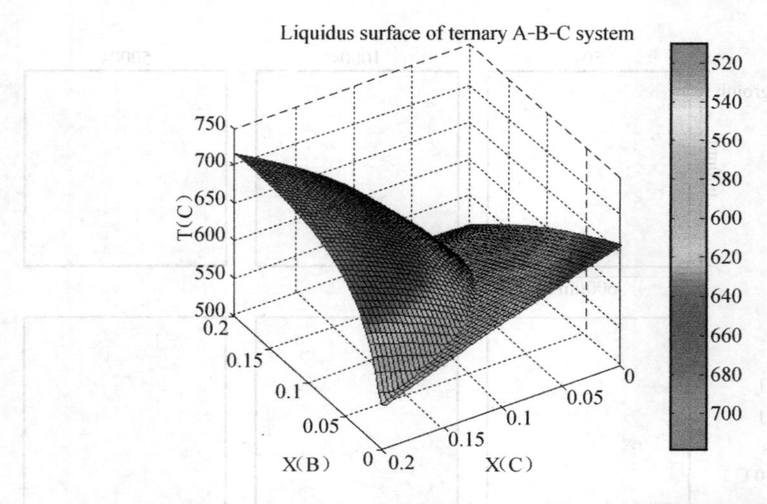


图 3-10 利用 TC MATLAB 实现三元液相面的计算和绘图界面

随着材料热力学、动力学模拟方法的日益普及，Thermo-Calc/DICTRA 的应用领域还在不断地扩展之中。目前，全球已经有越来越多的企业及科研院所利用 Thermo-Calc、DICTRA 来开发新材料，改进产品质量和工艺性能，并建立和完善材料设计数据库。国内 Thermo-Calc/DICTRA 系统的应用已经有十多年，授权用户已有近百家，在同类软件中拥有最大的用户群。钢铁冶金是其用户最集中的行业之一，包括宝钢、鞍钢、武钢、太钢、马钢、首钢在内的各大冶金企业、学校、研究单位均报道开展了大量研究工作，形成了非常广泛的应用，显著提升了企业的技术研发能力和水平[12~22]。本书第 4，第 5 章还将结合实例给出应用该软件解决钢铁材料相关问题的详细过程，这里就不再赘述。

## 3.2 FactSage 系统

### 3.2.1 开发历史

FactSage 是由加拿大蒙特利尔工业大学开发的 FACT 软件和德国 GTT-Technologies 公司的 ChemSage 软件相融合，形成的一款综合性热力学计算软件。主要是通过熔盐、氧化物、无机物热力学计算发展起来，在化工、冶金行业有广泛应用。

FACT（facility for the analysis of chemical thermodynamics）软件 1976 年由加拿大麦吉尔大学（McGill University）和蒙特利尔工业大学（Ecole Polytechnique de Montreal）合作开发。最初的系统只包括部分纯物质和理想气体的化学平衡计算，主要用于演示教学。1996 年推出了基于 PC 的 DOS 版本，1999 年推出 Windows 版本，并逐步将应用从化学冶金拓展到高温冶金、湿法冶金、化学工程、腐蚀工程、无机化学、地质化学、陶瓷、电化学、环境科学等广阔领域[23]。

ChemSage 的原型是由 Eriksson 开发的首个吉布斯自由能最小化计算程序 SOLGASMIX，用于计算非理想溶液体系的化学平衡。此后程序不断完善和扩展，1990 年 GTT-Technologies 公司发布了嵌入 SGTE 数据库的首个 ChemSage 版本，1999 年推出带有相图计算功能的 ChemSage 版本，使其在冶金、材料、环境问题研究中获得广泛的应用。

2001 年，FACT 和 ChemSage 合并成为统一的软件系统 FactSage，并提供了更为强大的功能和更为易用的 Windows 的用户软件界面。其最新的版本为 FactSage6.2（2010 年），其数据库包含了 4500 余种化合物的纯物质数据库、20 种元素的氧化物数据库、20 种阳离子及 8 种阴离子的熔盐数据库，以及 Pb、Sn、Fe、Cu、Zn 等常见合金体系、熔锍体系与部分水溶液体系，还包括用于电解铝、造纸工业、高纯硅等特定工业过程的专用数据库。这些内容丰富的热力学数据库为模拟与计算复杂工业过程提供了可能[24]。

目前 FactSage 已经在全球有超过 200 个学校和企业用户，成为国际上最为著名的化学热力学计算软件之一，它集化合物和多种溶液（尤其是炉渣、熔锍和熔盐）体系的热化学数据库与先进的多元多相平衡计算程序为一体，拥有最权威的熔盐、氧化物、炉渣等数据库，擅长于高温区域热力学平衡计算。在化学、化工过程的热力学平衡计算，特别是氧化物、溶液、熔盐、无机物等体系的化学反应计算和热力学计算方面具有优势。

### 3.2.2　系统组成

1. 软件的组成模块[25]

1）数据库处理
（1）数据库查看模块（View Data Module）；
（2）化合物模块（Compound Module）；
（3）溶液模块（Solution Module）。
2）计算模块
（1）化学反应计算模块（Reaction Module）；
（2）优势区计算模块（Predom Module）；
（3）电位-pH 图计算模块（E-pH Module）；
（4）平衡反应计算模块（Equilib Module）；
（5）相图计算模块（Phase Diagram Module）；
（6）数据库优化模块（OptiSage Module）。
3）结果及相关处理模块
（1）结果处理模块（Results Module）；
（2）混合反应物编辑模块（Mixture Module）；
（3）图形处理模块（Figure Module）。

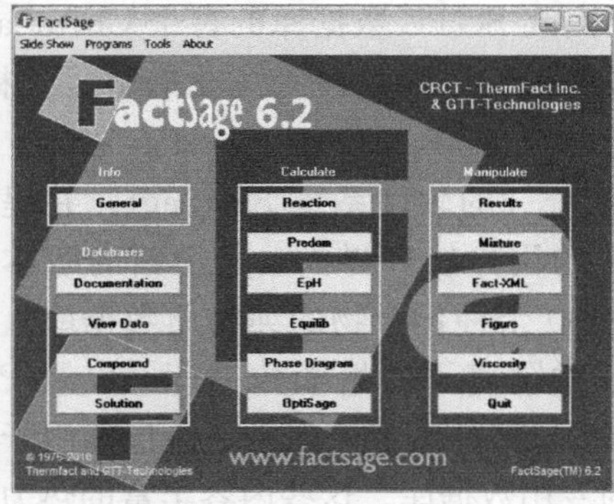


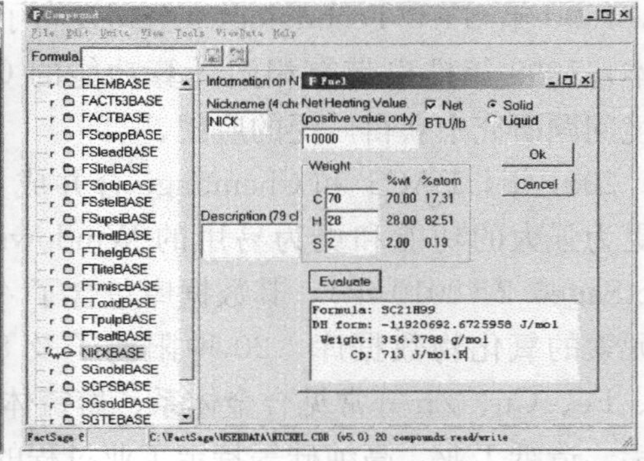

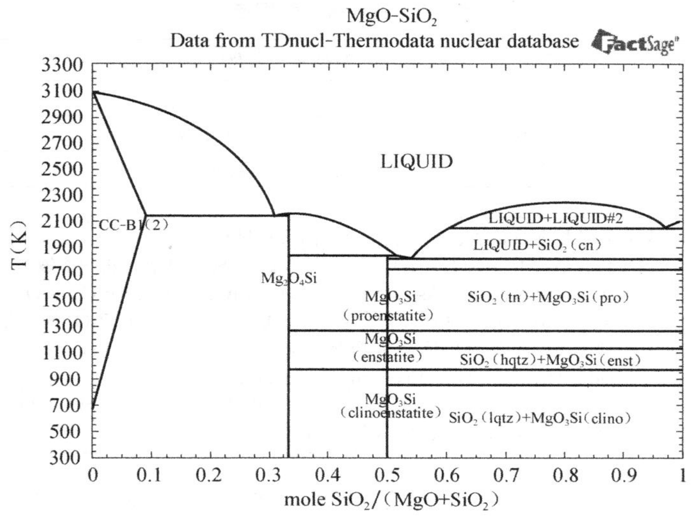


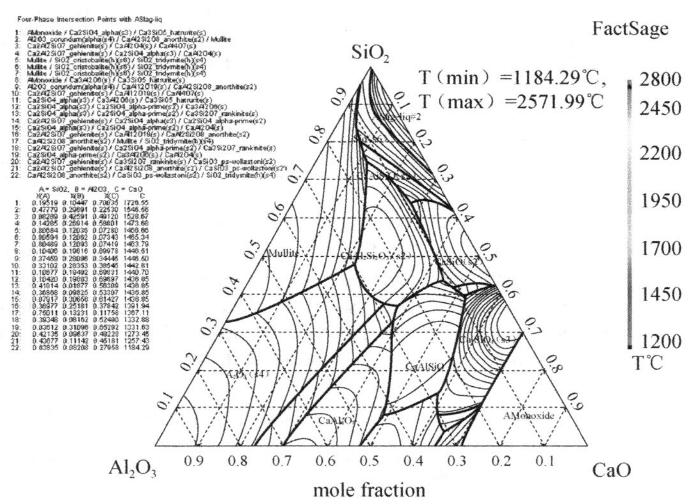


图 3-11　FactSage 的典型界面

2. FactSage 数据库系统[25]

FactSage 可以使用的热力学数据包括数千种纯物质数据库，数百种金属溶液、氧化物液相与固相溶液、锍、熔盐、水溶液等溶液数据库，如表 3-7 所示。FactSage 同时可以使用国际上 SGTE 的合金溶液数据库，以及 The Spencer Group、GTT-Technologies 和 CRCT 所建立的钢铁、轻金属和其他合金体系数据库，并提供了与著名的 OLI Systems 公司的水溶液数据库的连接，其数据库内容见表 3-7。

**表 3-7 FactSage 数据库**

| 数据库缩写 | 数据库全名及内容 |
| --- | --- |
| 通用数据库 | |
| FACT53 | FACT5.3 化合物数据库：包括 4500 余种纯物质数据库 |
| SGPS | SGTE 纯物质数据库：包括 3400 余种纯物质数据库 |
| FACT 数据库 | |
| FToxid | 氧化物数据库（炉渣、玻璃、陶瓷、耐火材料）：<br>——包含 $Al_2O_3$、CaO、FeO、$Fe_2O_3$、MgO、$SiO_2$ 纯氧化物和溶液；<br>——包含以上氧化物与 $As_2O_3$、$B_2O_3$、CoO、CrO、$Cr_2O_3$、$Cu_2O$、$GeO_2$、$K_2O$、$Na_2O$、MnO、$Mn_2O_3$、NiO、PbO、SnO、$TiO_2$、$Ti_2O_3$、ZnO、$ZrO_2$ 的复合氧化物；<br>——包含 $Al_2O_3$-$Re_2O_3$ 体系复合氧化物（Re＝La，Ce，Pr，Nd，Pm，Sm，Eu，Gd，Tb，Dy，Ho，Er，Tm，Yb，Lu）；<br>——液态/玻璃态氧化物溶液子库 FToxid-Slag，包括 S、$SO_4$、$PO_4$、$H_2O$/OH、$CO_3$、F、Cl、I、C、N、CN 的稀溶液 |
| FTsalt | 盐溶液及熔盐数据库：<br>——包含由以下阳离子、阴离子组成的各类纯盐或盐溶液，20 种阳离子：Li、Na、K、Rb、Cs、Mg、Ca、Sr、Ba、$NH_4$、Mn、Al、Fe（II）、Fe（III）、Co、Ni、Pb、La、Ce、Nd，8 种阴离子：F、Cl、Br、I、$NO_3$、OH、$CO_3$、$SO_4$；<br>——熔盐子库称为 FTsalt-Salt，增加了 $O^{2-}$ 和 $OH^-$ 稀溶液 |
| FThall | 电解铝数据库：<br>——包含所有纯物质和由 Al-Mg-Na-Li-Ca-F-O 组成的 17 种冰晶石熔盐；<br>——冰晶石熔盐数据库称为 FThall-bath，铝合金熔液数据库称为 FThall-liq |
| FThelg | 水溶液数据库：<br>——FThelg 数据库包含 1400 余种物质的无限稀水溶液数据，源自 GEOPIG-SUPCRT Helgeson 公共数据库，并包含了温度 350℃以下、压力 165bar 以下的 Helgeson 状态方程。分为三个水溶液子库 FThelg-AQID、-AQDH、-AQDD；<br>——FThelg-AQID 子库采用了理想稀溶液假设，适用上限约为 0.001mol；<br>——FThelg-AQDH 子库引入了德拜-休克尔方程，适用上限约为 0.02mol；<br>——FThelt-AQDD 子库引入了扩展的德拜-休克尔（Davies）方程，适用上限约为 0.5 mol；<br>——FThelg 纯物质数据库包含 185 纯固态和气态化合物，其热力学性质与 FThelg 水溶液数据库相匹配 |
| FTmisc | 合金及硫化物等综合数据库：<br>——S-Cu-Fe-Mn-Ni-Co-Cr 体系；<br>——造锍熔炼体系 S-Cu-Fe-Ni-Co-Pb-Zn-As；<br>——液态 Fe 的 Al、B、Bi、C、Ca、Ce、Co、Cr、Mg、Mn、Mo、N、Nb、Ni、O、P、Pb、S、Sb、Si、Te、Ti、V、W、Zn、Zr 稀溶液（子库 FTmisc-FeLQ）；<br>——液态 Sn 的 Al、Ca、Ce、Co、Cr、Cu、Fe、H、Mg、Mo、Na、Ni、O、P、S、Se、Si、Ti 稀溶液（子库 FTmisc-SnLQ）；<br>——液态 Pb 的 Ag、As、Au、Bi、Cu、Fe、Na、O、S、Sb、Sn、Zn 稀溶液（子库 FTmisc-PbLQ）；<br>——富含 Al、Mg 的轻金属合金，包括液相合金 Al-Mg-Sr-Ca-Mn-Na-K-Be-Si 的 C、O、Cl、F、Fe 稀溶液（子库 FTmisc-LMLQ）；<br>——Hg-Cd-Zn-Te 体系；<br>——包含有限元素的合金熔液子库：FTmisc-ZnLQ、-CdLQ、-TeLQ、-SbLQ、-SeLQ、-SeTe、-SbPb、-PbSb；<br>——包含 96 种溶质的非理想溶液，含皮策（Pitzer）参数（子库 FTmisc-PITZ） |

续表

| 数据库缩写 | 数据库全名及内容 |
| --- | --- |
| FTpul | 纸浆造纸数据库（也可用于腐蚀及燃烧）：<br>——包含纸浆及造纸工业数据（也可满足腐蚀及燃烧过程评价），包含体系：Na、K；Cl、$SO_4$、$CO_3$、O、OH、$S_2O_7$、S、$S_2$、$S_8$ 等 |
| FactSage 数据库 | |
| FScopp | 铜合金数据库：<br>——涵盖液态富 Cu 合金，包括元素：Ag、Al、As、Au、Ba、Be、Bi、C、Ca、Cd、Ce、Co、Cr、Fe、Ga、Ge、In、Li、Mg、Mn、Nb、Nd、Ni、O、P、Pb、Pd、Pt、Pr、S、Sb、Se、Si、Sm、Sn、Sr、Te、Ti、Tl、V、Y、Zn、Zr；<br>——也包括富 Cu 固态化合物；<br>——适用温度范围 400～1600℃ |
| FSlead | 铅合金数据库：<br>——涵盖液态富 Pb 合金，包括元素：Ag、Al、As、Au、Bi、C、Ca、Cd、Cu、Fe、Ga、Ge、Hg、In、Mn、Ni、O、Pd、S、Sb、Se、Si、Sn、Sr、Te、Tl、Zn、Zr；<br>——也包括富 Pb 固态化合物；<br>——包含除 Pb-Fe、Pb-Mn、Pb-S、Pb-Se、Pb-Sr 二元系外以上所有 Pb 二元系化合物 |
| FSlite | 轻合金数据库：<br>——包含 248 二元合金系，75 三元系和 3 四元系化合物，涉及元素包括：Ag、Al、As、Au、B、Ba、Be、Bi、C、Ce、Cr、Cu、Fe、Ga、Ge、H、Hf、Hg、In、K、La、Li、Mg、Mn、Mo、Na、Nb、Nd、Ni、O、P、Pb、S、Sb、Sc、Si、Sn、Sr、Ta、Ti、V、Y、W、Zn、Zr；同时包括 188 其他二元系的液相、FCC 相、BCC 相，以及估定的 HCP 模型参数 |
| FSstel | 钢铁数据库：<br>——包含 120 个全面评估的二元合金系，85 个三元合金系，17 个四元合金系。涵盖以下元素：Al、B、Bi、C、Ca、Ce、Co、Cr、Cu、Fe、Hf、La、Mg、Mn、Mo、N、O、Nb、Ni、P、Pb、S、Sb、Si、Sn、Ta、Te、Ti、V、W、Zr；<br>——为钢铁生产等过程提供一个基础扎实、适用广泛的计算工具；<br>——熔体中的脱氧和脱硫反应；<br>——钢中各类相的结构，如奥氏体、铁素体、双相不锈钢以及碳化物、氮化物的形成；<br>——废钢冶炼中有害杂质元素的控制；<br>——坩埚熔炼反应等 |
| FSupsi | 超纯硅数据库：<br>——主要针对液态富 Si 合金，特别是超高纯 Si 中杂质元素的计算；<br>——可计算以下液相 Si 中的杂质元素：Al、Au、B、C、Ca、Co、Cr、Cu、Fe、Ge、In、Mg、Mn、N、Ni、O、P、Pb、Sb、Sn、Te、Ti、V、Zn。其中 B、C、Ge、N、Sn、Ti、Zn 等元素可固溶于固相 Si，所有其他元素按照在固相 Si 中不固溶处理 |
| SAGE 数据库 | |
| FSnobl | 贵金属数据库：<br>——包含评估过的 Ag、Au、Ir、Os、Pd、Pt、Rh、Ru 等贵金属合金，以及它们与 Al、As、B、Ba、Be、Bi、C、Ca、Cd、Ce、Co、Cr、Cu、Dy、Fe、Ge、Hf、In、Mg、Mo、Nb、Ni、Pb、Re、Sb、Si、Sn、Ta、Tc、Te、Ti、Tl、V、W、Zn、Zr 所组成的合金的热力学数据；<br>——贵金属及其合金应用广泛，计算特定环境下的相平衡十分必要，可用于优化合金相组成，或预测侵蚀性化学环境下的反应产物等 |

续表

| 数据库缩写 | 数据库全名及内容 |
|---|---|
| SGnucl | 核材料数据库：<br>——SGTE 核材料数据库（SGNucl）是由法国 Thermodata 公司开发。它是一个计划中更大的核反应堆材料数据库的一部分。它更多地被用于描述堆内化学反应。经 SGTE 授权用于 FactSage 系统。包括 O、U、Zr、Fe、Cr、Ni、Ar、H 等元素，以及 6 种氧化物体系 $UO_2$-$ZrO_2$-FeO-$Fe_2O_3$-$Cr_2O_3$-NiO |
| TDNucl | Thermodata 核材料数据库：<br>——TDNucl 适用于反应堆核容器内、外各类核材料研究，经 SGTE 授权用于 FactSage 系统，包含 18+2 种元素：O、U、Zr、Ag、In、B、C、Fe、Cr、Ni、Ba、La、Sr、Ru、Al、Ca、Mg、Si + Ar、H，15 种氧化物体系：$UO_2$、$ZrO_2$、$In_2O_3$、$B_2O_3$、FeO、$Fe_2O_3$、$Cr_2O_3$、NiO、BaO、$La_2O_3$、SrO、$Al_2O_3$、CaO、MgO、$SiO_2$；<br>——覆盖从金属到氧化物的全部物质形态，用户可据此模拟严重事故情况下任何一个反应步骤的热化学平衡，并根据热力学模拟结果提高对事故的预测能力 |
| SGTE | 合金数据库：<br>——包含超过 350 个经过充分评估的二元合金系、120 个三元以上合金系的数据，涉及 78 个元素：Ag、Al、Am、As、Au、B、Ba、Be、Bi、C、Ca、Cd、Ce、Co、Cr、Cs、Cu、Dy、Er、Eu、Fe、Ga、Gd、Ge、Hf、Hg、Ho、In、Ir、K、La、Li、Lu、Mg、Mn、Mo、N、Na、Nb、Nd、Ni、Np、O、Os、P、Pa、Pb、Pd、Pr、Pt、Pu、Rb、Re、Rh、Ru、S、Sb、Sc、Se、Si、Sm、Sn、Sr、Ta、Tb、Tc、Te、Th、Ti、Tl、Tm、U、V、W、Y、Yb、Zn、Zr。这些体系包括约 180 个溶液相以及 600 多个化学计量比化合物 |
| SGsold | 焊料数据库：<br>——这是一个 SGTE 提供的新数据库，涉及了含有 Ag、Au、Bi、Cu、In、Ni、Pb、Pd、Sb、Sb、Zn 等元素的含铅或不含铅焊料 |
| BINARY | 二元免费数据库：<br>——这是一个 SGTE 免费二元合金体系数据库，由 SGTE（2004 版）数据库中的 115 个二元合金体系组成 |

### 3.2.3　功能及应用

FactSage 的应用范围包括材料科学、火法冶金、湿法冶金、电冶金、腐蚀、玻璃工业、燃烧、陶瓷、地质等；同时还应用于本科生与研究生的教学与研究中。软件功能包括[25]：

（1）查看化合物和溶液数据库中的各种热力学参数；

（2）自定义数据库编辑与保存；

（3）计算纯物质、混合物或化学反应的各种热力学性能（$H$，$G$，$V$，$S$，$C_p$，$A$）变化；

（4）等温优势区图计算；

（5）等温 Eh-pH 图（Pourbaix 图）计算；

（6）化学反应达到平衡时各物质的浓度计算；

（7）相图计算；

（8）数据库优化；

（9）计算结果图表处理。

FactSage 可以使用的热力学数据包括数千种纯物质数据库，评估及优化过的数百种金属溶液、氧化物液相与固相溶液、锍、熔盐、水溶液等溶液数据库。FactSage 软件可以自动使用这些数据库，很精确地计算工业体系中的锍/金属/炉渣/气体/固体的平衡；也可以考察平衡或者非平衡凝固的历程及计算复杂的热平衡。

FactSage 在国内冶金行业的应用多集中于冶金熔炼过程炉渣、保护渣、氧化物夹杂的研究。曹占民等[26]介绍了将 FactSage 应用于某镍矿闪速熔炼过程的复杂多元多相平衡计算，研究了降低渣中含铜量的热力学可能性；宋文佳等[27]利用 FactSage 分析了煤灰及煤渣的可熔性和流动特性；张洪彪等[28]分析了高磷铁水脱磷的热力学过程，并进行了实验研究；柴国强等[29]利用 FactSage 计算分析了如何控制钢液中 Al、O、Si、Mn 的质量分数，可使硬线钢中获得良好变形能力的 $Al_2O_3$-$SiO_2$-MgO-CaO-MnO 五元系夹杂物；徐冉等[30]采用 FactSage 的 Phase Diagram 模块和 Equilib 模块对含钛钢渣熔点进行了理论研究，并通过实验研究进行了验证，确定了提高各类渣系熔点的 $TiO_2$ 和 $Al_2O_3$ 质量分数。这些工作充分证明 FactSage 在金属冶金领域，特别是氧化物、渣系研究方面所具有的独到功能。

## 3.3　Pandat 系统

### 3.3.1　开发历史

Pandat[31]是 20 世纪 80 年代由美国威斯康星大学 Chang 教授为首的研究团队基于 CALPHAD 原理开发的多元热力学相图计算软件包。在此基础上，1996 年 Chang 创建了 CompuTherm LLC 公司，专门为工业、研究及教育用户提供功能较强、简单易学的相图与热力学计算软件。其核心是基于 C＋＋语言的 PanEngine 计算引擎，具有系统信息管理和热力学与相平衡计算的功能。Pandat 软件包的最大优点是简洁易用，即使没有相图计算专业知识和计算技巧的使用者，也能在不需要预设初值的情况下，自动搜索多元多相体系的稳定平衡；同时该系统在自由能最小算法上对避免陷入局部极小进行了优化。该系统主要适用于金属材料体系的相图计算，2009 年发布了最新版本 Pandat8.0。

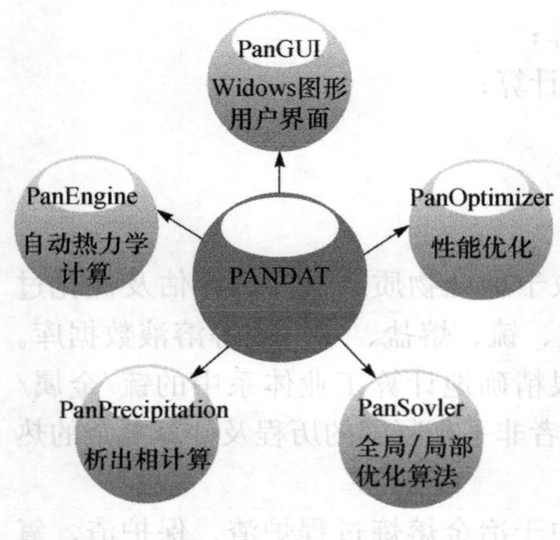


图 3-12 PANDAT 的顶层模块

### 3.3.2 系统组成

1. 软件的组成模块[31]

Pandat 系统由 PanEngine（热力学计算）、PanOptimizer（性能优化）、PanPrecipitation（析出相计算）、PanSolver（全局/局部优化算法）以及 PanGUI（图形用户界面）等模块组成。其主要构架与界面见图 3-12～图 3-14。Pandat 的计算引擎 PanEngine 是一个动态链接函数库（dynamically linked library，DLL），它可以作为一款独立的产品使用。用户加上自己的命令代码便可得到能满足热力学计算特殊需要的定制软件。

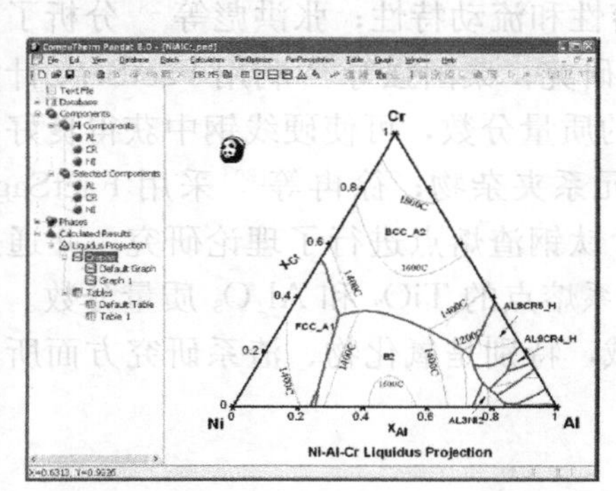


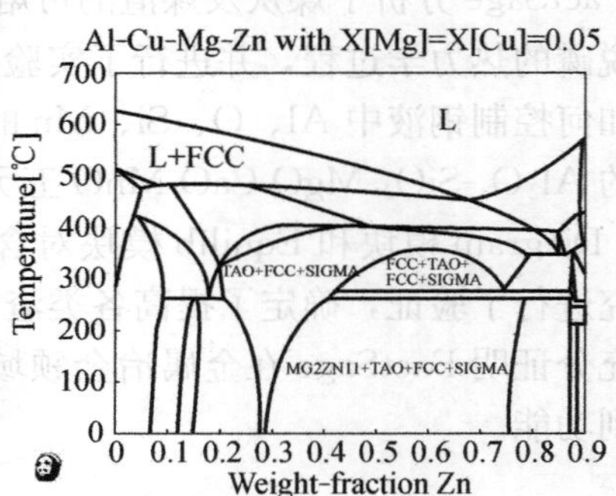


图 3-13 PANDAT 的典型界面

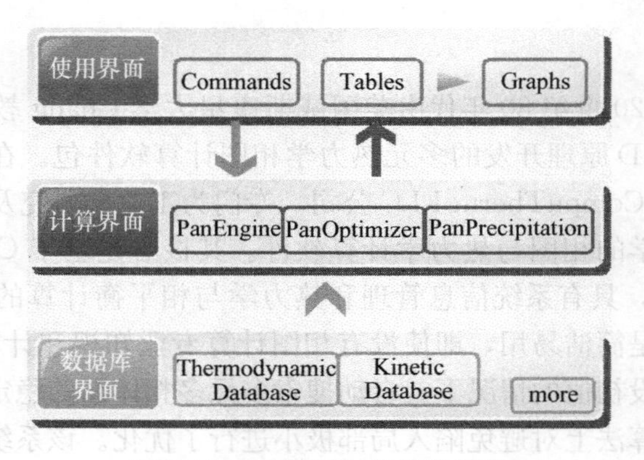


图 3-14 PANDAT 的软件构架

2. Pandat数据库[31]

Pandat计算也需要包含了每个相自由能的热力学数据库。Pandat支持用混合能表述的溶解相、线性化合物和金属间化合物。Pandat可读取PDB格式（Pandat公司数据库）和TDB格式（可用记事本编辑）数据。Pandat本身只提供很少的示范数据文件。为了计算相图和热力学性能，用户需要选购专业的数据库。Pandat的数据库主要的优势在于有色金属方面，尤其是Mg和Al的数据较为优秀；除此之外还有自己开发的Ti、Fe、Ni、Zr以及日本的Cu和焊料数据库，其数据库内容见表3-8。

**表3-8 Pandat数据库**

<table>
<tr><th>数据库缩写</th><th>数据库全名及内容</th></tr>
<tr><td>PanAluminum</td><td>Pandat铝合金数据库：<br>——包括7种主要元素：Al、Cu、Fe、Mg、Mn、Si、Zn；13种次要元素：Ag、B、C、Cr、Ge、Hf、Ni、Sc、Sn、Sr、Ti、V、Zr；<br>——主要相：液相、Fcc_A1（Al）、Diamond_A4（Si）、$Al_5Cu_2Mg_8Si_6$、$Al_8FeMg_3Si_6$等二十余种；<br>——推荐使用成分范围（质量分数/%）：
<table>
<tr><td>Al</td><td>Cu</td><td>Fe</td><td>Mg</td><td>Mn</td><td>Si</td><td>Zn</td><td>其他</td></tr>
<tr><td>80～100</td><td>0～5.5</td><td>0～1.0</td><td>0～7.6</td><td>0～1.2</td><td>0～17.5</td><td>0～8.1</td><td>0～0.5</td></tr>
</table></td></tr>
<tr><td>PanIron</td><td>Pandat铁基合金数据库：<br>——包括18种元素：Al、C、Co、Cr、Cu、Fe、Mg、Mn、Mo、N、Nb、Ni、P、S、Si、Ti、V、W；<br>——59种相：液相、BCC_A2（铁素体）、HCP_A3、FCC_A1（奥氏体）、TCP相、渗碳体等；<br>——推荐使用成分范围（质量分数/%）：
<table>
<tr><td>Fe</td><td>Ni</td><td>Cr</td><td>Co，Mo</td><td>V，W</td><td>C，Cu，Mn，Nb，Si，Ti</td><td>Al，Mg，N</td><td>P，S</td></tr>
<tr><td>50～100</td><td>0～31</td><td>0～27</td><td>0～10</td><td>0～7</td><td>0～4</td><td>0～0.5</td><td>0～0.05</td></tr>
</table></td></tr>
<tr><td>PanMagnesium</td><td>Pandat镁基合金数据库：<br>——包括17种元素：Ag、Al、Ca、Ce、Cu、Fe、Gd、Li、Mg、Mn、Nd、Sc、Si、Sr、Y、Zn、Zr；<br>——285种相：液相、HCP（Mg）、FCC、BCC、二元及三元熔液相及化学计量相等；<br>——推荐使用成分范围（质量分数/%）：
<table>
<tr><td>Mg</td><td>Al，Ca，Li，Mn，Si，Zn</td><td>Ag，Ce，Gd，Nd，Sc，Sr，Y，Zr，Fe，Cu</td></tr>
<tr><td>75～100</td><td>0～10</td><td>0～1</td></tr>
</table></td></tr>
<tr><td>PanNickel</td><td>Pandat镍基合金数据库：<br>——包括17种元素：Al、B、C、Co、Cr、Fe、Hf、Mo、N、Nb、Ni、Re、Si、Ta、Ti、W、Zr；<br>——63种相：液相、Fcc_A1（γ）、L12_Fcc（γ′）、TCP相、碳化物等；<br>——推荐使用成分范围（质量分数/%）：
<table>
<tr><td>Ni</td><td>Al，Co，Cr，Fe</td><td>Mo，Re，W</td><td>Hf，Nb，Ta，Ti</td><td>B，C，N，Si，Zr</td></tr>
<tr><td>50～100</td><td>0～22</td><td>0～12</td><td>0～5</td><td>0～0.5</td></tr>
</table></td></tr>
</table>

续表

| 数据库缩写 | 数据库全名及内容 |
|---|---|
| PanZirconium | Pandat锆合金数据库<br>——包含6种元素：Al、Cu、Ni、Si、Ti、Zr；<br>——133种相，支持所有成分范围内的15种二元合金体系及20种三元合金体系 |
| ADAMIS Lead-Free Solder | 无铅焊料数据库<br>——包含8种元素：Ag、Bi、Cu、In、Pb、Sb、Sn、Zn；<br>——可用于铅焊料和无铅焊料的开发，支持所有成分范围内的二元和三元体系 |

### 3.3.3 功能及应用

PanEngine可用于多种热力学计算，如相图计算、热力学性能计算、凝固模拟、液相投影面、相图优化以及动力学二次开发（需要C++环境）等。

（1）相图计算：可计算二元、三元及多元平衡标准相图（等温截面、等值截面、用户自定义截面）；

（2）液相线计算：可自动计算出液相线（熔点）及一次析出相，并可画出等温线；

（3）凝固计算：包括固相分数、密度、比热容、焓等随温度变化的曲线；

（4）相图优化：可在Windows界面下操作进行相图优化；

（5）沉淀强化计算；

（6）支持批处理文件，可进行无人看守批处理计算；

（7）支持PDB格式（Pandat公司数据库）和TDB格式（可用记事本编辑）数据库；

（8）支持Pandat与PanEngine分离，PanEngine是动态链结函式库，它可用于制作用户特制的软件如凝固模拟，铸造模拟以及扩散计算等。

Pandat的应用面较ThermoCalc和FactSage要窄，目前只适用于金属材料。国内相关文献可参考［32］～［36］。

## 3.4 JMatPro系统

### 3.4.1 开发历史

JMatPro[37]的是由英国的Thermotech公司开发。该公司成立于1990年，原是重要的热力学数据库的提供商，经过十几年的发展，现在的研究重心已转换为开发复杂合金的物理性能与机械性能的模拟计算。2001年成立了姊妹公司Sente Software，专门负责JMatPro的商业化运行。

JMatPro 的主要特点是材料性能模拟，通过金属材料的相平衡计算，进而实现材料性能的计算，如热力学性能、热物理性能、机械性能、热处理相关性能（CCT/TTT、淬火）等。JMatPro 目前可提供镍基超合金、钢铁、铝合金、镁合金、钛合金、锆合金和焊料合金等模块。

### 3.4.2　系统组成[37,38]

该软件的数据库和软件绑定在一起，因此并无软件和数据库之分。计算引擎采用 C/C++语言编写，核心程序取自 Lukas 等开发的 PMLFKT 软件，并为 Kattner 等改进。软件界面采用 Java 语言开发，能在 Windows98/NT/2000/XP/Vista、Linux、Unix 等系统上独立运行。在 Windows 系统下的典型界面如图 3-15 所示。

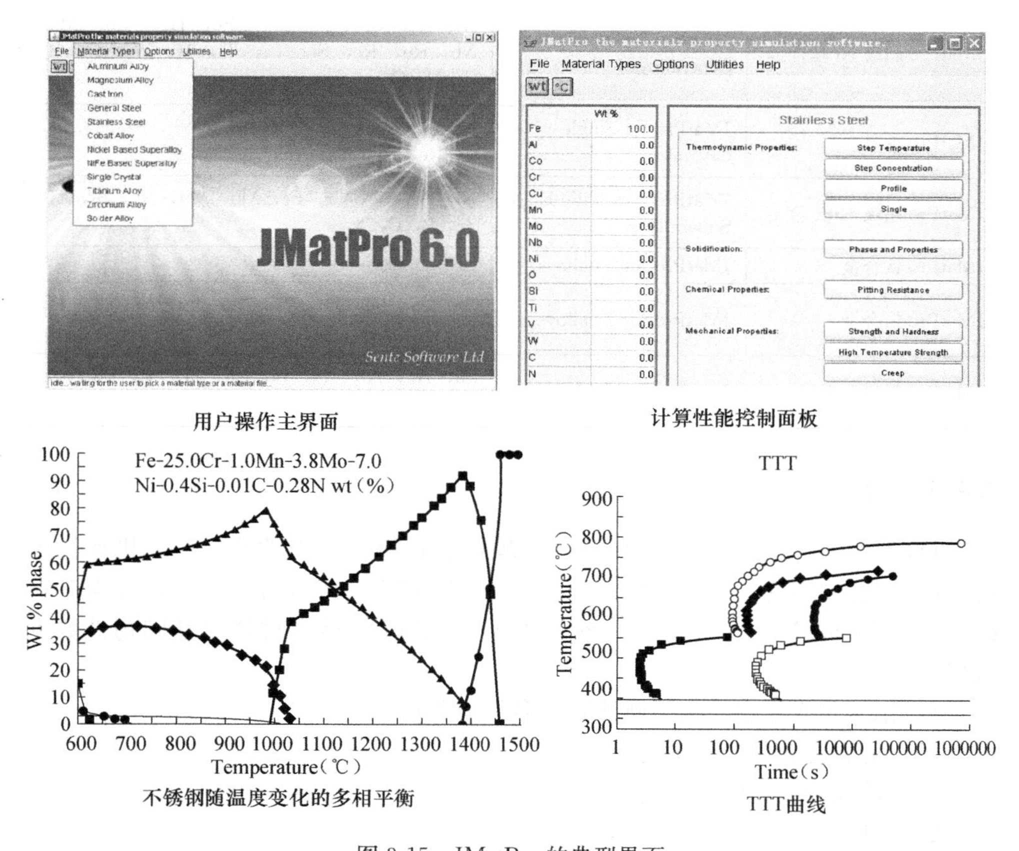


图 3-15　JMatPro 的典型界面

由于不同材料所采用的组织性能模型有所不同，该软件针对不同材料类型分为多个不同版本，见表 3-9。

表 3-9 JMatPro 软件版本

| 版本名称 | 英文名称 | 适用合金元素 |
| --- | --- | --- |
| JMatPro 铝合金 | JMatPro for Al-alloys | Al, B, C, Ca, Cr, Cu, Fe, H, La, Mg, Mn, Ni, Sc, Si, Sr, Ti, V, Zn, Zr |
| JMatPro 镁合金 | JMatPro for Mg-alloys | Mg, Al, Ca, Ce, Cu, Fe, La, Mn, Nd, Si, Sr, Y, Zn, Zr |
| JMatPro 钢铁通用 | JMatPro for General Steels | Fe, Al, Co, Cr, Cu, Mg, Mn, Mo, Nb, Ni, P, S, Si, Ta, Ti, V, C, N, O, W, B |
| JMatPro 铸铁 | JMatPro for Cast irons | Fe, Al, Co, Cr, Cu, Mg, Mn, Mo, Nb, Ni, P, S, Si, Ta, Ti, V, C, N |
| JMatPro 不锈钢 | JMatPro for Stainless Steels | Fe, Al, Co, Cr, Cu, Mn, Mo, Nb, Ni, P, S, Si, Ti, V, C, N, O, W |
| JMatPro 超级 Ni 基合金 | JMatPro for Ni-based Superalloys | Ni, Al, Co, Cr, Cu, Fe, Hf, Mn, Mo, Nb, Ru, Re, Si, Ta, Ti, V, W, Zr, B, C, N, O |
| JMatPro 单晶 | JMatPro for Single Crystal | Ni, Al, Co, Cr, Hf, Mo, Nb, Si, Ti, B, C, Re, Ru, Ta, W |
| JMatPro 超级 NiFe 合金 | JMatPro for NiFe-based Superalloys | Ni, Al, Co, Cr, Fe, Mo, Mn, Nb, Si, Ti, Zr, B, C, N |
| JMatPro 钛合金 | JMatPro for Ti-alloys | — |
| JMatPro 锆合金 | JMatPro for Zr-alloys | Zr, Cr, Fe, Hf, Nb, Ni, Si, Sn, C, H, N, O |
| JMatPro 焊料合金 | JMatPro for Solders | Sn, Ag, Al, Au, Bi, Cu, In, Ni, Pb, Sb, Zn |

### 3.4.3 功能及应用[37,38]

JMatPro 可用于相平衡计算、热物理性能计算、凝固性能计算、机械性能（强度、硬度、蠕变）、热处理相变模拟（CCT/TTT、淬火等）等，并可为 Procast、ANSYS、Magmasoft、Forge 等 CAE 分析软件提供材料的基础物性数据接口。

1）稳态和亚稳态的相平衡计算（多相平衡）

（1）随温度变化的相平衡；

（2）随成分变化的相平衡。

2）物理与热物理性能计算

（1）固相分数、体积变化；

（2）比热容、焓、相变潜热、密度、热膨胀系数、导热性、电导/电阻性；

（3）液相的黏性、扩散速率、表面张力；

（4）泊松比、杨氏模量、体积模量、剪切模量；

（5）层错能；

（6）Gamma/Gamma′错配（Ni基合金）。

3）机械性能估算

（1）高温强度计算、蠕变计算；

（2）屈服强度或$Rp_{0.2}$、拉伸强度及硬度；

（3）应力-应变曲线。

4）相转变——金属热处理设计

（1）TTT/CCT曲线；

（2）等温转变、能量转变、马氏体转变；

（3）顶端淬透性计算；

（4）Gamma/Gamma′晶粒长大（Ni基合金）。

5）化学性能计算

抗孔蚀性能（不锈钢）。

JMatPro的热力学计算功能明显弱于前述3个软件，适用面也窄得多。其主要特点是材料性能模拟，与其说它是一个研究工具，不如说是一个初步的工程计算工具。由于采用了大量的经验、半经验公式（如Hall-Petch公式等），其可靠性与可推广性还有欠缺，还缺乏与实验结果系统的比较研究。但毫无疑问它代表了CALPHAD方法的一个有力延伸。目前这类工具还在发展、完善之中，国内相关文献也较少。有兴趣的读者可参见文献[39]～[41]。

## 3.5　主要数据库资源

### 3.5.1　SGTE数据库

目前在CALPHAD领域影响最大的材料热力学数据库是20世纪80年代起在欧洲的七个实验室以SGTE[42]为名称建立的热力学数据库，它是一个由多个国家、多个学校和研究中心组成的协会组织，致力于开发无机及金属材料热力学数据库，并促进其应用。该组织的目的在于提供、维护并扩展高质量数据库，使用户能够有效、迅速地实现化学平衡体系的复杂计算，并通过广泛的国际合作，统一热力学数据及评价方法，由此进一步促进相互合作。正是在SGTE的建议下，瑞典皇家工学院开发了最早的Thermo-Calc系统。SGTE目前主要包括以下成员单位：

1）法国

（1）Institute National Polytechnique（LTPCM），Grenoble；

（2）THERMODATA，Grenoble；

(3) Arcelor Research，Maizières-les-Metz；

(4) The University of Montpellier 2，Montpellier.

2) 德国

(1) RWTH Aachen University，Material Chemistry，Aachen；

(2) Max Planck Institut für Metallforschung，Stuttgart；

(3) GTT Technologies，Hertzogenrath；

(4) Forchungszentrum Jülich GmbH Institute for Energy Reasearch (IEF-2)，Juelich；

(5) The University of Freiberg，Freiberg.

3) 瑞典

(1) Royal Institute of Technology，Stockholm；

(2) Thermo-Calc Software，Stockholm.

4) 英国

National Physical Laboratory，Teddington.

5) 加拿大

Thermfact，Montreal.

6) 美国

(1) The Spencer Group，Trumansburg-Ithaca，NY；

(2) NIST，Gaithersburg，MD.

7) 俄罗斯

NEW Glushko Thermcenter of the Russian Academy of Sciences，Moscow.

### 3.5.2 NIST 数据库

从20世纪20年代开始，美国国家标准与技术研究所（National Institute of Standards and Technology，NIST）[43]就致力于开发和修订“国际科技常数表(International Critical Tables)”，提供了大量可信的热力学、热化学数据，新的“标准参考数据计划”提供的无机物及有机物小分子热力学、热化学数据也得到了广泛认同。

NIST免费在线数据库——NIST化学网络手册（http://webbook.nist.gov/chemistry/），包含了超过7000个无机或有机小分子化合物的热力学、热化学数据(生成焓、燃烧热、比热容、熵、相变焓及相变温度、蒸汽压等)、超过8000个化学反应热化学数据（反应热、反应自由能）以及大量的光谱、色谱、热物理数据等。

作为NIST的物理化学性质分部，热力学研究中心（Thermophysical Research Center，TRC）[44]主要致力于收集、评估和关联无机化合物的热物理、热化学以及相变数据。TRC的目的之一是建立大型的、通用的热力学、热化学及相变数据库，包括纯物质以及特定混合物，并进行维护和更新服务。数据库中每个化合物包括四类信息：

（1）化合物注册号：包括了113000个化合物注册号及218000个化合物名称，化合物之间的反应也被编号记录。其中，约有15800种纯物质，9000余种二元及三元混合系，以及2500余种反应体系数据。

（2）样品描述：描述了17900余种典型纯物质样品，包括：样品来源、提纯方法、最终纯度等。

（3）数值数据：包括有性能数据、主相以及与主相平衡的其他相数据等。数据库现有约850000条记录。

（4）参考文献：包括82000条引用文献，其中为数据库提供了主要数据来源的约有22000余条文献。

### 3.5.3　Thermo-Calc 数据库

Thermo-Calc热力学数据库[45]由瑞典皇家工学院、Thermo-Calc AB公司等配合Thermo-Calc计算软件的研发而开发，已有30多年的历史，属于SGTE成员，主要应用于材料、冶金、化工等领域的研究、生产及教学。Thermo-Calc数据库包括SGTE纯物质数据库，SGTE溶液数据库，TCS钢/铁合金数据库，Ni及Ni合金数据库，轻金属合金数据库（Al、Ti、Mg），NPL焊料数据库，SGTE贵金属合金数据库，TT锆合金数据库，TCS半导体数据库，熔渣、氧化物和熔盐数据库，TCS材料冶金过程数据库，水溶液数据库，核数据库，TGG地球化学/环境数据库等。原子移动性数据库为Thermo-Calc数据库所独有，可用于相变动力学计算。Thermal-Calc数据库的详细情况见表3-4～表3-6。

### 3.5.4　FactSage 数据库

FACT（facility for the analysis of chemical thermodynamics）数据库包括纯物质和溶体的热力学性质数据，相图计算软件和热力学数据优化软件等。2001年，FACT热力学数据库与德国研发的ChemSage数据库整合，一度成为当时世界上最大的一套经过评估和优化的无机系统热力学数据库[46]，被广泛应用于材料学、热冶金学、湿法冶金学、电冶金学、腐蚀、玻璃、陶瓷、地质等多种学科和技术上，在金属氧化物及合金相图计算方面尤其突出。FactSage数据库的详细情况见表3-7。

### 3.5.5　HSC 热力学数据库

1974年，芬兰的Outokumpu公司开始研发HSC（HSC software）热力学

数据库[47]，目前的 HSC Chemistry 6.0 拥有 20000 多种化合物，能计算纯物质、理想溶液的化学平衡及热力学数据，并可将所计算的结果模拟化学反应和过程，其主要数据库内容见表 3-10。HSC 作为较成熟的综合热力学数据库，被广泛应用于化学、冶金、矿物处理、能源生产、废料处理等多个领域[9]。

表 3-10 HSC 主要数据库

| 数据库 | 功 能 |
| --- | --- |
| HSC Thermochemical Database | 热化学数据库，有 20000 多种纯物质和水溶物种，其中 60%是无机物 |
| Water Steam/Fluid Database | 流体数据库 |
| Heat Conduction Database | 包括 718 种材料的热传导数据库 |
| Heat Convection Database | 包括 111 种物质和 4 个方程的热传递数据库 |
| Surface Radiation Database | 包括 60 多种材料的表面扩散数据库 |
| Gas Radiation Calculator | 气体扩散数据库 |
| Particle Radiation Calculator | 粒子扩散数据库 |
| Elements Database | 元素数据库 |
| Measure Units Database | 测量单位数据库 |
| Minerals Database | 包括 3581 种矿物的矿物数据库，用户可以添加新的矿物进数据库 |
| Aqueous Solution Density Database | 水溶液密度数据库 |

### 3.5.6 THERMODATA 热力学数据库

THERMODATA (thermochemical database on inorganic thermochemistry)[48] 最早是 1976 年由法国研发，它是 SGTE 的成员数据库之一，包括 13000 多个化学体系，50000 余条参考文献，涉及无机物、合金、多元系及熔盐的热力学性质，并为用户提供在线服务，其数据库组成见表 3-11。

表 3-11 THERMODATA 数据库组成

| 模 块 | 功 能 |
| --- | --- |
| THERMDOC | 参考文献 |
| THERMOCOMP | 热力学物质数据库，含 5000 多种无机物 |
| THEMALLOY | 热力学水溶液数据库，包含 800 个二元体系、160 个三元体系、20 个四元和五元体系，用于钢铁、焊接、贵金属合金、轻金属合金、核安全等方面 |
| NUCLEA | 特殊数据库的应用，包括 20 种元素和 15 种氧化物体系的相图、组成和性质 |
| MOX MOX | 燃料数据库，核应用的热力学数据库 |
| NOBLE METALS SGTE | 贵金属合金数据库 |

### 3.5.7 MTDATA 热力学数据库

MTDATA（metallurgical and thermochemical data）[49]于 20 世纪 80 年代初期由英国开始研发，主要包括纯物质数据库、溶液数据库、合金数据库、半导体数据库等，可以进行多项多组平衡计算等相关热力学计算和相图绘制，覆盖了冶金、化学、材料科学、地球化学等多个领域，其主要数据库见表 3-12。

**表 3-12　MTDATA 的主要数据库**

| 数据库 | 功　能 |
| --- | --- |
| UNARY SGTE | 一元数据库，包含 78 种元素的相图模型 |
| SGSOL SGTE | 水溶液数据库，包含多元非理想水溶液相图 |
| MTSOL NPL | 合金熔液数据库，是 MTDATA 计算合金体系相平衡和热力学性质的主要数据库 |
| MTSOLDERS | 计算焊接剂和其他低熔点合金体系的相平衡 |
| MTAL | 计算铝合金相平衡 |
| TCNI | 基于镍的超耐热合金数据库 |
| MTSEMI | 包括 Al-As-Ga-In-P-Sb 体系的凝聚态相数据 |
| NPLOX | 包含 $Na_2O$-CaO-Fe-O-MgO-$Al_2O_3$-$SiO_2$ 体系的液态氧化物和结晶相的数据 |
| SALTS | 包括 140 多种二元体系 |
| AQDATA | 包括 450 多种溶液类型，涉及氧化物、氢氧化物、卤化物、硫酸盐、硫化物、硝酸盐、亚硝酸盐、磷酸盐等（室温、稀溶液） |
| HOTAQ | 铁、铬、镍在 573K 碳化和硫化数据 |
| MTSPCRT MTDATA | 高温稀溶液数据库，含 1335 种水溶物种 |
| MTCHVAL | 室温稀溶液下核环境模型的 1356 种水溶物种数据 |
| MTCORR | 金属氧化物的高温腐蚀过程数据 |
| SGSUB/SGORG | SGTE 纯物质数据库 |

### 3.5.8 国内的材料热力学数据库

自 20 世纪 80 年代以来，我国也开始致力于热力学数据库的研究[50]。1982 年，中国科学院化工冶金研究所筹建了我国第一个热化学数据库——无机热化学数据库（ITDB）。随后，中国科技大学、大连理工大学、北京科技大学等单位相续开发了自己的热力学数据库，涉及了多种材料门类。

（1）无机热化学数据库 ITDB（inorganic thermochemistry data base）[51]：由中国科学院化工冶金研究所 1982 年建立，20 世纪 90 年代中期提供上网服务，目前包括 2020 个无机物的 35000 个热化学数据。

（2）冶金热力学数据库METHDAS（metallurgical thermodynamic database）[52]：北京科技大学开发，包含有399种二元合金和2211种化合物的热力学数据，包括无机热化学数据库、铁和铜溶液中活度系数等，并提供初步的热力学计算。

（3）非电解质相平衡数据库NEDB（non-electrolyte vapor-Liquid data base）[53]：中国科学院化学冶金研究所建立，包括750个基本有机化合物，20000多个基本物性数据，19000个相平衡数据，1996个活度系数等模型参数，和1296个功能团参数。

（4）水溶液热力学数据库ATDB（aqueous solution thermodynamic data base）[54]：中国科学院化学冶金研究所建立，包含879种离子和287种分子在298K温度下的热力学数据，可用于湿法冶金、金属腐蚀、地质化学和材料科学等研究。

近年来，厦门大学、中南大学等单位在长期研究和应用热力学软件的基础上，也正在开发自己的Cu合金、Al合金、稀土等热力学数据库系统。不久的将来，在这些工作中也有望形成中国自己的商品化热力学数据库和软件系统。

## 3.6 本章总结

本章介绍了几个国内较为流行的主要热力学计算系统和相关数据库资源。这些软件的功能、特点、适用范围各有不同，其中以Thermo-Calc和FactSage最为经典，在国际上流行最广，功能也更为全面。比较而言，Thermo-Calc在冶金、材料领域用户众多，成功经验丰富；FactSage在化工、燃烧等领域具有较好的用户传统；Pandat功能紧凑灵活，可看做前两者的一个简化版本；JMatPro在对精度要求不高的工程材料物性估算方面有独到之处。

值得一提的是，有些软件已经可以提供网络版本，如Thermo-Calc网络版，最多可供255人安装、10人同时使用，这为大型企业的研发中心开展协同研究、以及高校进行研究生教学提供了巨大方便。

### 参考文献

[1] Sundman B. Thermo-Calc Software. Users's Guide, Royal Institute of Technology, Stockholm, 1997.

[2] Thermo-Calc Software. TCW5 User's Guide, 2008.

[3] Thermo-Calc Software. TCCS User's Guide, 2008.

[4] Thermo-Calc Software. Thermo-Calc Software System, 2008.

[5] Thermo-Calc Software. Thermo-Calc Database Guide, 2008.

[6] Pelton A D, Blander M. Proceeding of 2nd International Symposium on Metallurgical Slags & Fluex. Warrendale [C]. Pennsylvania: Metallurgical Society AIME, 1984: 281.

[7] Jacques P, Cornet X. Enhancement of the mechanical properties of a low-carbon, low-silicon steel by formation of a multiphased microstructure containing restained austenite [J]. Metallurgical Transaction, 1998, 29A (11): 2383～2393.

[8] Thermo-Calc Software. DICTRA25 User's Guide, 2008.

[9] Thermo-Calc Software. TQ7 User's Guide and Examples, 2008.

[10] Thermo-Calc Software. TCAPI5 User's Guide and Examples, 2008.

[11] Thermo-Calc Software. TC MATLAB Toolbox (V5) User's Guide and Examples, 2008.

[12] 张剑桥. 9Cr18Mo马氏体不锈钢的平衡相热力学计算 [J]. 特殊钢, 2010, 31 (6): 10～12.

[13] 宋红梅, 丁秀平, 刘雄, 等. 高温时效2205双相不锈钢中的组织转变 [J]. 材料热处理学报, 2010, 31 (3): 38～41.

[14] 姚兵印, 周荣灿, 范长信, 等. P92钢中拉弗斯相的尺寸测量及其长大规律的动力学模拟计算 [J]. 中国电机工程学报, 2010, 30 (8): 94～100.

[15] 张晓蕾, 厉勇, 赵昆渝, 等. 回火温度对30Cr3SiNiMoV钢组织和性能的影响 [J]. 热加工工艺, 2010, 39 (20): 160～164.

[16] 何燕霖, 朱娜琼, 吴晓瑜, 等. 富Cr碳化物析出行为的热力学与动力学计算 [J]. 材料热处理学报, 2011, 1: 33～35.

[17] 向嵩, 刘国权. 低碳微合金钢碳氮析出物的Thermo-calc热力学分析 [J]. 热加工工艺, 2010, 39 (8): 22～25.

[18] 徐菊良, 邓博, 孙涛, 等. DL-EPR法评价2205双相不锈钢晶间腐蚀敏感性 [J]. 金属学报, 2010, 46 (03): 380～384.

[19] 张丽, 李成斌, 宋国彬. 含Cu钢连铸高温延塑性研究 [J]. 宝钢技术, 2010, 6: 46～52.

[20] 郑华, 李晓研. Thermo-Calc软件在钢铁材料研究中的应用 [J]. 武汉工程职业技术学院学报, 2008, 20 (3); 2003, 24 (4): 24～27.

[21] 李忠义, 张建, 柳得橹, 等. 1.20%铝冷轧TRIP钢的合金设计、工艺和力学性能 [J]. 钢铁, 2010, 2: 78～81.

[22] 史国敏, 楼定波, 江来珠. 宝钢铁素体不锈钢产品的开发 [J]. 宝钢技术, 2010, 2: 23～25.

[23] Bale C W, Pelton A D. FACT (Facility for the Analysis of Chemical Thermodynamics). Version 2. 1-User Manual. Ecole Plytechnique de Montreal/ Royal Military College, Canada, 1996.

[24] Bale C W, Chartrand P, Degterov S A, et al. FactSage thermochemical software and databases [J]. CALPHAD-Computer Coupling of Phase Diagrams and Thermochemistry, 2002, 26: 189.

[25] FactSage. http://www.factsage.cn/，2011-1-15.
[26] 曹战民，宋晓艳，乔芝郁. 热力学模拟计算软件 FactSage 及其应用 [J]. 稀有金属，2008，32（2）：216～219.
[27] Song W J，Tang L H，Zhu X D，et al. Fusibility and flow properties of coal ash and slag [J]. Fuel，2009，88：297～304.
[28] 张洪彪，董凌燕，陈登福，等. 高磷铁水脱磷的热力学分析及实验研究 [J]. 过程工程学报，2009，9（S1）：71～75.
[29] 柴国强，王福明，付军，等. 高碳硬线钢 82B 中 $Al_2O_3$-$SiO_2$-MgO-CaO-MnO 系夹杂物塑性化控制 [J]. 北京科技大学学报，2010，32（6）：24～27.
[30] 徐冉，宋波，毛璟. CaO-$SiO_2$-$Al_2O_3$-MgO-$TiO_2$ 钢渣体系熔化性能 [J]. 北京科技大学学报，2010，32（11）：51～54.
[31] Thermodynamic Calculation Software. http://www.computherm.com/home.html，2011-2-1.
[32] 赵娟，李建平，郭永春，等. 新型 Mg-Gd-Y 合金富镁角的相图计算及实验测定 [J]. 稀有金属材料与工程，2008，37（2）：281～285.
[33] 何燕霖，朱娜琼，吴晓瑜，等. 富 Cr 碳化物析出行为的热力学与动力学计算 [J]. 材料热处理学报，2011，1：54～58.
[34] 夏峰，李建平，秦滢杰，等. Al-12.5Si-3Cu-2Ni-0.5Mg 铸造合金热处理工艺设计. 热加工工艺，2009，7：108～112.
[35] 夏峰，李高宏，李建平，等. Cu 对 A1-15Si 合金的高温摩擦磨损行为的影响 [J]. 西安工业大学学报，2010，30（6）：548～552.
[36] 陈宪宁，赵旭山，王荣山，等. Zr-Nb-O 三元系的热力学优化 [J]. 稀有金属，2010，5：151～158.
[37] JmatPro. http://www.jmatpro.cn/，2011-2-5.
[38] JmatPro Software，JMatPro User's Guide，2005.
[39] 李晓峰，陈冰泉，黄永溪. JMatPro 软件在药芯焊丝 W110 性能研究中的应用 [J]. 热加工工艺，2010，39（9）：5～7.
[40] 吴姜玮，张秀凤，贾晓帅. 基于 Jmatpro 软件对 JFE-HITEN780S 高强钢的性能分析 [J]. 中国科技博览，2010，12：105.
[41] 闵永安，刘湘江，毛远建. 应用 JMatPro 软件对比研究两种抽油杆钢的合金化特点 [J]. 上海大学学报（自然科学版），2008，14（5）：503～508.
[42] Scientific Group Thermodata Europe. http://www.sgte.org，2011-2-8.
[43] Welcome to the NIST Chemistry WebBook. http://webbook.nist.gov/chemistry，2011-2-8.
[44] Thermodynamics Research Center. http://www.trc.nist.gov，2011-2-15.
[45] Thermo-Calc Software. http://www.thermocalc.com,2011-2-10.
[46] FactSage. http://www.factsage.com/，2011-2-10.
[47] HSC Chemistry. http://www.outotec.com/pages/Page 21783.aspx，2011-2-8.

[48] THERMODATA. http://thermodata.online.fr/index.html，2011-2-10.
[49] MTDATA. http://www.npl.co.uk/npl//cmmt/mtdata，2011-2-10.
[50] 王达健. 相图和热化学数据库—原理与应用［M］. 云南：云南科技出版社，2001.
[51] 王乐珊，许志宏. 无机热化学数据库［M］. 北京：科学出版社，1987.
[52] 王秀美. 冶金热力学数据库应用系统的系统构成［J］. 北京钢铁学院学报，1986，9(2)：1～7.
[53] 王乐珊，温浩，许志宏. 非电解质体系汽液相平衡数据库［J］. 化学通报，1986，6：46～50.
[54] 王沛明，王乐珊. 水溶液热力学数据库［J］. 化学通报，1986，8：48～51.

# 第 4 章　材料热力学、动力学方法基础算例

CALPHAD方法的生命力在于它依赖一套通用的理论解析手段和强大、丰富的数据库资源，解决了材料的一些基本计算问题，如二元相图、三元相图、多元相图、相变点、相变驱动力、析出相、凝固过程、扩散动力学及其他各种热力学参量的计算等。正是这些计算构成了整个材料热力学、动力学模拟的起点和基础，据此可以实现更为复杂的材料成分设计、工艺设计工作。为方便起见，本章节以国际上最为普遍的 Thermo-Calc、DICTRA 系统为例给出计算程序和计算实例，使用其他 CALPHAD 软件的读者亦可参考。由于数据库和算法的差异，不同软件的计算结果可能会略有不同，但原理上大同小异。

## 4.1　二元相图的计算

### 4.1.1　计算目的

二元相图（binary phase diagram）是钢铁材料成分设计、工艺设计以及应用设计的重要工具。在过去的许多年里，大量的科学试验研究测定了各种不同合金体系的二元试验相图，其中由美国材料信息学会收集统计并发表的《ASM 二元合金相图》广泛地应用于各种材料的研发过程中，这些试验相图对于材料合金设计具有重要的参考和指导意义。

完整的二元系相图是一个三维空间，包含三个强度变量：温度（$T$）、压力（$P$）和成分（$x$）。一般情况只讨论恒压情况的二元系相图，因此可以用两个独立变量（温度和成分）的二维相图对其进行描述。利用 Thermo-Calc 提供的二元相图计算模块和数据库可以计算二元合金体系条件下的合金相分布及相组成，包括相图（phase diagram）、相分数（phase fraction plot）、吉布斯自由能曲线（G-Curves）和活度曲线（A-Curves）等。

### 4.1.2　计算对象

热力学计算软件 Thermo-Calc 提供了特殊的计算界面和模块可以简单的计算各种合金体系的二元相图[1,2]，其中在钢铁材料领域能计算 28 种钢铁二元合金相图，包括 Fe-C、Fe-Cr、Fe-Cu、Fe-Mn、Fe-V、Fe-Ti、Fe-Mg、Fe-Zr、Fe-Nb、Fe-Mo、Fe-W、Fe-Pr、Fe-Nd、Fe-Co、Fe-Ni、Fe-Pd、Fe-Pt、Fe-Zn、Fe-B、Fe-Al、Fe-Si、Fe-Sn、Fe-Pb、Fe-N、Fe-P、Fe-As、Fe-O、Fe-S。

在 Thermo-Calc 中可以使用 TCBIN 数据库计算各种体系下的二元合金相图。TCBIN 数据库中包含 67 种合金元素，621 种凝聚相以及一种气相混合相。TCBIN 数据库中囊括了 360 种经过严格评估的二元合金体系。

### 4.1.3　计算方法与程序

Thermo-Calc 传统 TCC 界面和 TCW 界面均提供了二元相图的简易计算模块 Binary-Phase-Diagram，可以很方便地为用户计算各种二元合金相图。以下将对两种界面的二元相图计算过程做简要说明：

（1）选择数据库。Thermo-Calc 提供了二元相图专用计算数据库 TCBIN，包含 67 种元素以及 621 种合金相，可以计算 360 种二元合金体系。

（2）选择两种合金元素。如计算 Fe-C 二元合金相图时，选择了 Fe 元素后，只有 28 种其他合金元素可以选择，表明 TCBIN 数据库中包含了 Fe 的 28 种二元合金体系数据。

（3）计算选项选择。Thermo-Calc 二元相图计算模块中包含了四种计算选项：相图、相分数、吉布斯自由能曲线和活度曲线，在二元相图计算时选择相图计算选项。

（4）自动计算相图。系统自动定义计算初始条件和选择计算初始点并绘制二元相图。

以下为计算界面、程序与结果分析。

1. 使用 TCW 计算二元相图

启动 TCW 程序，选择右上角三个图标中的第一个图标：Calculate binary phase diagram（图 4-1）。

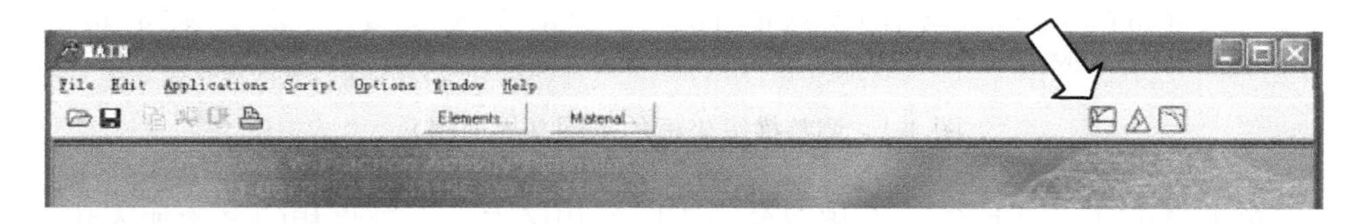


图 4-1　TCW 主界面

BINARY PHASE DIAGRAM 图框启动后，在 Database 选项栏里选择二元相图数据库 TCBIN（图 4-2）；按顺序选择两个合金元素 Fe、C，同时点击左下角的 Phase Diagram 选项按钮（图 4-3）。

单击 Format Diagram 选项框下的 Scaling，调整相图的横纵坐标范围（图 4-4）。

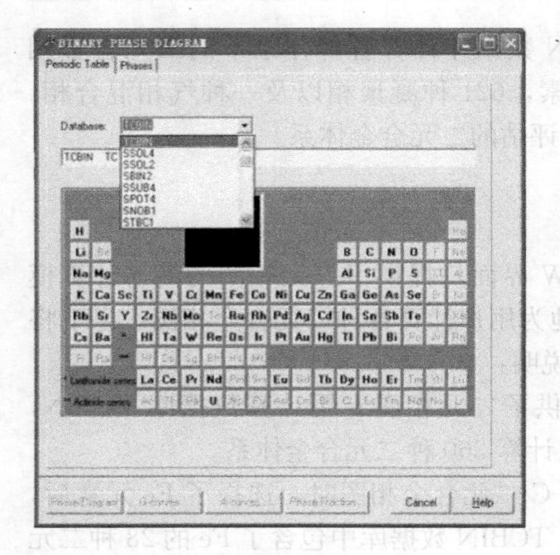


图 4-2　选择数据库 TCBIN　　　　图 4-3　合金元素选定

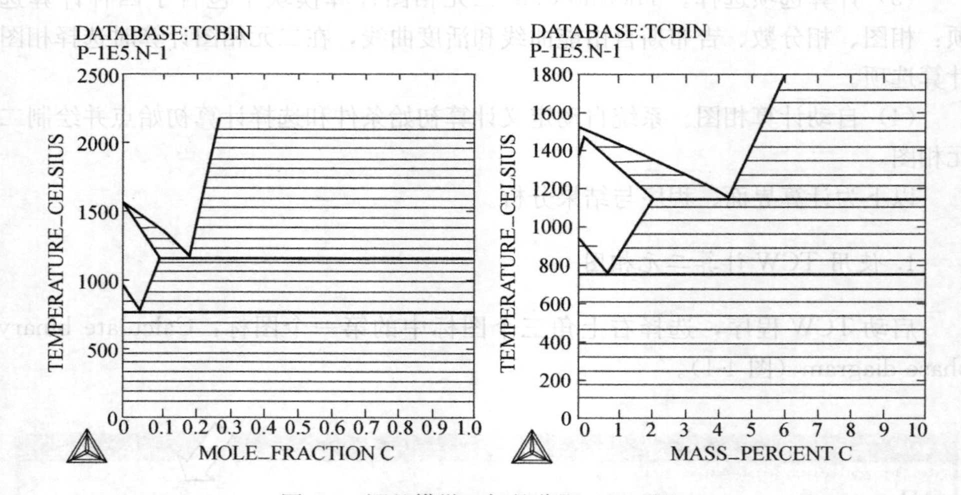


图 4-4　调整横纵坐标的范围（界面图）

单击 Add Label 按钮，在相图各个不同的相区点击左键将相的名称加入相图中（图 4-5）。

2. 使用 TCC 计算二元相图

在 TCC 中，使用 TCBIN 二元合金数据库，并且使用 Binary-Phase-Diagram 模块，可以方便地计算各种二元相图。具体 Fe-C 相图计算程序及说明如下：

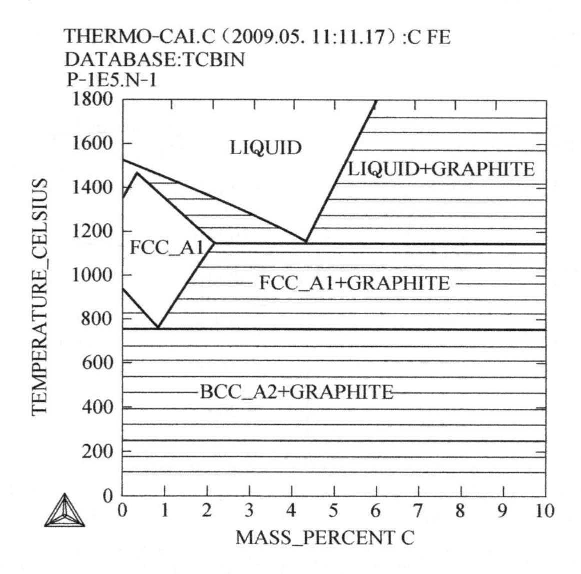


图 4-5　添加相的名称（界面图）

```
1. SYS:Go Binary_diagram                        @@选择二元相图模块
2. Database:/TCBIN/:TCBIN                       @@选择 TCBIN 数据库
3. First element:Fe                             @@选择两个合金元素
4. Second element:C
5. Phase Diagram,Phase fraction (F),G-or A-curves (G/A):/Phase_Dia-
   gram/:Phase diagram
6. POST:s-d-a y t-c                             @@调整 Y 轴为摄氏温度,X 轴为 C
                                                  的质量分数
7. POST:s-d-a x w-p C
8. POST:set-scaling y n 0 1800                  @@调整 X、Y 轴的坐标范围
9. POST:set-scaling x n 0 10
10. POST:Plot,,,
```

### 4.1.4　计算实例

利用 Thermo-Calc 提供的 Binary-Phase-Diagram 模块，分别计算了 Fe-Cu、Fe-Co 二元合金相图，如图 4-6 所示。从 Fe-Cu 二元相图可以看出，在相图的左边（低 Cu 端）存在 Fe 的 BCC、FCC 和 Liquid 相变，而在富 Cu 端仅存在 FCC 和 Liquid 相变。由此可以看出 Cu 在钢中以 FCC 结构出现，加热温度较高时容易出现液 Cu 相（熔点为 1089℃），此外低温时 Fe、Cu 之间会形成 BCC＋FCC 两相区。从 Fe-Co 二元相图可以看出，在高温时存在较小区域的 Liquid＋BCC、

Liquid+FCC、BCC+FCC 三个二元相区，在富 Co 端存在 HCP 单相相区。

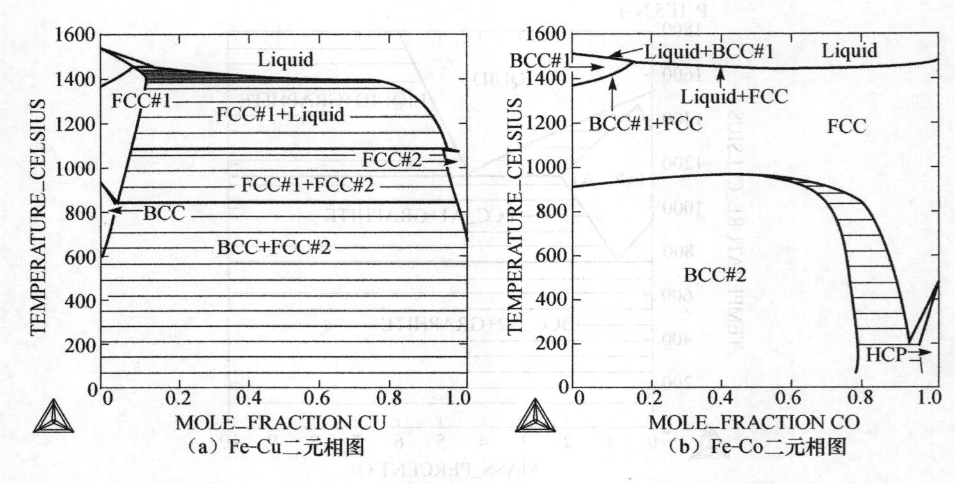

（a）Fe-Cu二元相图　（b）Fe-Co二元相图

图 4-6　利用 Binary-Phase-Diagram 模块计算 Fe-Cu、Fe-Co 二元相图（界面图）

根据上面的介绍，利用 Thermo-Calc 提供的 Binary-Phase-Diagram 模块除计算二元相图外，还可以计算吉布斯自能、活度以及相分数曲线，图 4-7 分别计算了 Fe-Cr 二元体系的四种曲线。从计算的 Fe-Cr 二元相图可以看出，在 830℃以下出现了中间相（intermediate phase）Sigma 相。计算了 600℃时所有可能出现合金相的吉布斯自能曲线（图 4-7（b）），根据能量最低原理此时 BCC 和 Sigma 相最为稳定。图 4-7（c）为 600℃时体系中两个组元的活度变化曲线。图 4-7（d）为 Fe-Cr（$x_{Cr}=0.55$）体系随温度变化时，体系中合金相的形成规律，此时 Sigma 相的形成温度为 798℃。

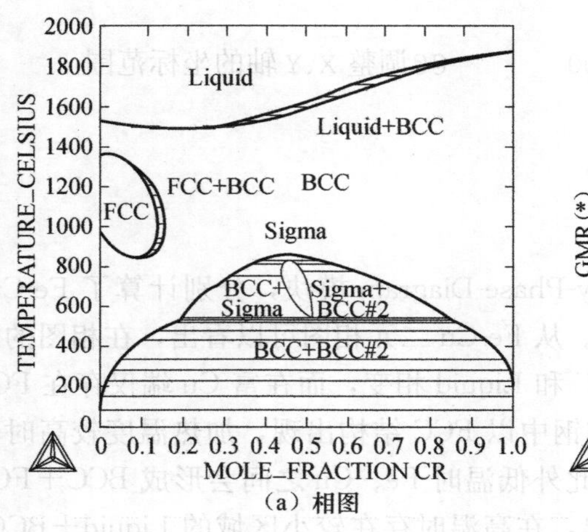

（a）相图

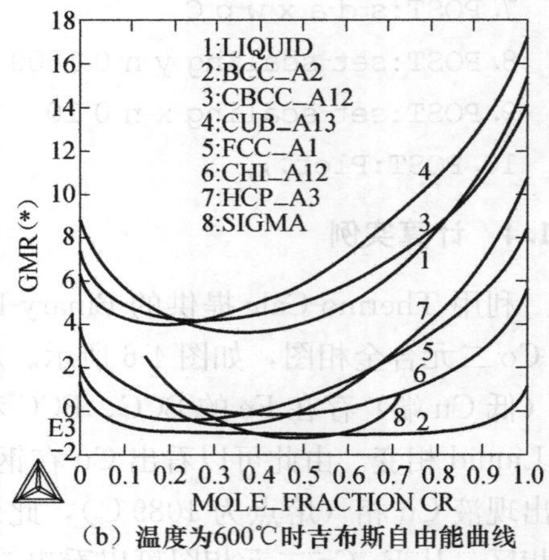

（b）温度为600℃时吉布斯自由能曲线

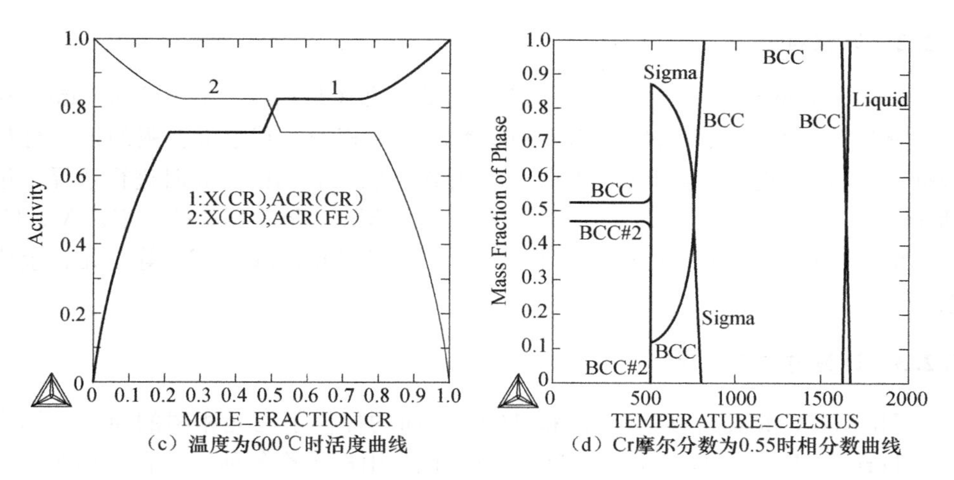

（c）温度为600℃时活度曲线　　（d）Cr摩尔分数为0.55时相分数曲线

图 4-7　利用 Binary-Phase-Diagram 模块计算 Fe-Cr 二元合金体系的相图、吉布斯自由能、活度和相分数曲线（界面图）

# 4.2　三元相图的计算

## 4.2.1　计算目的

和二元相图一样，三元相图也广泛地应用于钢铁材料的成分设计、工艺设计以及应用设计之中。通过试验测定获得的大量三元试验相图，被美国材料信息学会收集整理并发表在《ASM 三元合金相图》上，这些三元试验相图已广泛地应用到材料的研发过程中。

一般我们只讨论恒压（$10^5$ Pa）下的三元相图，因此固定压力后，体系的自由度为 3，一般采用 $T$、$x_a$、$x_b$，3 个强度量作为变量，这样便构成一个三维空间的相图。在实际过程中，三维相图由于使用和表述均不方便，而且使用者往往不是对研究的三元系所有成分范围都感兴趣，一般需要再固定其他一个强度变量，获得二维相图。最常使用的二维相图有两种：等温截面和垂直截面。等温截面主要考察温度恒定时，在三维水平截面上合金体系的相及相组成随成分的变化情况；而垂直截面则考察成分恒定时，三元体系的相及相组成随温度的变化情况。利用 Themro-Calc 及其提供的三元合金数据库，可以计算并绘制各种类型的等温截面相图（isothermal section phase diagram）、液相面的单变量线（monovariant line）和投影面（liquidus projection）、等值线（isopleths）和垂直截面（vertical section）等。

### 4.2.2　计算对象

利用 Thermo-Calc 提供的三元相图计算模块（Ternary-Phase-Diagram）和钢铁材料数据库 TCFE 可以计算各种类型的三元相图。其中最新版的钢铁材料数据库 TCFE6 提供了除 Fe 以外的 22 种元素可供三元相图计算时进行选择，包括 H、Mg、Ca、Ti、Nb、V、Cr、Mo、W、Mn、Co、Ni、Cu、B、Al、C、Si、N、P、O、S、Ar。可以计算 Fe-Cr-C、Fe-Cr-Mo、Fe-Cu-Ni 等三元合金体系相图。

### 4.2.3　计算方法与程序

Thermo-Calc 传统 TCC 界面和 TCW 界面均提供了三元相图的简易计算模块（Ternary-Phase-Diagram），可以很方便地为用户计算各种三元合金相图。以下将对两种界面的三元相图计算过程做简要说明：

(1) 选择数据库。Thermo-Calc 在计算钢铁材料三元相图时采用的是 TCFE6 数据库，覆盖了低合金钢、工具钢、不锈钢等领域。

(2) 定义三元合金体系。在钢铁材料数据库 TCFE6 中的 22 元素中，选择三个合金元素。

(3) 计算选项选择。Thermo-Calc 三元相图计算模块中包含了三种计算选项：等温截面相图（isothermal seciton）、液相面的单变量线（monovariant lines）、液相面的投影面（liquidus projection）。

在上述三种不同的选项中，程序还会需要询问更多的条件参数：

(1) 当选择等温截面相图选项时，系统会询问定义的温度，即绘制等温截面的温度参数；

(2) 当选择液相面的单变量线选项时，系统不会询问任何定义参数，并自动绘制相图；

(3) 当选择液相面投影面时，系统会询问以下四个问题：下限温度（lower temperature limits）、上限温度（higher temperature limits）、温度间隔（temperature intervals）、是否采用系统能量最小化原理计算（global minimization）；

(4) 自动计算相图。系统自动定义计算初始条件和选择计算初始点并绘制各种类型三元相图。

以下为计算界面、程序与结果分析。

1. 使用 TCW 计算三元相图

启动 TCW 程序，选择右上角三个图标中的第二个三角形图标：Ternary phase diagram（图 4-8）。

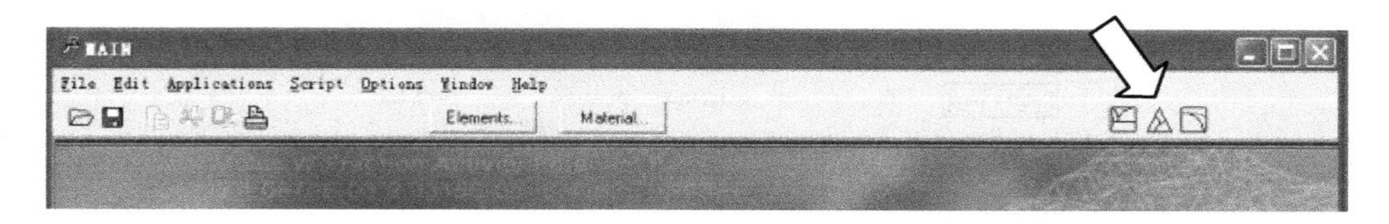


图 4-8　TCW 主界面

TERNARY 图框启动后，在 Database 选项栏里选择钢铁材料数据库 TCFE6（图 4-9）；按顺序选择三个合金元素 Fe、Cr、Mo，同时点击左下角的Isothermal Section 选项按钮（图 4-10）。

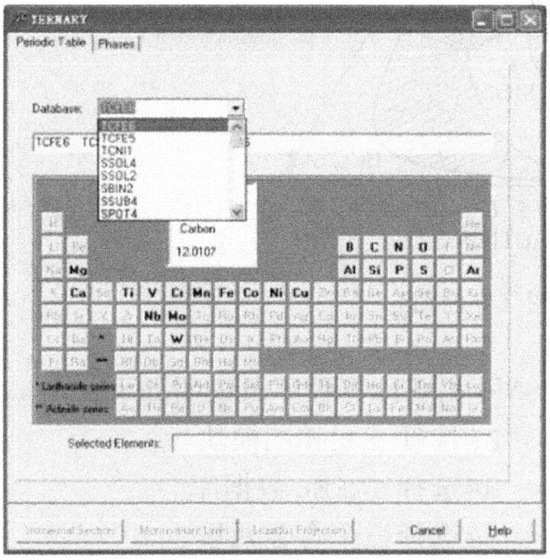

图 4-9　选择数据库 TCFE6

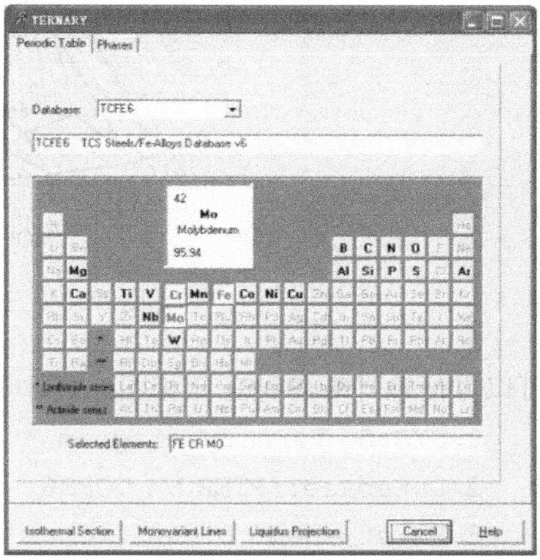

图 4-10　选定合金元素

在弹出来的 TEMPERATURE 选项框中输入等温截面的温度 1000℃，同时默认在 Use Global Minimization 选项框前打钩（图 4-11），点击确定后开始运算。

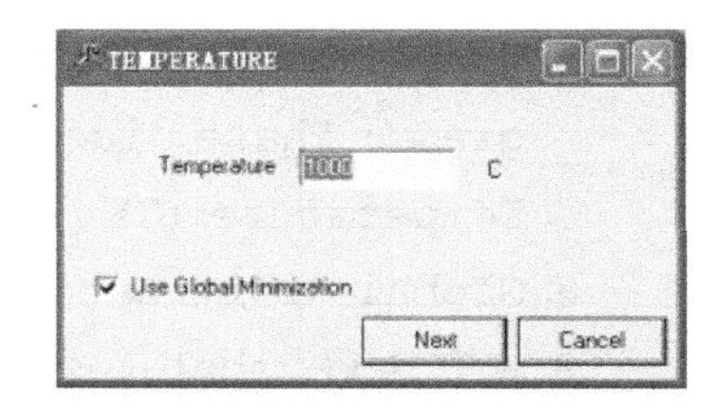


图 4-11　确定等温界面的温度

运算结束后程序自动绘制出三角形的三元等温截面相图。

点击 Add Label 按钮，在相图各个不同的相区点击左键将相的名称加入相图中（图 4-12），此时白色背底区域为单相区、黑色线条贯穿的区域为双相区、灰色背底区域为三相区。

2. 使用 TCC 计算三元等温截面

在 TCC 中，使用 TCFE6 数据库，并且使用 Ternary-Phase-Diagram 模块，

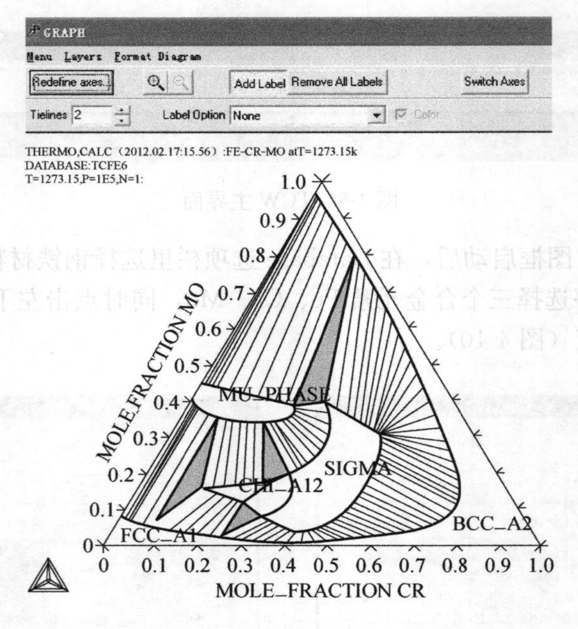


图 4-12　三元相图（界面图）

可以方便地计算各种三元相图。具体 Fe-Cr-Mo 相图计算程序及说明如下：

1. SYS:Go Ternary_diagram　　@@选择三元相图模块
2. Database:/PTERN/: TCFE6　　@@选择 TCFE6 数据库
3. First element: Fe　　@@选择三个合金元素
4. Second element:Cr
5. Third element:Mo
6. Phase Diagram,Monovariants,or Liquidus Surface:/Phase_Diagram/: Phase diagram
7. Temperature (C) /1000/:1000　　@@设置等温截面温度
8. Global minimization on: /Y/: Y　　@@选择系统能量最低原理
9. POST:Add-label-text 0.81 0.08 y,,　　@@在 X=0.81,Y=0.08 处添加默认的相名称 BCC
10. POST:Add-label-text 0.37 0.18 y,,　　@@在 X=0.37,Y=0.18 处添加默认的相名称 SIGMA
11. POST:Add-label-text 0.02 0.005 y,,　　@@在 X=0.02,Y=0.005 处添加默认的相名称 FCC
12. POST:Plot,,,

### 4.2.4　计算实例

在钢铁材料中，Fe-Cr-C 是一个重要的合金体系，在 20 世纪 80～90 年代科研人员对此领域就有大量的研究工作，并发表了多篇论文[3～5]。在 Fe-Cr-C 三元合金体系中，Fe-C 系形成 $Fe_3C$ 化合物，Cr-C 系可形成 $Cr_{23}C_6$ 和 $Cr_7C_3$ 化合物，它们在三元系中都可溶入一定量的另一组元，所以在三元系中这些化合物可表达为 $(Fe, Cr)_3C$、$(Cr, Fe)_{23}C_6$ 和 $(Cr, Fe)_7C_3$。此外，在 Fe-C 系中高温出现的 δ 相以及低温出现的 α 相均为体心立方结构，它们的相区在三元系中连通，可以看做一个相。通过计算投影面，根据成分变温线走向、三元系和二元系的邻接关系等可以分析出相图的三相、四相以及各反应之间的关系。图 4-13 为利用 Thermo-Calc 软件及 TCFE6 数据库计算的 Fe-Cr-C 三元合金体系的等温截面、液相面单变量线、液相面投影面。通过等温截面（$T$＝727℃）的计算，可以了解 727℃时合金体系中合金相及碳化物的形成规律。通过 Fe-Cr-C 系的液相面计算，可以看出其初晶面分别为 α、γ、$M_{23}C_6$、$M_7C_3$、$M_3C$，该三元体系中存在四个零变平衡，其平衡温度和反应式示于表 4-1。

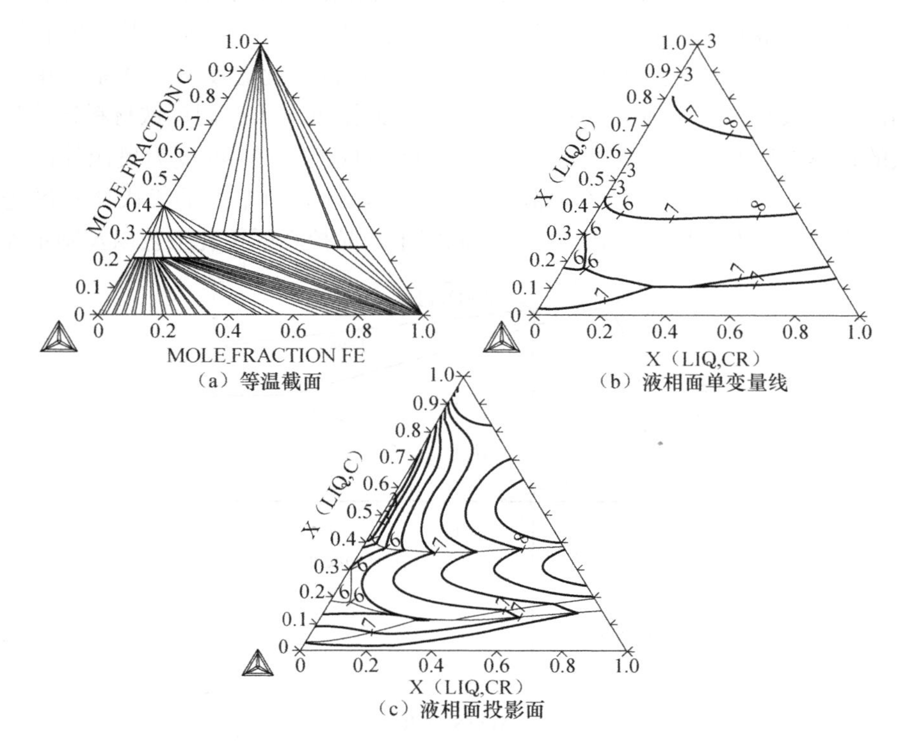


(a) 等温截面　(b) 液相面单变量线　(c) 液相面投影面

图 4-13　Fe-Cr-C 三元合金体系的等温截面、液相面单变量线、液相面投影面（界面图）

**表 4-1 Fe-Cr-C 三元系中的零变平衡**

| 平衡符号 | 平衡温度/℃ | 反应式 |
|---|---|---|
| U1 | 1308.63 | $L+M_{23}C_6 \longrightarrow \alpha+M_7C_3$ |
| E1 | 1293.93 | $L \longrightarrow \alpha+\gamma+M_7C_3$ |
| U2 | 1193.60 | $L+M_7C_3 \longrightarrow M_3C+\gamma$ |
| U3 | 546 | $L+\gamma \longrightarrow \alpha+M_7C_3$ |

# 4.3 平衡相变点的计算

## 4.3.1 计算目的

在钢铁材料加热或冷却过程中会发生各种类型的相变，典型的如亚共析碳钢冷却过程中会发生液相（Liquid）⟶奥氏体（FCC）⟶铁素体（BCC）⟶渗碳体（Cementite）类型的相变。弄清每种类型相变的相变区间以及平衡相变温度对于了解钢铁材料相变规律、设计钢铁材料合金成分、制定钢铁材料轧制、热处理工艺等具有重要的意义。

从 Fe-C 相图中可以看出，通常有三种类型的相变温度对于材料研究者具有重要的作用：液相线温度、$A_3$ 温度和 $A_1$ 温度，如图 4-14 所示。其中液相线温度为液相向奥氏体（$L \longrightarrow \gamma$）的开始转变温度，低于此温度时，体系由单一的液相区进入液相＋奥氏体组成的两相区，了解此温度对于控制钢铁材料连铸过程中低的过热度以及凝固前沿的相变等具有重要的意义。$A_3$ 温度为奥氏体向铁素体（$\gamma \longrightarrow \alpha$）的开始转变温度，低于此温度时，体系由单一的奥氏体相区进入奥氏体＋铁素体双相区。此相变点对于制定未结晶控轧区控轧工艺以及制定淬火

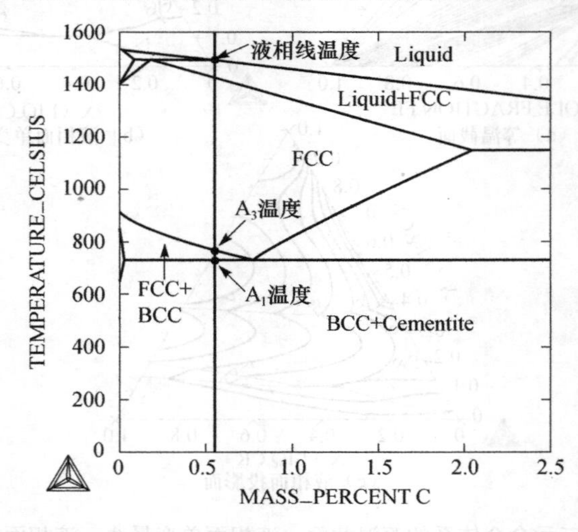


图 4-14 Fe-C 相图上的液相线温度、$A_1$ 温度和 $A_3$ 温度（界面图）

热处理工艺等具有重要的意义。$A_1$ 温度为渗碳体的开始转变温度，通常称之为珠光体的开始转变温度，即奥氏体与珠光体的平衡温度。

### 4.3.2　计算对象

利用 Thermo-Calc 软件及其配套的 TCFE6 钢铁材料数据库可计算所有钢铁对应的平衡相变温度。对于液相线温度，需要区分共晶点（$w_C=4.3\%$）左右两端的区域，共晶点左端存在 Liquid ⟶ Liquid+FCC 转变，共晶点右端存在 Liquid ⟶ Liquid+Cementite 转变。对于 $A_1$ 温度，需要区分共析点（$w_C=0.77\%$）左右两端的区域，共析点左端存在 FCC+BCC ⟶ BCC+Cementite 转变，共析点右端存在 FCC+Cementite ⟶ BCC+Cementite 转变。对于 $A_3$ 温度，只存在于碳含量低于共析点（0.77%）的区域，具有 FCC ⟶ FCC+BCC 转变。

### 4.3.3　计算方法与程序

计算平衡相变温度时必须弄清在平衡点附近温度区域的相平衡区域，即低于此相变温度时相的转变情况。如图 4-15 所示，假设存在 α、γ 以及 α+γ 两相平衡区，如何求得 $w_C=0.42\%$时 α 相向 γ 相的开始转变温度（图 4-15 中 A 点对应的温度 $T$）？根据杠杆定律，当此成分体系的温度降低到 720℃时，此时 α 相、γ 相的相对含量分别为

$$w_\alpha=\frac{BC}{BD},\quad w_\gamma=\frac{CD}{BD} \tag{4-1}$$

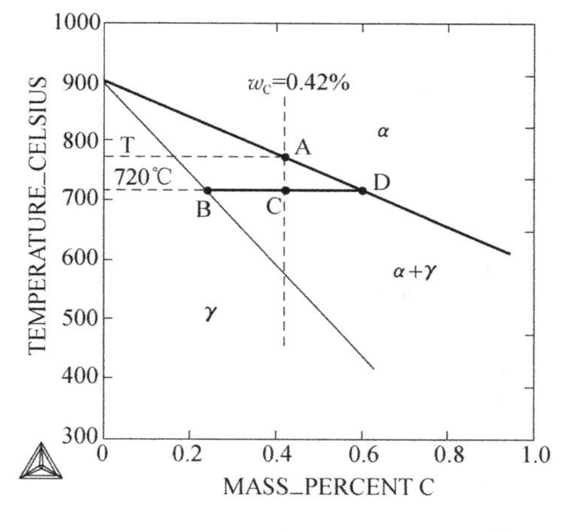


图 4-15　平衡相变温度计算示意图（界面图）

由上述杠杆定律可知，当 $w_C=0.42\%$，体系的温度降低到 A 点时，$w_\alpha=1$ 或 $w_\gamma=0$。

在整个温度范围内，满足 $w_C=0.42\%$时 $w_\alpha=1$ 或 $w_\gamma=0$ 条件的点具有唯一性，根据此条件可以求出 A 点对应的温度 $T$。

利用 Thermo-Calc 计算上述平衡点时，可以按照以下步骤进行：

（1）了解给定成分体系在相变温度附近存在的相转变方式，如 α ⟶ α+γ；

（2）选择钢铁材料数据库 TCFE6，输入合金体系，并选择此合金体系下可能存在的相；

（3）给定体系的初始条件，如初始温度、压力、系统大小以及合金成分，在保证系统自由度为 0 时计算初始条件下的相平衡；

(4) 将体系中 γ 相的量固定为 1，并去掉体系的初始温度条件，此时保持系统自由度为 0；

(5) 计算当前条件的体系平衡，此时计算的温度即为 α ⟶ α＋γ 转变的平衡相变温度。

以下将利用 TCW 和 TCC 计算 Fe-0.10％C-0.20％Si-1.50％Mn 体系下的相变温度。

1. 计算液相线温度

1) TCW 计算液相线温度

启动 TCW5，选定 TCFE6 数据库，并选择 Fe、C、Si、Mn 四个合金元素(图 4-16)。

点击 Phases 按钮，先利用<<去掉所有相，再利用>选择 LIQUID 和 FCC 相(图 4-17)。

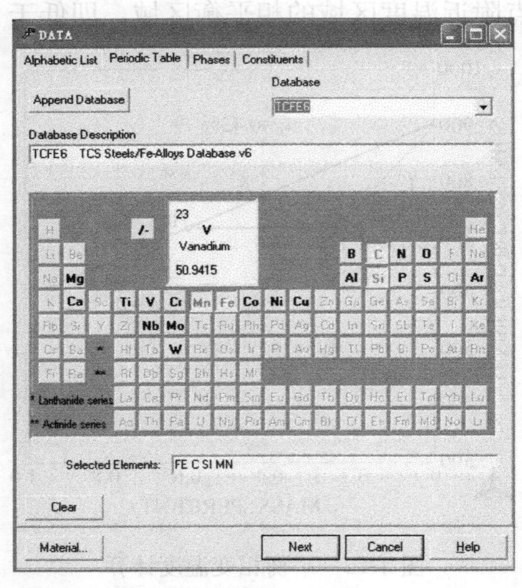

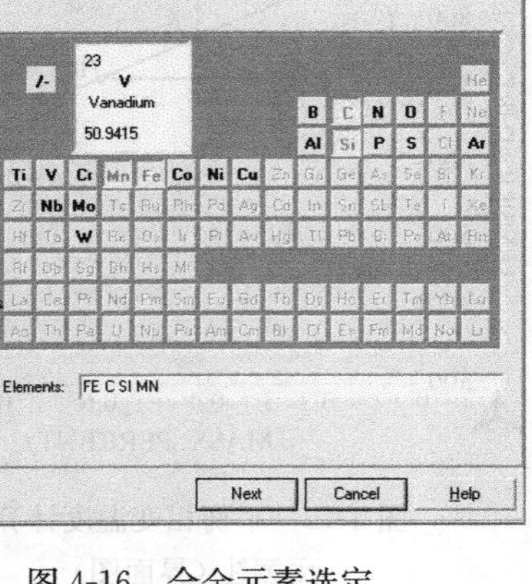


图 4-16 合金元素选定

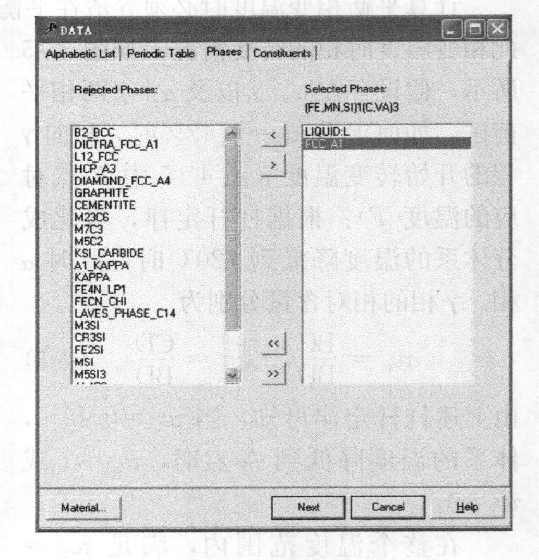


图 4-17 选择相得种类

输入初始条件，$T$＝1500℃、$P$＝101325Pa、C 含量输入 0.10、Si 含量输入 0.20、Mn 含量输入 1.50，保持自由度为零，单击 Compute 计算平衡（图 4-18)。

单击右上方的 Phases 按钮，将 LIQUID 相的状态（Phase Status）改为 FIXED，相的量改为 1.00 mol，同时将初始温度（1500℃）去掉，保持系统自由度为零，单击 Compute 计算平衡（图 4-19)。

单击图 4-19 左下角的 Show Value 按钮，在 Show Value of：后面输入 $T$-$C$，同时单击 Show 按钮，由此求出的温度（1513.22℃）即为液相线温度（图 4-20)。

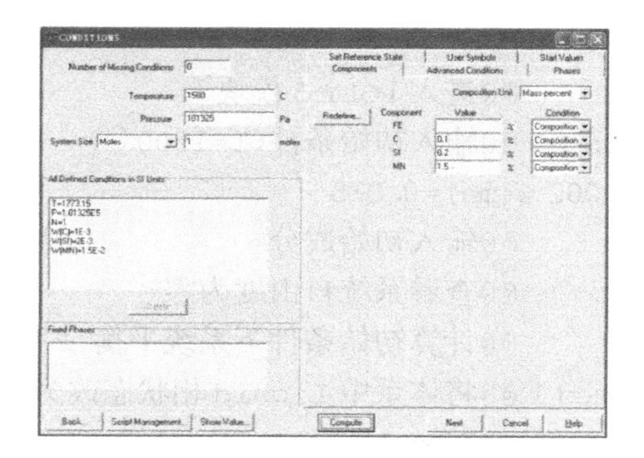

图 4-18　输入初始条件

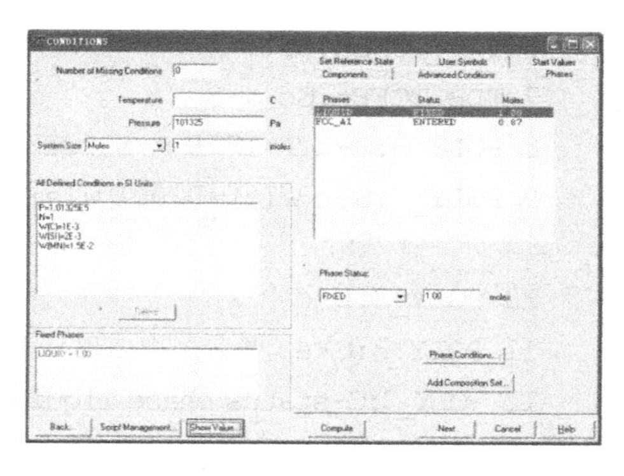

图 4-19　固定液相并计算

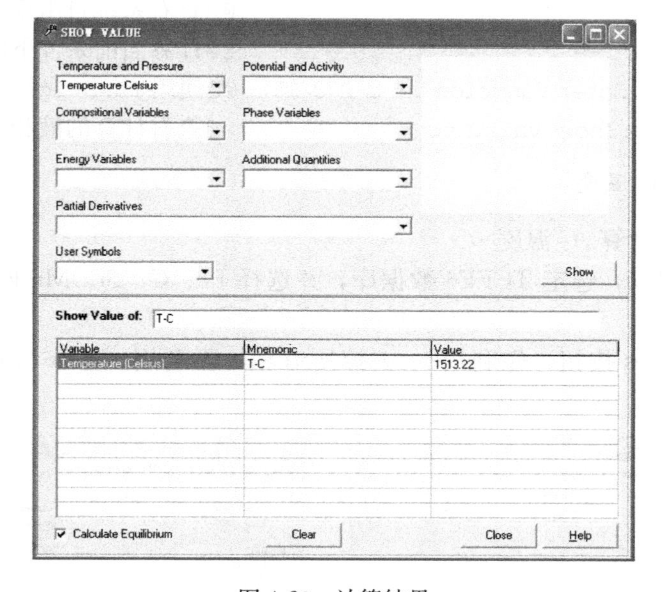



图 4-20　计算结果

2）TCC 计算液相线温度

使用 TCC 计算液相线温度时，重点关注在 L+γ 两相区的相变规律，通过 change-Status 命令将 Liquid 相的状态固定为 1，则计算出来的温度为液相线温度。具体命令及说明如下：

1. SYS:Go data

2. TDB_TCFE6:Switch tcfe6

3. TDB_TCFE6:Define-sys fe c si mn　　@@选择 TCFE6 数据库及合金元素

4. TDB_TCFE6:Reject phase *　　@@拒绝体系下所有相

5. TDB_TCFE6:Restore phase liquid fcc　　@@选择 Liquid 相和 FCC 相

```
6. TDB_TCFE6:Get
7. TDB_TCFE6:Go p-3                              @@进入 POLY-3 模块
8. POLY_3:S-c T=1773 P=101325 N=1;               @@输入初始条件(T=1500℃)
9. POLY_3:S-c w(c)=0.001 w(si)=0.002 w(mn)=0.015
                                                 @@输入初始成分
10. POLY_3:L-c                                   @@查看系统自由度为零
11. POLY_3:C-e                                   @@计算初始条件下系统平衡
12. POLY_3:C-status phase liquid=fixed 1         @@将体系中 Liquid 相状态改为
                                                   fixed
13. POLY_3:S-c T=none                            @@去掉初始温度条件
14. POLY_3:L-c                                   @@查看系统自由度为零
15. POLY_3:C-e                                   @@计算当前条件下的系统平衡
16. POLY_3:Enter function tc=t-273.15;           @@使用 function 定义摄氏温度
17. POLY_3:Show-value tc                         @@查看计算的液相线温度
```

2. 计算 $A_3$ 温度

1）TCW 计算 $A_3$ 温度

启动 TCW5，选定 TCFE6 数据库，并选择 Fe、C、Si、Mn 四个合金元素（图 4-21）。

点击 Phases 按钮，先利用<<去掉所有相，再利用>选择 FCC 和 BCC 相（图 4-22）。

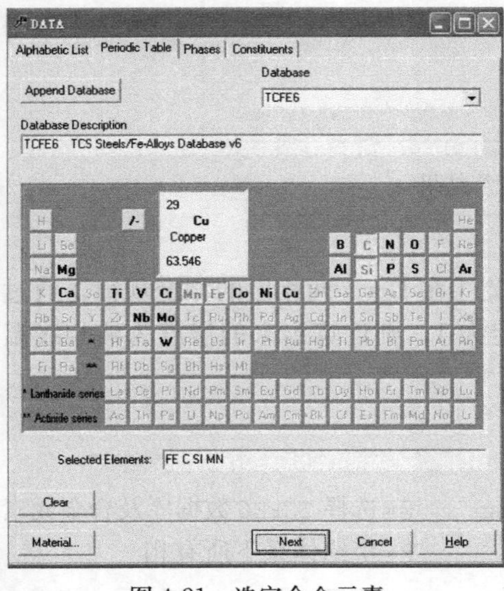


图 4-21　选定合金元素

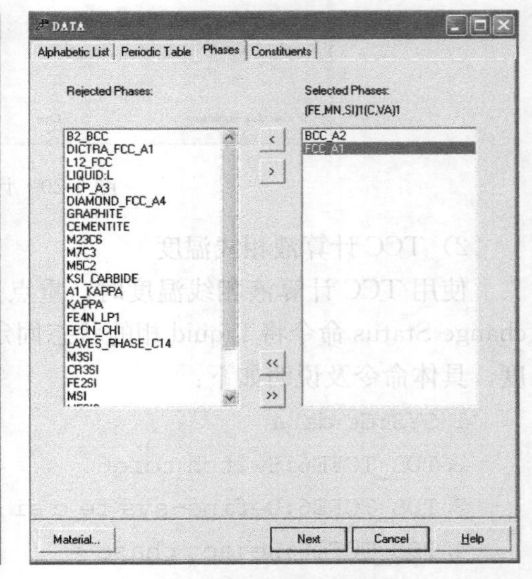


图 4-22　选择相的种类

输入初始条件，$T$=726.85℃、$P$=101325Pa、C 含量输入 0.10、Si 含量输入 0.20、Mn 含量输入 1.50，保持自由度为零，单击 Compute 计算平衡（图 4-23）。

单击右上方的 Phases 按钮，将 BCC 相的状态（Phase Status）改为 FIXED，相的量改为 0.00 mol，同时将初始温度（726.85℃）去掉，保持系统自由度为零，单击 Compute 计算平衡（图 4-24）。

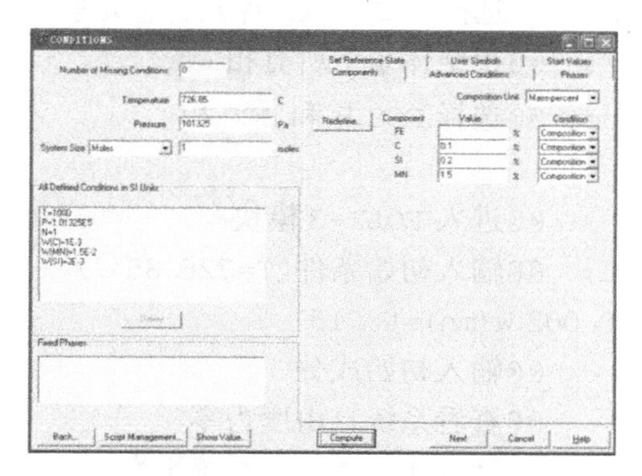

图 4-23　输入初始条件

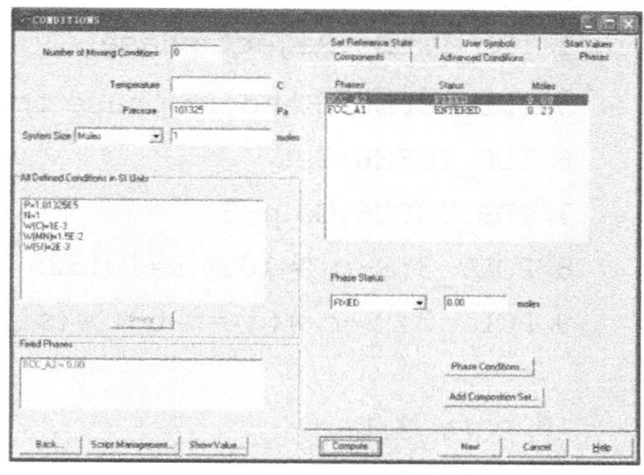

图 4-24　固定 BCC 相并计算

单击左下角的 Show Value 按钮，在 Show Value of：后面输入 $T$-$C$，同时单击 Show 按钮由此求出的温度（826.79℃）即为 $A_3$ 温度（图 4-25）。

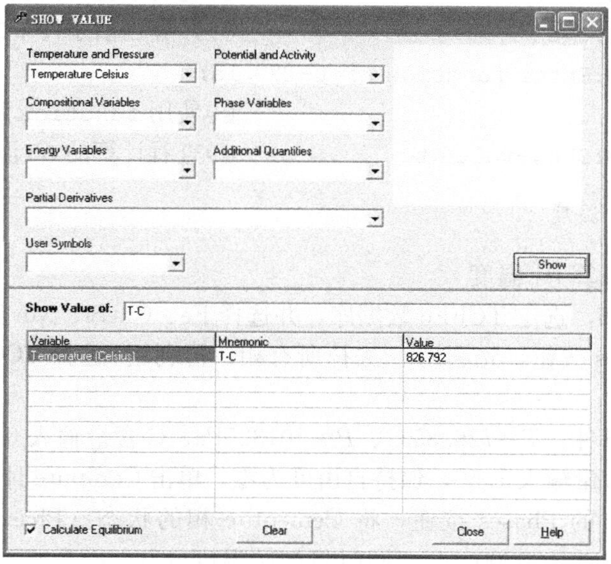

图 4-25　计算结果

2）TCC 计算 $A_3$ 温度

使用 TCC 计算 $A_3$ 温度时，重点关注在 α＋γ 两相区的相变规律，通过 change-Status 命令将 α 相（BCC）的状态固定为 0，则计算出来的温度为 $A_3$ 温度。具体命令及说明如下：

```
1. SYS:Go data
2. TDB_TCFE6:Switch tcfe6
3. TDB_TCFE6:Define-sys fe c si mn  @@选择 TCFE6 数据库及合金元素
4. TDB_TCFE6:Reject phase *         @@拒绝体系下所有相
5. TDB_TCFE6: Restore phase fcc bcc @@选择 FCC 相和 BCC 相
6. TDB_TCFE6:Get
7. TDB_TCFE6:Go p-3                 @@进入 POLY-3 模块
8. POLY_3:S-c T=1000 P=101325 N=1;  @@输入初始条件(T=726.85℃)
9. POLY_3: S-c w(c)=0.001 w(si)=0.002 w(mn)=0.015
                                    @@输入初始成分
10. POLY_3:L-c                      @@查看系统自由度为零
11. POLY_3:C-e                      @@计算初始条件下系统平衡
12. POLY_3:C-status phase bcc=fixed 0
                                    @@将体系中 BCC 相状态改为 fixed
13. POLY_3:S-c T=none               @@去掉初始温度条件
14. POLY_3: L-c                     @@查看系统自由度为零
15. POLY_3:C-e                      @@计算当前条件下的系统平衡
16. POLY_3:Enter function tc=t-273.15;
                                    @@使用 function 定义摄氏温度
17. POLY_3:Show-value tc            @@查看计算的 A3 温度
```

3. 计算 $A_1$ 温度

1）TCW 计算 $A_1$ 温度

启动 TCW5，选定 TCFE6 数据库，并选择 Fe、C、Si、Mn 四个合金元素。

选择 Phases 按钮，先利用<<去掉所有相，再利用>选择 FCC、BCC 和 Cementite 相。

输入初始条件，$T$=726.85℃、$P$=101325Pa、C 含量输入 0.10、Si 含量输入 0.20、Mn 含量输入 1.50，保持自由度为零，单击 Compute 计算平衡。

单击右上方的 Phases 按钮，将 Cementite 相的状态（Phase Status）改为 FIXED，相的量改为 0.00 mol，同时将初始温度（726.85℃）去掉，保持系统自由度为零，单击 Compute 计算平衡。

单击左下角的 Show Value 按钮，在 Show Value of：后面输入 *T-C*，同时单击 Show 按钮由此求出的温度（689.52℃）即为 $A_1$ 温度。

2）TCC 计算 $A_1$ 温度

使用 TCC 计算 $A_1$ 温度时，重点关注在 $\alpha+\gamma+$Cementite 三相区的相变规律，通过 change-status 命令将 Cementite 相的状态固定为 0，则计算出来的温度为 $A_1$ 温度。具体命令及说明如下：

```
1. SYS:Go data
2. TDB_TCFE6:Switch tcfe6
3. TDB_TCFE6:Define-sys fe c si mn      @@选择 TCFE6 数据库及合金元素
4. TDB_TCFE6:Reject phase *             @@拒绝体系下所有相
5. TDB_TCFE6: Restore phase fcc bcc cementite
                                        @@选择 FCC、BCC 和 Cementite 相
6. TDB_TCFE6:Get
7. TDB_TCFE6:Go p-3                     @@进入 POLY-3 模块
8. POLY_3:S-c T=1000 P=101325 N=1;      @@输入初始条件(T=726.85℃)
9. POLY_3:S-c w(c)=0.001 w(si)=0.002 w(mn)=0.015
                                        @@输入初始成分
10. POLY_3:L-c                          @@查看系统自由度为零
11. POLY_3:C-e                          @@计算初始条件下系统平衡
12. POLY_3:C-status phase cementite=fixed 0
                                        @@将体系中 Liquid 相状态改为 fixed
13. POLY_3:S-c T=none                   @@去掉初始温度条件
14. POLY_3:L-c                          @@查看系统自由度为零
15. POLY_3:C-e                          @@计算当前条件下的系统平衡
16. POLY_3:Enter function tc=t-273.15;
                                        @@使用 function 定义摄氏温度
17. POLY_3:Show-value tc                @@查看计算的 A1 温度
```

### 4.3.4 计算实例

1. 双相不锈钢 Fe-25%Cr-7%Ni-4%Mo-0.27%N

所谓双相不锈钢是在其固溶组织中铁素体相与奥氏体相约各占一半（图 4-26）。在含 C 较低的情况下，Cr 含量在 18%～28%，Ni 含量在 3%～10%。有些钢还含有 Mo、Cu、Nb、Ti，N 等合金元素。该类钢兼有奥氏体和铁素体不锈钢的特点，与铁素体相比，塑性、韧性更高，无室温脆性，耐晶间腐蚀性能和焊接性能均显著提高。如何获得双相不锈钢，即如何在不锈钢中获得等

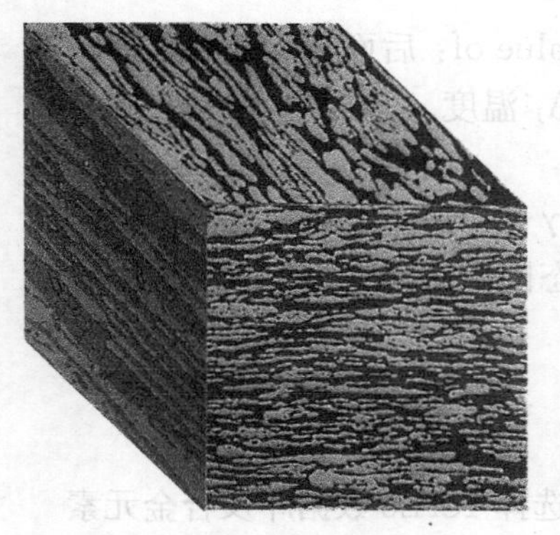

图 4-26　双相不锈钢

量的铁素体和奥氏体组织可以利用 Thermo-Calc 软件进行计算。

根据杠杆定律，随着温度的降低，奥氏体逐渐向铁素体发生转变。因此存在一个温度，此温度下奥氏体的含量和铁素体的含量相等，即图 4-15 中 BC＝CD。在 Thermo-Calc 中可以添加一约束条件 $np$（fcc_a1#2）－$np$(bcc)＝0，其中 $np$ 为相的物质的量，此时应去掉初始温度条件，从而使体系自由度为零。值得注意的是，此体系下的两相区（初始温度 $T$＝1000 K）中存在两个 FCC 相，其中 FCC_A1#1 为 Cr 的氮化物，FCC_A1#2 为奥氏体，使用上述约束条件时应加以区分。使用 TCC 编程如下所示：

```
1. SYS:Go data
2. TDB_TCFE6:Switch tcfe6
3. TDB_TCFE6:Define-sys fe cr ni mo n        @@选择 TCFE6 数据库及合金元素
4. TDB_TCFE6:Reject phase *                  @@拒绝体系下所有相
5. TDB_TCFE6:Restore phase fcc bcc           @@选择 FCC 和 BCC 相
6. TDB_TCFE6:Get
7. TDB_TCFE6:Go p-3                          @@进入 POLY-3 模块
8. POLY_3: S-c T=1000 P=101325 N=1;          @@输入初始条件(T=726.85℃)
9. POLY_3: S-c w(cr)=0.25 w(ni)=0.07 w(mo)=0.04 w(n)=0.0027
                                             @@输入初始成分
10. POLY_3:L-c                               @@查看系统自由度为零
11. POLY_3:C-e                               @@计算初始条件下系统平衡
12. POLY_3:S-c np(fcc_a1# 2)-np(bcc)=0       @@添加双相钢约束条件
13. POLY_3:S-c T=none                        @@去掉初始温度条件
14. POLY_3:L-c                               @@查看系统自由度为零
15. POLY_3:C-e                               @@计算当前条件下的系统平衡
16. POLY_3:Enter function tc=t-273.15;
                                             @@使用 function 定义摄氏温度
17. POLY_3:Show-value tc                     @@查看计算的液相线温度为
                                               749.10℃
```

2. 工具钢 M7 钢的 $M_s$ 点计算

过冷奥氏体必须冷却至某一定温度以下才开始马氏体转变，此温度称之为上马氏体点（或马氏体点），以 $M_s$ 表示。由于马氏体转变属于切变型（无扩散）的相变，其转变动力学具有与扩散性相变（铁素体、珠光体）不同的很多特点。目前无法利用模拟软件准确地求得 $M_s$ 点，对于不同的钢可以利用经验公式在一定的成分范围内近似的求得 $M_s$ 点。需要强调的是，凡是谈到对 $M_s$ 点影响的化学成分，均系指奥氏体的成分，而不是钢的化学成分。如果加热时未能完全奥氏体化，由于除奥氏体外还有其他未熔碳化物等组织的存在，钢的成分就不同于奥氏体成分，因而对 $M_s$ 点的影响也会截然不同。

M7 工具钢的化学成分为 Fe-3.39%Cr-0.27%Mn-0.33%Si-8.9%Mo-2.01%W-2.14%V-1.03%C，其奥氏体化温度为 900℃。根据 Rowland[6] 提出的 $M_s$ 点经验公式可以求得 M7 钢的 $M_s$ 温度：

$$M_s=499-324w_C-32.4w_{Mn}-27w_{Cr}-10.8w_{Si}-10.8w_{Mo}-10.8w_W \quad (4\text{-}2)$$

利用 Thermo-Calc 软件和 $M_s$ 点经验公式计算 $M_s$ 温度时，代入 $M_s$ 点经验公式的化学成分为奥氏体成分。计算 900℃奥氏体化温度时的系统平衡可以看出，此时体系中存在 FCC（奥氏体）、HCP 和 $M_6C$ 相，并非所有碳化物完全固溶于奥氏体中。因此通过 Enter-symbol 建立 $M_s$ 点的方程式为

$$M_s=499-32400w_C-3240w_{Mn}-2700w_{Cr}-1080w_{Si}-1080w_{Mo}-1080w_W \quad (4\text{-}3)$$

使用 TCC 编程如下所示：

```
1. SYS:Go data
2. TDB_TCFE6:Switch tcfe6                  @@选择数据库及合金元素
3. TDB_TCFE6:Define-sys fe cr mn si w mo v c
4. TDB_TCFE6: Get
5. TDB_TCFE6:Go P-3
6. POLY_3:S-c t=1173.15 p=101325 b=100
                                           @@输入初始奥氏体化温度 900℃
7. POLY_3: S-c b(cr)=3.39 b(mn)=0.27 b(si)=0.33
8. POLY_3:S-c b(mo)=8.9 b(w)=2.01 b(v)=2.14 b(c)=1.03
9. POLY_3: L-c
10. POLY_3:C-e                             @@计算 900℃时奥氏体化平衡
11. POLY_3: Ent func a=3240*w(fcc,mn)+32400*w(fcc,c)+2700*w(fcc,cr);
                                           @@根据经验公式建立 Ms 点方程
12. POLY_3:Ent func b=1080*(w(fcc,si)+w(fcc,mo)+w(fcc,w));
13. POLY_3:Ent func ms=499-a-b
14. POLY_3:Show-value ms                   @@计算 MS 温度为 295℃
```

# 4.4 相变驱动力的计算

## 4.4.1 计算目的

在某一温度下，某一相能否向另一相转变，主要取决于两相吉布斯自由能的相对大小。在恒温恒压下，通常将摩尔吉布斯自由能的净降低量称之为相变驱动力。

当纯组元发生 α⟶β 相变时，母相 α 转变成新相 β 的相变驱动力为 $\Delta G_m^{\alpha\to\beta}$ (J/mol) 为

$$\Delta G_m^{\alpha\to\beta} = \Delta H_m^{\alpha\to\beta} - T\Delta S_m^{\alpha\to\beta} \tag{4-4}$$

式中，$\Delta H_m^{\alpha\to\beta}$ 和 $\Delta S_m^{\alpha\to\beta}$ 分别表示从每摩尔 α 相转变为每摩尔 β 相焓和熵的变化，而 $\Delta H_m^{\alpha\to\beta}$ 实际就是相变潜热。如果过冷度不大，$\Delta H_m^{\alpha\to\beta}$ 和 $\Delta S_m^{\alpha\to\beta}$ 可近似看做常数。

对于脱溶反应，其相变驱动力计算更为复杂。过饱和的 α 固溶体析出第二相 β 相的同时自身转变为 α′称之为脱溶反应，其反应式可写为 α⟶α′+β。析出的 β 相可以是稳定相也可以是亚稳定相，α 相的晶体结构和 α′一样，但其成分为平衡状态或靠近平衡状态的成分。图 4-27 给出了一个典型的脱溶反应的示例。如图所示，对于 A-B 二元合金体系，成分为 $x_0$（以 B 的摩尔分数表示）的 α 相，在温度 $T_1$ 时发生 α⟶α′+β 脱溶相变，当相变终了系统达到稳定平衡时，α 相和 β 相的成分都是该温度时的平衡成分，两相的成分由二者吉布斯自由能曲线的公切线确定，即图 4-27 中的 $x_\alpha$ 和 $x_\beta$。此时反应驱动力为

$$\Delta G_m^{\alpha\to\alpha'+\beta} = G_m^{\alpha'+\beta} - G_m^{\alpha} \tag{4-5}$$

式中，$G_m^{\alpha+\beta}$ 为相变后 α′+β 混合相的摩尔吉布斯自由能；$G_m^{\alpha}$ 是转变前 α 相的摩尔吉布斯自由能；$\Delta G_m^{\alpha\to\alpha'+\beta}$ 的大小相当于图 4-27（b）中 MN 的长度。

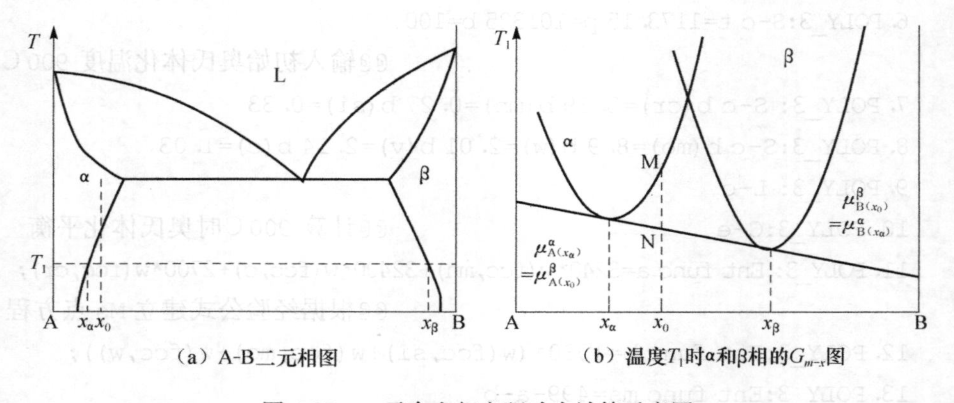


图 4-27　二元合金相变驱动力计算示意图

根据热力学关系 $G_m = \sum x_i\mu_i$，其中，$\mu_i$ 是 $i$ 组元的偏摩尔自由能，因此 $G_m^\alpha$ 和 $\Delta G_m^{\alpha'+\beta}$ 分别可以表达为

$$G_m^\alpha = (1-x_0)\mu^\alpha_{A(x_0)} + x_0\mu^\alpha_{B(x_0)} \tag{4-6}$$

$$G_m^{\alpha'+\beta} = (1-x_0)\mu^\alpha_{A(x_\alpha)} + x_0\mu^\alpha_{B(x_\alpha)} \tag{4-7}$$

式（4-6）、式（4-7）中的化学式如图 4-27（b）中用自由能曲线切线在 A、B 轴的截距。因此，

$$\Delta G_m^{\alpha\to\alpha+\beta} = (1-x_0)(\mu^\alpha_{A(x_\alpha)} - \mu^\alpha_{A(x_0)}) + x_0(\mu^\alpha_{B(x_\alpha)} - \mu^\alpha_{B(x_0)}) \tag{4-8}$$

以 $\mu_i^\varphi = G_{mi}^\varphi + RT\ln a_i^\varphi$ 代入式（4-8），其中 $a_i^\varphi$ 是 $i$ 组元在 $\varphi$ 相中的活度

$$\Delta G_m^{\alpha\to\alpha+\beta} = RT\left[(1-x_0)\ln\frac{a^\alpha_{A(x_\alpha)}}{a^\alpha_{A(x_0)}} + x_0\ln\frac{a^\alpha_{B(x_\alpha)}}{a^\alpha_{B(x_0)}}\right] \tag{4-9}$$

如果 $\alpha$ 相是理想溶体，活度和成分相等，则式（4-9）可以简化为

$$\Delta G_m^{\alpha\to\alpha+\beta} = RT\left[(1-x_0)\ln\frac{1-x_\alpha}{1-x_0} + x_0\ln\frac{x_\alpha}{x_0}\right] \tag{4-10}$$

### 4.4.2　计算对象

相变驱动力的大小可以用来表征相变的倾向，也可以用来判别相变机制。因此，利用 Thermo-Calc 热力学软件可以计算各种钢铁材料发生各种相变的能力，包括钢中第二相粒子的析出能力。同时，当相变驱动力为零时即图 4-27（b）中两条曲线的交线称之为 $T_0$ 点。各温度下新相和母相的摩尔吉布斯自由能相等的点的连线为 $T_0$ 线。利用 Thermo-Calc 软件同样可以计算钢的 $T_0$ 温度。

### 4.4.3　计算方法与程序

在 Thermo-Calc 软件中，用 $DG$(ph) 来表示某相的驱动力。通常情况下 $DG$ 后面跟有后缀如 $M$（单位摩尔，mol）、$W$（单位质量，g）、$V$（单位体积，$m^3$）、$F$（化合式单位）。因此，带有这些后缀的驱动力的量可以通过 $DG$(ph) 对 $NP$(ph)（相的物质的量）、$BP$(ph)（相的质量）、$VP$(ph)（相的体积）的一阶导数获得

$DGM(\mathrm{ph})=\partial DG(\mathrm{ph})/\partial NP(\mathrm{ph})$　单位摩尔相的驱动力，单位为 J/mol

$DGW(\mathrm{ph})=\partial DG(\mathrm{ph})/\partial BP(\mathrm{ph})$　单位质量相的驱动力，单位为 J/mol

$DGV(\mathrm{ph})=\partial DG(\mathrm{ph})/\partial VP(\mathrm{ph})$　单位体积相的驱动力，单位为 J/mol

$DGF(\mathrm{ph})=\partial DG(\mathrm{ph})/\partial NP(\mathrm{ph}) * NA$　化合式单位相的驱动力，单位为 J/mol

（式中，$NA$ 表示化合物的相对原子质量）

利用 Thermo-Calc 软件计算某相的相变驱动力时，需要将所计算驱动力相的

类型设置为 DORMANT（相有四种类型：ENTERED、FIXED、SUSPEND、DORMANT），计算出的数值需要乘以 $RT$（$R$ 为理想气体常量，单位为 J/(mol·K)；$T$ 为热力学温度，单位为 K）后其单位才为 J/mol。

以下将利用 TCW 和 TCC 计算 Fe-0.10%C-0.20%Si-1.50%Mn 钢 700℃时铁素体的相变驱动力，并计算驱动力随温度的变化关系曲线。

1. TCW 计算相变驱动力

启动 TCW5，选定 TCFE6 数据库，并选择 Fe、C、Si、Mn 四个合金元素（图 4-28）。

选择 Phases 按钮，先利用<<去掉所有相，再利用>选择 LIQUID、FCC、BCC 和 CEMENTITE 相（图 4-29）。

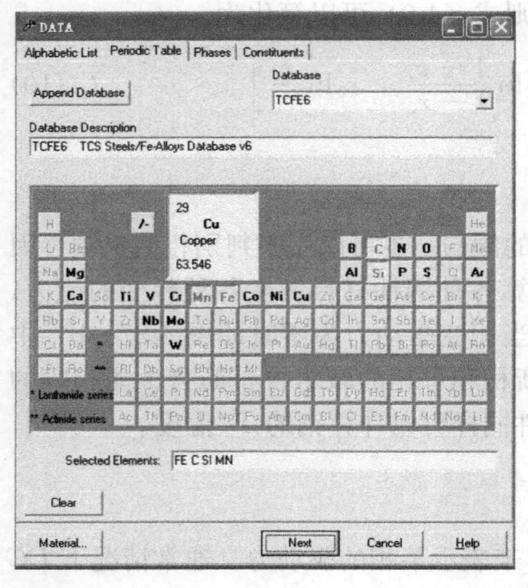


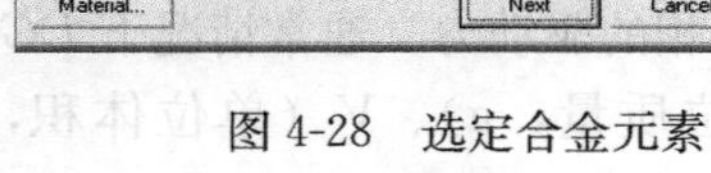


图 4-28　选定合金元素

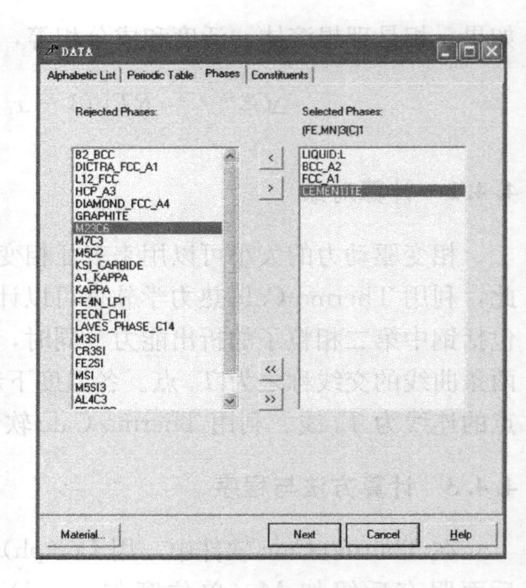


图 4-29　选定相得种类

输入初始条件，$T$=700℃、$P$=101325Pa、C 含量输入 0.10、Si 含量输入 0.20、Mn 含量输入 1.50，保持自由度为零（图 4-30）。

单击右上方的 Phases 按钮，将 BCC 相的状态（Phase Status）改为 DORMANT，此时系统自由度仍为零，单击 Compute 计算平衡（图 4-31）。

单击 User Symbols 按钮，定义 function，$DGF=DGM$(BCC) * 8.314 * T，8.314 为理想气体常量 $R$ 值（图 4-32）。

单击左下角的 Show Value 按钮，在 User Symbols 菜单下选择 $DGF$，同时单击 Show 按钮由此求出 700℃时铁素体相变驱动力为 317.75 J/mol（图 4-33）。

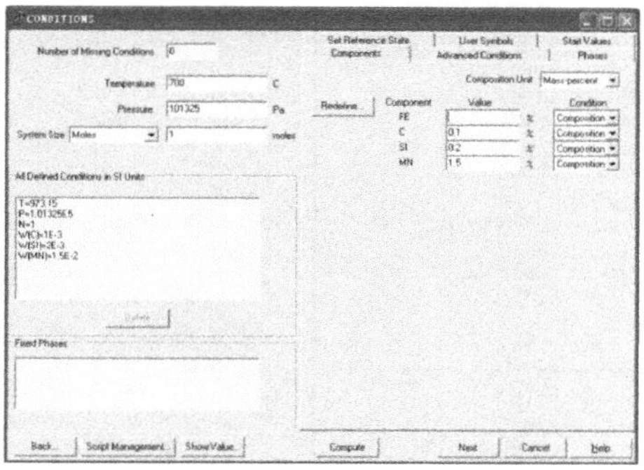

图 4-30　输入初始条件

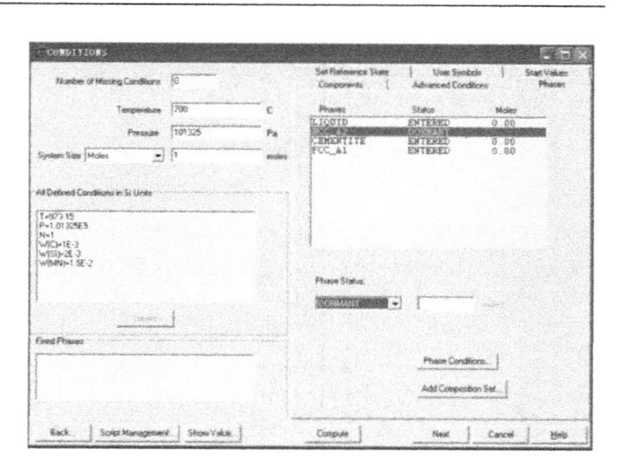

图 4-31　BCC 定为静态并计算

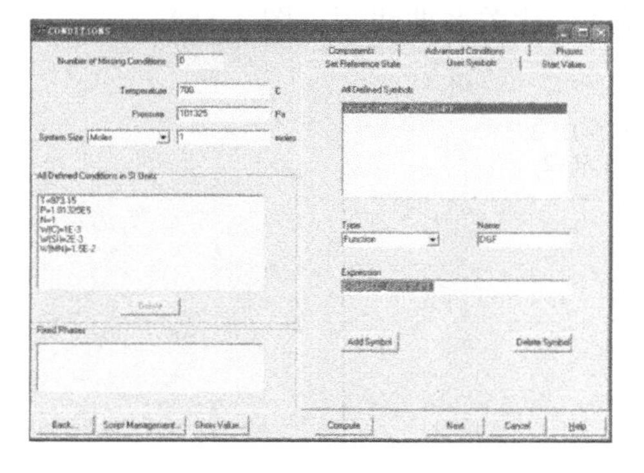

图 4-32　定义函数

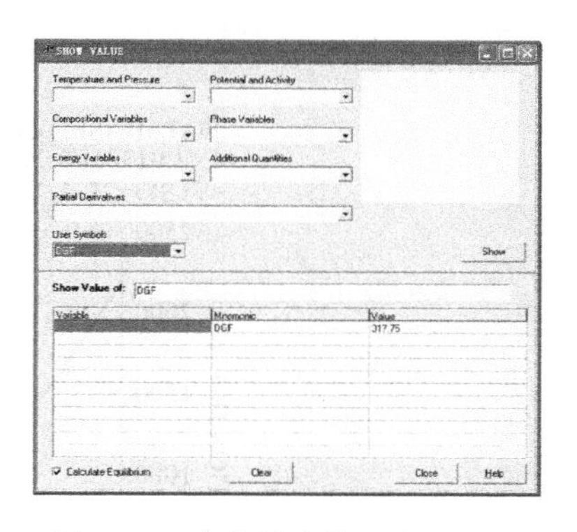

图 4-33　求出铁素体相变驱动力

关闭 Show Values 界面，在 Conditions 界面下单击 Next，定义变量 MAP/STEP DEFINITION，在 Axis 1 里选择 $T$ 作为变量，其范围定义为 400～1000℃（图 4-34）。

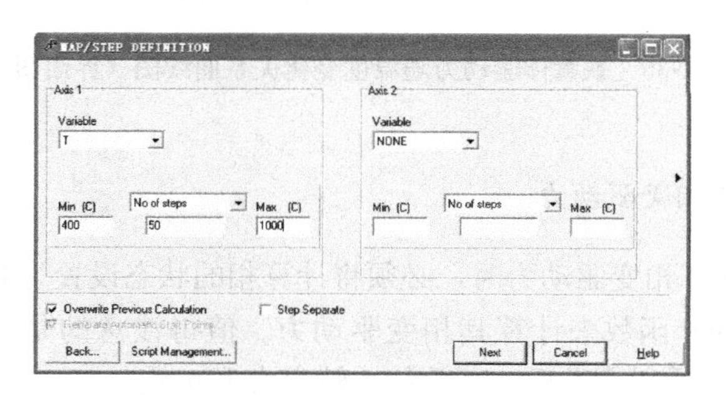


图 4-34　将温度作为变量并定义其范围

单击 Next，进入 DIAGRAM DEFINITION，选择 Advanced Diagram Axies，设置 $X$ 轴为摄氏温度，$Y$ 轴在 User Symbols 里选择 $DGF$（图 4-35）。

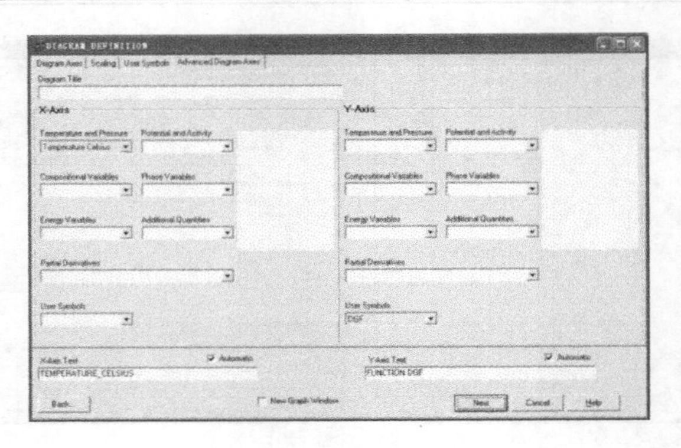


图 4-35　设置横纵坐标

单击 Next，绘制铁素体驱动力随温度变化关系曲线图（图 4-36）。

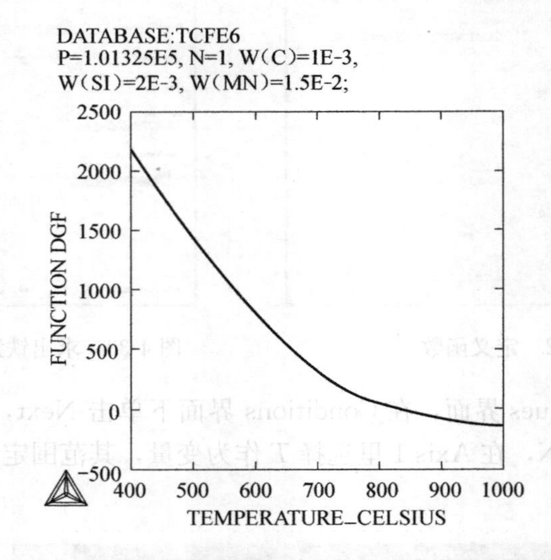


图 4-36　铁素体驱动力随温度变化关系曲线图（界面图）

2. TCC 计算相变驱动力

使用 TCC 计算相变驱动力时，必须将计算相的状态设置为 DORMANT。同时采用 *DGM*（ph）函数来计算其相变驱动力。值得注意的是，*DGM*（ph）函数计算出来的数值乘以 *RT* 后，其单位才转变为 J/mol。

```
1. SYS:Go data
2. TDB_TCFE6:Switch tcfe6
3. TDB_TCFE6:Def-sys fe c si mn      @@定义合金体系
```

```
4. TDB_TCFE6:Reject ph *
5. TDB_TCFE6:Restore ph liquid fcc bcc cementite
                                          @@选择合金相
6. TDB_TCFE6:Get
7. TDB_TCFE6:Go P-3
8. POLY_3:S-c t=973 p=101325 b=100      @@输入初始条件和成分
9. POLY_3:S-c b(c)=0.1 b(si)=0.2 b(mn)=1.5
10. POLY_3:L-c
11. POLY_3:C-status ph bcc=dormant      @@计算驱动力前设置相为 Dormant
                                          类型
12. POLY_3:C-e
13. POLY_3:Enter func DGF=DGM(bcc)*8.314*T;
                                        @@建立驱动力 Function,DGF 单位
                                          J/mol
14. POLY_3: Show DGF                    @@查看 700℃时铁素体相变驱动力
15. POLY_3:S-aixs-v 1 t 400 1000 15    @@设置温度为变量
16. POLY_3:Step,,,
17. POLY_3:Post
18. POST:S-diagram-a x t-c             @@设置 X 轴为温度,Y 轴为铁素体驱动力
19. POST:S-diagram-a y DGF
20. POST:Plot,,,
```

### 4.4.4　计算实例

1. *第二相析出物的驱动力计算*

只有存在驱动力的条件下，即在母相和转变产物之间存在自由能差时，析出过程才会以可观察到的速率进行。驱动力决定稳态形核率，如果要计算或者估计形核率，必须以一定的精度对驱动力进行计算。本实例计算了 Fe-0.10%C-0.20%Si-1.50%Mn-0.01%Ti-0.004%N 合金体系中 Ti（C,N）粒子的析出驱动力，同时考察 Ti 含量和 N 含量对 Ti（C,N）粒子析出驱动力的影响规律，如图 4-37 所示。

计算第二相粒子析出驱动力和计算基体相的驱动力存在一定差异。首先，对于所有 Nb、V、Ti 的碳氮化物均为面心立方结构（FCC），因此计算前应了解体系中 FCC_A1#1、FCC_A1#2……分别代表哪种类型的相，即区分基体奥氏体相和第二相析出物。了解了 FCC_A1#2 代表 Ti（C,N）粒子后，设置 Ti（C,N）的相

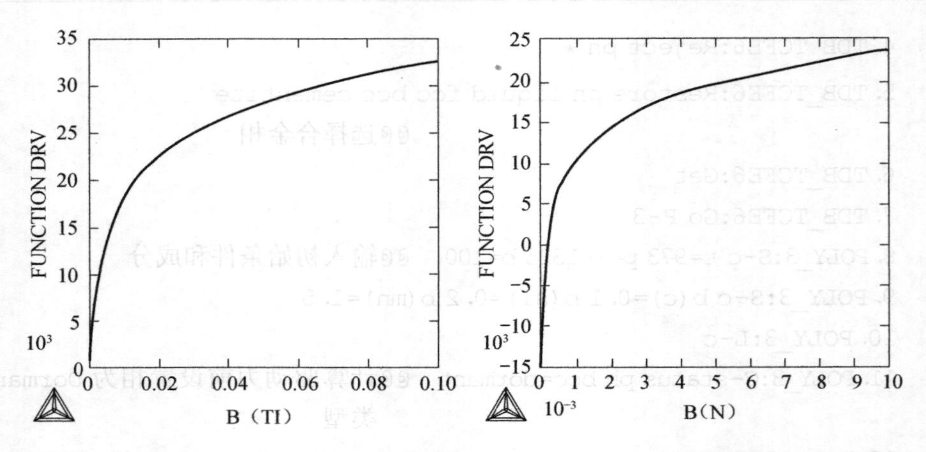


图 4-37 Fe-0.10%C-0.20%Si-1.50%Mn-0.01%Ti-0.004%N 合金体系中 Ti 和 N 含量对 Ti（C，N）粒子析出驱动力的影响（界面图）

类型为 DORMANT 类型。此时由于体系默认的是 Global Minimization Technique，需要采用 advance-option 命令将 Global Minimization Technique 关掉，此时计算出来的驱动力即为第二相析出物的驱动力。

从第二相粒子 Ti（C,N）的析出驱动力可以看出，随着 Ti 含量的增加，析出驱动力从零逐渐递增。其中在 Ti 含量为 0%～0.02%范围变化时，驱动力变化速率最快。N 含量对驱动力的影响和 Ti 含量略有不同，Ti 含量为零时，Ti（C,N）粒子的析出驱动力为零，但 N 含量为零时，Ti（C,N）粒子的析出驱动力为负，表明只有存在一定含量的 N 第二相析出物的析出驱动力才大于零。

使用 TCC 计算 Fe-0.10%C-0.20%Si-1.50%Mn-0.01%Ti-0.004%N 合金体系中 Ti（C,N）粒子的析出驱动力时，除将计算相的状态更改为 DORMANT 外，还应该采用 advance-option 命令，将 Globle Minimization Technique 设置为 N。

```
1. SYS:Go data
2. TDB_TCFE6:Switch tcfe6
3. TDB_TCFE6:Def-sys fe c si mn ti n   @@定义合金体系
4. TDB_TCFE6:Reject ph *
5. TDB_TCFE6:Restore ph liquid fcc bcc  @@选择合金相
6. TDB_TCFE6:Get
7. TDB_TCFE6:Go P-3
8. POLY_3:S-c t=973 p=101325 b=100    @@输入初始条件和成分
```

```
9. POLY_3:S-c b(c)=0.1 b(si)=0.2 b(mn)=1.5
10. POLY_3:S-c b(Ti)=0.01 b(n)=0.004
11. POLY_3:L-c                               @@查看 FCC_A1#2 为 Ti(C,N)粒子
12. POLY_3:C-e
13. POLY_3:C-status ph FCC_A1#=dormant       @@计算驱动力前设置相为 Dormant
                                               类型
14. POLY_3:Enter func Drv=dgm(FCC_A1#2)*8.314*T;
                                             @@建立驱动力 Function,Drv 单
                                               位 J/mol
15. POLY_3:Advance-option Global N N         @@将 Global Minimization Tech-
                                               nique 关掉
16. POLY_3:S-a-v 1 b(ti) 0 0.10 0.0025       @@设置 Ti 含量为变量
17. POLY_3:Step,,,
18. POLY_3:Post
19. POST:S-diagrama x b(ti)                  @@设置 X 轴为温度,Y 轴为析出
                                               物驱动力
20. POST:S-diagram-a y Drv
21. POST:Plot,,,
```

2. $T_0$ 的计算

$T_0$ 计算的基本原理如图 4-38 所示。从图 4-38（a）可以看出，α 相和 γ 相在成分为 $x_1$ 时吉布斯自由能相等的温度为 $T_0$ 温度。由此可以看出，$T_0$ 随成分的变化而变化。

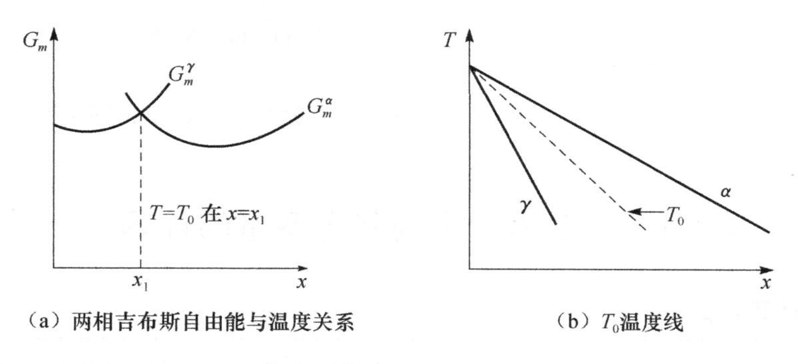


（a）两相吉布斯自由能与温度关系　（b）$T_0$温度线

图 4-38 多组元体系中 $T_0$ 温度计算的基本原理

在 Thermo-Calc 软件中，有专门的模块 T-Zero Temperature 计算 $T_0$ 温度。

$T_0$ 为两相吉布斯自由能相等时的温度，在计算前必须首先在估算的温度附近进行单点平衡计算从而获得单点平衡。软件会通过以下两个命令询问吉布斯自由能相等的两个相：

```
Name of first phase:<phase A>
Name of second phase:<phase B>
```

当上述两个相给定时，$T_0$ 温度将会自动进行计算。同时在屏幕上会同时给出以下两个信息：

```
The T0 temperature is 900.00K
Note:LIST-EQUILIBIRUM is not relevant
```

第一个信息给定此时计算的 $T_0$ 温度，第二个信息说明，此时 list-equilibrium 命令显示的平衡并非 $T_0$ 温度对应的平衡条件。

图 4-39 为 Fe-1%C-0.5%Mn-0.5%Si-0.2%C 多组元体系的相图、仲平衡和 $T_0$ 温度计算结果。

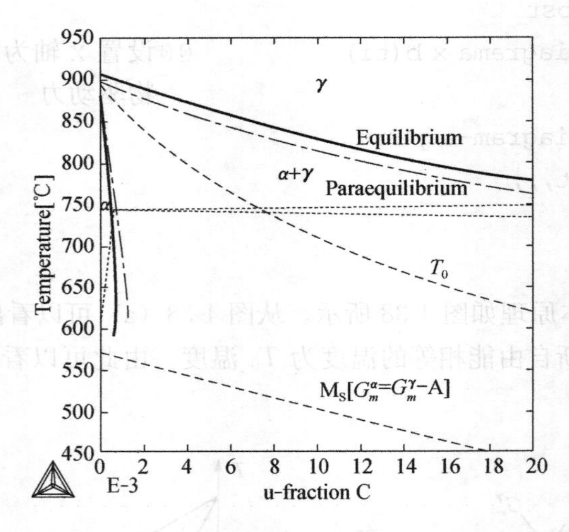


图 4-39 Fe-1%C-0.5%Mn-0.5%Si-0.2%C 钢的相图及 $T_0$ 计算界面图

## 4.5 热力学平衡状态变量的计算

### 4.5.1 计算目的

热力学软件 Thermo-Calc Software（TCC 和 TCW）通过利用经典热力学理论可以处理各种体系在平衡状态下的热力学关系。一个稳态的热力学平衡会随着体系的各种变量变化而变化，如温度和成分的变化，这些变量称之为状态变量。

压力（$P$）、化学势（$\mu$）等也称之为状态变量，热力学方法建立了这些状态变量之间的关联，我们可以利用热力学软件 Thermo-Calc Software 对这些状态变量进行精确计算。此外，根据各变量之间的数学关系，也可以利用软件对衍生的状态变量如摩尔体积、比热容和密度等进行计算。

### 4.5.2　计算对象

状态变量有两种类型：广义变量（extensive variable）和狭义变量（intensive variable)。广义变量如体积（取决于系统大小），狭义变量如温度（不取决于系统大小）。两种类型的状态变量是相互关联的，如体积大小受压力（$P$）的影响，化学势（$\mu$）会影响体系的成分变化等。应该指出的是组元的活度（activity）可以用化学势（$\mu$）进行简单的数学关联计算获得，对化学式和活度进行计算时可以选择任意的参考状态。

状态变量可以是对整个平衡体系定义的，也可以是对某一个平衡状态而言的，还可以是体系中的一个组元或一个相。Thermo-Calc 软件中对一些状态变量进行了特殊的定义，可以直接用对应的符号进行计算。表 4-2 列举了 Thermo-Calc 软件中常用的广义状态变量和狭义状态变量。

**表 4-2　Thermo-Calc 软件中定义的状态变量**

| 符号 | 表达式 | 单位 | 含义 | 注释 |
|---|---|---|---|---|
| 狭义变量 | | | | |
| $T$ | $T$ | K，℃，℉ | 温度 | 对整个体系 |
| $P$ | $P$ | Pa，bar，psi | 压力 | 对整个体系 |
| $\mu$ | $MU$（comp） | J/mol，cal/mol | 化学势 | 对体系中的一个组元 |
| | $MU$（sp，ph） | | | 对一个相中的 Species |
| $a$ | $AC$（comp） | 无量纲 | 活度 | 对体系中的一个组元 |
| | $AC$（sp，ph） | | | 对一个相中的 Species |
| | LNAC（comp） | | 活度对数 | LNAC=$MU/RT$ |
| | LNAC（sp，ph） | | | |
| 广义变量 | | | | |
| $V$ | $V$ | $m^3$，$dm^3$，$cm^3$ | 体积 | 对整个体系 |
| | $V$（ph）或 $VP$（ph） | | | 对一个相 |
| $G$ | $G$ | J，cal | 吉布斯自由能 | 对整个体系 |
| | $G$（ph） | | | 对一个相 |
| $A$ | $A$ | J，cal | 亥姆霍兹能量 | 对整个体系 |
| | $A$（ph） | | | 对一个相 |
| $U$ | $U$ | J，cal | 内能 | 对整个体系 |
| | $U$（ph） | | | 对一个相 |

续表

| 符号 | 表达式 | 单位 | 含义 | 注释 |
| --- | --- | --- | --- | --- |
| 广义变量 | | | | |
| $H$ | $H$ | J，cal | 焓 | 对整个体系 |
| | $H$（ph） | | | 对一个相 |
| $S$ | $S$ | J/K，cal/K | 熵 | 对整个体系 |
| | $S$（ph） | | | 对一个相 |
| $C_p$ | $HM.T$ | J/(mol·K)<br>cal/（mol·K) | 恒压状态下的热容 | 对整个体系 |
| | $HM$（ph）.$T$ | | | 对一个相 |
| $C_v$ | $HM.T$ | J/(mol·K)<br>cal/(mol·K) | 恒体积状态下的热容 | 对整个体系 |
| | $HM$（ph）.$T$ | | | 对一个相 |

## 4.5.3　计算方法与程序

1. 热力学平衡状态变量的计算方法

1）一个体系的能量广义变量通常跟有后缀 $M$、$W$、$V$

能量广义变量指的是和体系自由能相关的广义变量，如吉布斯自由能（$G$）、焓（$H$）、熵（$S$）等。其后缀 $M$、$W$、$V$ 分别代表单位摩尔（mol）、单位质量（g）和单位体积（$m^3$），其表述方法如下：

$$Z(M,W,V)=G,A,U,H,S,V \tag{4-11}$$

带有上述后缀的数值量是通过能量广义变量 $Z$ 对 $N$、$B$、$V$ 的一次偏导数求得的，我们以吉布斯自由能 $G$ 为例表达式如下：

$$GM=\partial G/\partial N\text{(代表单位摩尔体系的吉布斯自由能,单位为 J/mol)} \tag{4-12}$$

$$GW=\partial G/\partial B\text{(代表单位质量体系的吉布斯自由能,单位为 J/g)} \tag{4-13}$$

$$GV=\partial G/\partial V\text{(代表单位体积体系的吉布斯自由能,单位为 J/m}^3\text{)} \tag{4-14}$$

2）一个相的能量广义变量通常跟有后缀 $M$、$W$、$V$、$F$

相的能量广义变量通常跟有后缀 $M$、$W$、$V$、$F$，其分别代表单位摩尔（mol）、单位质量（g）、单位体积（$m^3$）和化合式单位的相，其表述方法如下：

$$Z(M,W,V,F)=G(\text{ph}),A(\text{ph}),U(\text{ph}),H(\text{ph}),S(\text{ph}),V(\text{ph}) \tag{4-15}$$

带有上述后缀的数值量是通过能量广义变量 $Z$ 对 $NP$(ph)、$BP$(ph)、$VP$(ph) 的一次偏导数求得的，同样以吉布斯自由能 $G$ 为例表达式如下：

$$GM(\text{ph})=\partial G(\text{ph})/\partial NP(\text{ph})\text{(代表单位摩尔相的吉布斯自由能,单位为 J/mol)} \tag{4-16}$$

$GW(\mathrm{ph}) = \partial G(\mathrm{ph})/\partial BP(\mathrm{ph})$（代表单位质量相的吉布斯自由能，单位为 J/g） （4-17）

$GV(\mathrm{ph}) = \partial G(\mathrm{ph})/\partial VP(\mathrm{ph})$（代表单位体积相的吉布斯自由能，单位为 $\mathrm{J/m^3}$） （4-18）

$GF(\mathrm{ph}) = \partial G(\mathrm{ph})/\partial VP(\mathrm{ph}) * NA$（代表化合式单位相的吉布斯自由能，$NA$ 为原子量） （4-19）

值得指出的是如果体系中的相是不稳定相，则 $NP(\mathrm{ph})$、$BP(\mathrm{ph})$ 和 $VP(\mathrm{ph})$ 均为零，因此 $G(\mathrm{ph})$、$A(\mathrm{ph})$、$U(\mathrm{ph})$、$H(\mathrm{ph})$、$S(\mathrm{ph})$、$V(\mathrm{ph})$ 也均为零。但是 $GM(\mathrm{ph})$、$AM(\mathrm{ph})$、$UM(\mathrm{ph})$、$HM(\mathrm{ph})$、$SM(\mathrm{ph})$、$VM(\mathrm{ph})$ 以及其他后缀 $W/V/F$ 的数值量均可以通过热力学模型进行精确计算并存储在 Thermo-Calc 的工作区。

此外，$VV(\mathrm{ph})$ 的含义是显而易见的，因此在程序中是没有必要进行此类型的计算。

3）偏导数变量的计算

状态变量可以通过定义的特殊方程、函数，并运用数学运算的方法进行计算获得。这些方程或函数可以是偏导数或者衍生变量等。实际上，表 4-2 中的一些状态变量如比热容的计算均采用偏导数变量计算获得，其表达式如 $HM.T$、$HM(\mathrm{ph}).T$，其中中间点表示前后两个变量的偏导数关系。通过偏导数的计算可以计算体系的比热容、热膨胀系数以及密度等，如

比热容的计算公式

$$HM.T = (\partial HM/\partial T)_{\mathrm{condition}} \quad (4\text{-}20)$$

体系的比热容，恒压时用 $C_p$ 表示，恒体积时用 $C_v$ 表示；

$$HM(\mathrm{ph}).T = (\partial HM(\mathrm{ph})/\partial T)_{\mathrm{condition}} \quad (4\text{-}21)$$

相的比热容，恒压时用 $C_p(\mathrm{ph})$ 表示，恒体积时用 $C_v(\mathrm{ph})$ 表示；

$$H.T = \partial H/\partial T \quad (4\text{-}22)$$

体系的比热容乘以整个组元的摩尔数。对于恒压体系，$\partial H/\partial T = C_p * N$；对于恒体积体系，$\partial H/\partial T = C_v * N$；

$$H(\mathrm{ph}).T = \partial H(\mathrm{ph})/\partial T \quad (4\text{-}23)$$

相的比热容乘以 $NP(\mathrm{ph})$，加上 $HM(\mathrm{ph}) * \partial NP(\mathrm{ph})/\partial T$，对于恒压体系，$\partial H(\mathrm{ph})/\partial T = C_p(\mathrm{ph}) * NP(\mathrm{ph}) + HM(\mathrm{ph}) * \partial NP(\mathrm{ph})/\partial T$；对于恒体积体系，$\partial H(\mathrm{ph})/\partial T = C_v(\mathrm{ph}) * NP(\mathrm{ph}) + HM(\mathrm{ph}) * \partial NP(\mathrm{ph})/\partial T$。

热膨胀系数的计算公式

$$VM.T = \partial VM/\partial T \quad (4\text{-}24)$$

表示体系的热膨胀系数（已经乘以体系的摩尔数），因此，$\partial VM/\partial T = a * VM$

$$VM(\text{ph}).T = \partial VM(\text{ph})/\partial T \tag{4-25}$$

表示相的热膨胀系数（已经乘以相的摩尔数），因此，$\partial VM(\text{ph})/\partial T = a(\text{ph}) * VM(\text{ph})$

$$V.T = \partial V/\partial T \tag{4-26}$$

表示体系的热膨胀系数（已经乘以体系的体积），因此，$\partial V/\partial T = a * V$

$$V(\text{ph}).T = \partial V(\text{ph})/\partial T \tag{4-27}$$

表示相的热膨胀系数（已经乘以相的体积），因此

$$\partial V(\text{ph})/\partial T = \alpha(\text{ph}) * V(\text{ph}) = \alpha(\text{ph}) * VM(\text{ph}) * NP(\text{ph}) + VM(\text{ph}) * \partial NP(\text{ph})/\partial T \tag{4-28}$$

2. 摩尔体积、比热容、热膨胀系数和密度计算程序

以下以纯铁为例，给出 TCW 计算各种不同温度下摩尔体积、比热容、热膨胀系数和密度的计算程序。

启动 TCW5，选定 TCFE6 数据库，选择 Fe 元素（图 4-40）。

选择 Phases 选项框，保留 LIQUID、FCC、BCC 三个相（图 4-41）。

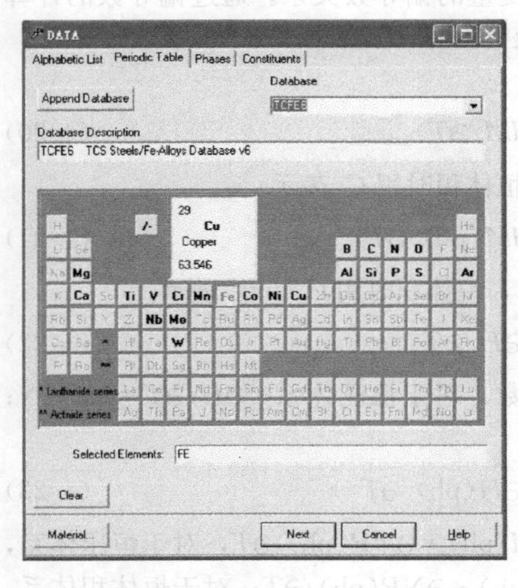


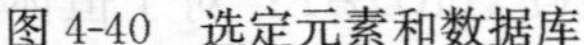
图 4-40　选定元素和数据库

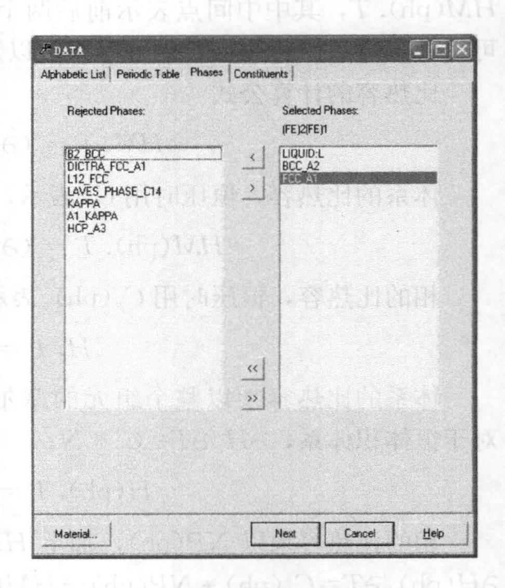


图 4-41　确定相的种类

点击 Next 进入 CONDITIONS 定义，设置 $T=400\text{K}$，$P=101325\text{Pa}$，$N=1\text{mol}$，并计算此时体系的单点平衡（图 4-42）。

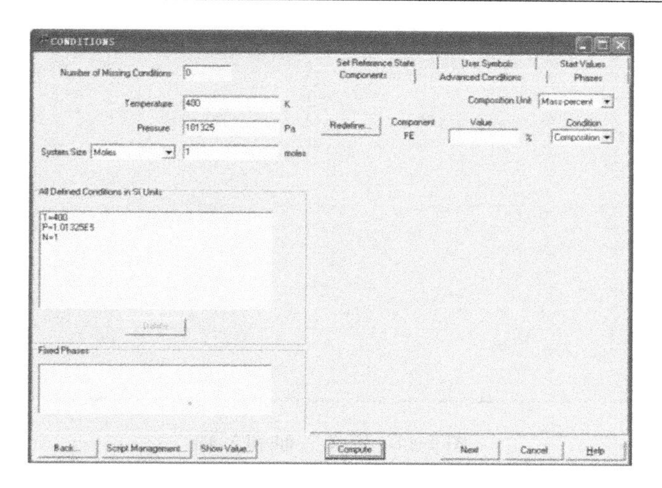


图 4-42　定义计算条件

点击 Next 进入 MAP/STEP DEFINITION，定义温度 $T$ 为变量，设置范围为 298～2000K（图 4-43）。

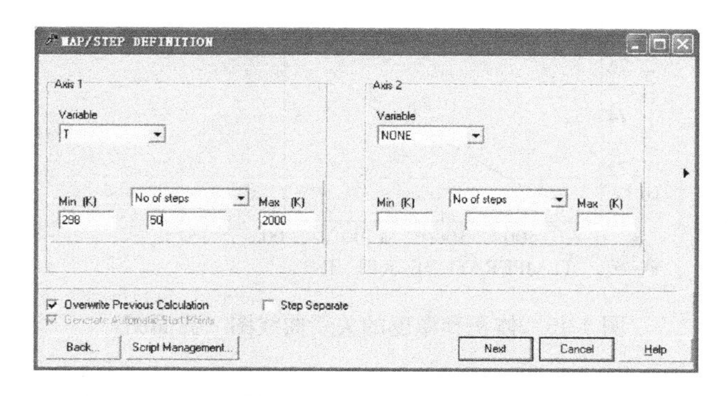


图 4-43　定义温度范围

点击 Next 进入 DIAGRAM DEFINITION，选择 Advance Diagram Axes 选项框，将 $X$ 轴在 Temperature and Pressure 里选择 Temperature Kelvin，将 $Y$ 轴在 Additional Quantities 里选择 Volume，同时在右侧的 For Phase 选项框里选择 ALL，Normalization 里选择 per mol，此时在右下角的 Y-Axes Text 选项框里显示 $VM(*)$（图 4-44）。

点击 Next 绘制摩尔体积和温度的关系曲线图，$VM(*)$-$T$（图 4-45）。

点击 Redefine Axes，在 User Symbols 选项框里定义密度表达公式 $DENS=B*10^{-3}/VM$，同时在 Advance Diagram Axes 选项框里 $Y$ 轴选择 User Symbols 的 $DENS$（图 4-46）。

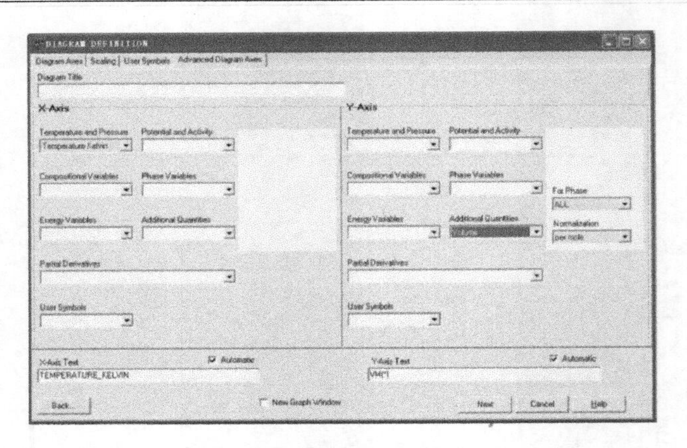

图 4-44　定义 $X$ 轴和 $Y$ 轴

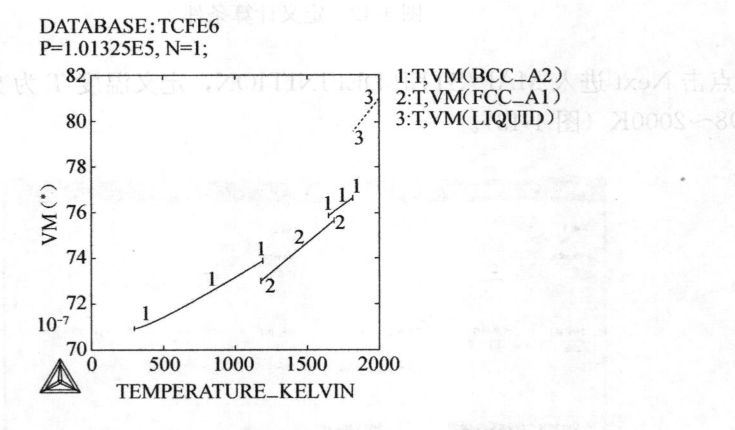


图 4-45　体积和温度的关系曲线图（界面图）

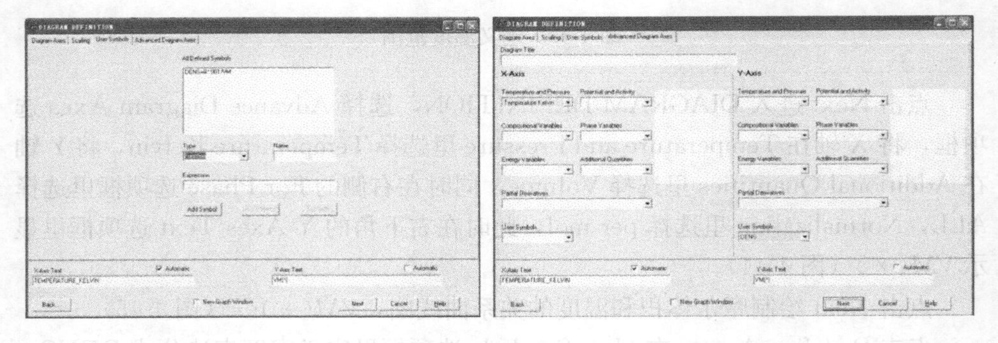

图 4-46　定义密度表达式

点击 Next 绘制密度和温度的关系曲线图，其中，密度的单位为 $kg/m^3$（图 4-47）。

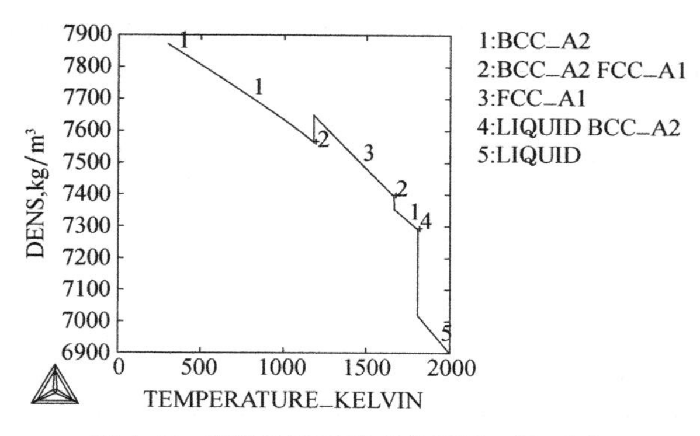


图 4-47　密度和温度关系曲线图（界面图）

点击 Redefine Axes，在 User Symbols 选项框里定义比热容表达公式 $CAP=H.T$，同时在 Advance Diagram Axes 选项框里 $Y$ 轴选择 User Symbols 的 $CAP$（图 4-48）。

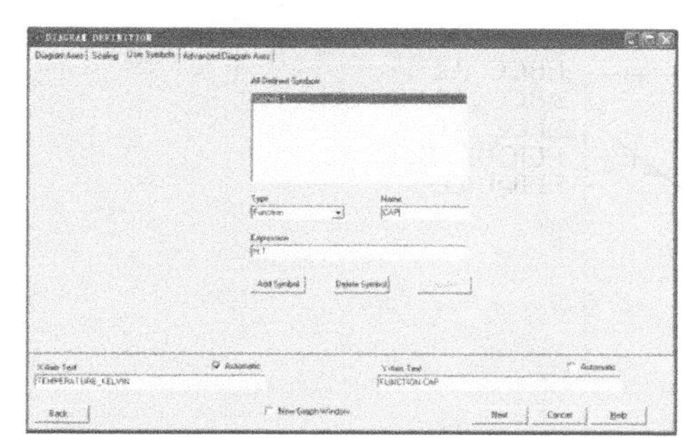
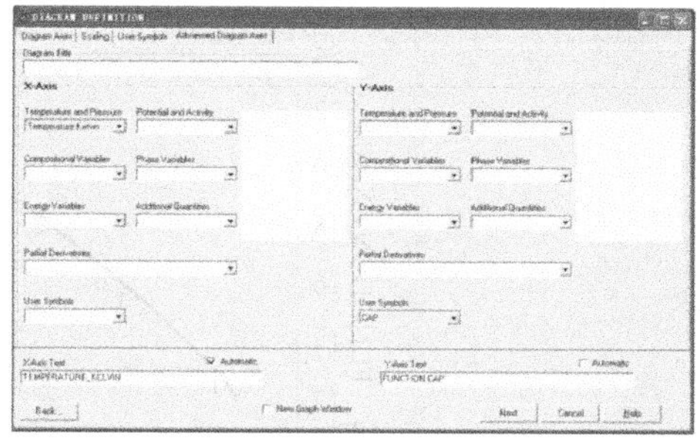

图 4-48　定义比热容表达式

点击 Next 绘制比热容和温度的关系曲线图，*Heat capacity-T*（图 4-49）。

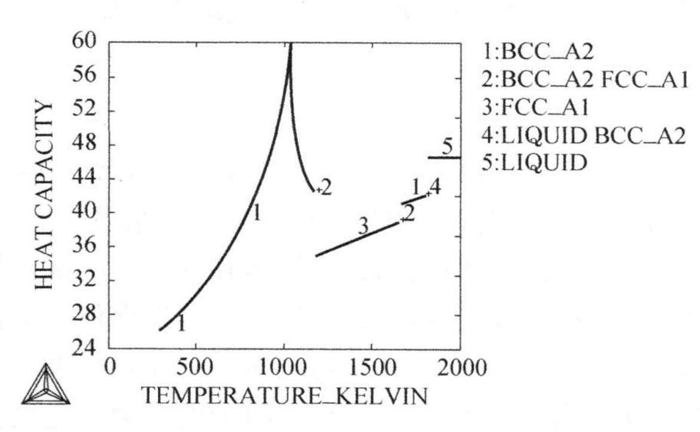


图 4-49　比热容和温度的关系曲线图（界面图）

点击 Redefine Axes，在 User Symbols 选项框里定义线膨胀系数表达公式 $EXPAN=VM(\text{ph}).T/VM(\text{ph})/3$，其中线膨胀系数 $\alpha_l$ 和体膨胀系数 $\alpha_v$ 可以简

单地用 $\alpha_1 = \alpha_v/3$ 表示。同时在 Advance Diagram Axes 选项框里 $Y$ 轴选择 User Symbols 的 *EXPAN*（图 4-50）。

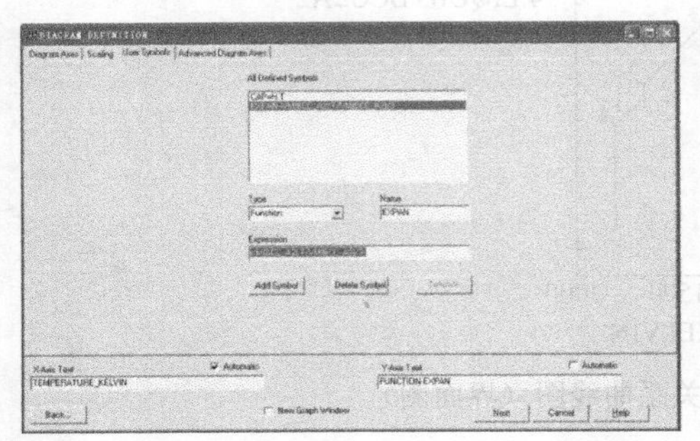

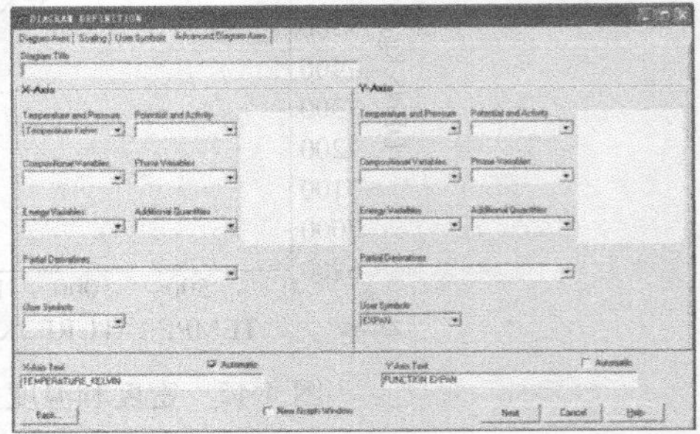

图 4-50　定义线膨胀系数表达式

点击 Next 绘制线膨胀系数和温度的关系曲线图（图 4-51）。

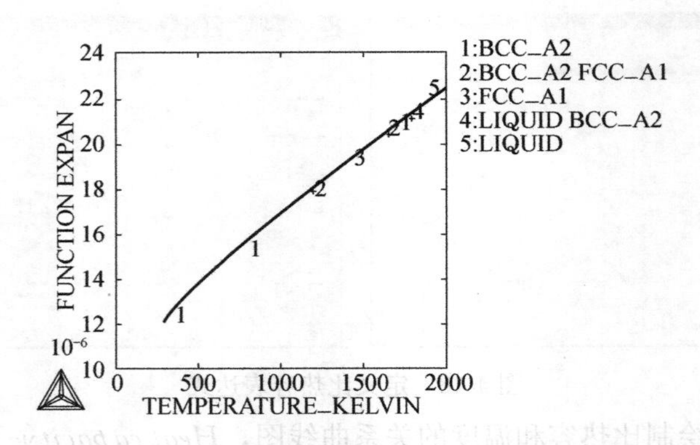


图 4-51　线膨胀系数和温度的关系曲线界面图

## 4.5.4　计算实例

利用 TCC 计算了 Fe-0.1%C-0.2%Si-1.5%Mn 合金体系在不同温度下的摩尔体积、热膨胀系数和密度，计算结果示于图 4-52。结算结果表明，体系的摩尔体积随着温度的上升而增大，但液相、奥氏体和铁素体的摩尔体积存在显著差异。液相向铁素体发生相变时，摩尔体积会发生突变性降低，奥氏体向铁素体发生相变时，摩尔体积会发生突变性升高。与之对应的体系密度的变化，整个体系的密度随着温度的上升而增大，但在发生相变时密度也会发生突变。奥氏体由于能固溶大量 C、Si、Mn 等合金元素，在铁素体向奥氏体相变时，密度突变性增大。铁素体的线膨胀系数约为体膨胀系数的 1/3，其随着温度的上升而增大。通过对不同钢种体系的摩尔体积、比热容、热膨胀系数和密度的计算，可以为材料设计以及材料的热、力耦合的计算快速有效地提供相关数据。

```
1. SYS: Go data
2. TDB_TCFE6: Switch tcfe6
3. TDB_TCFE6: Def-sys fe c si mn                @@ 定义合金体系
4. TDB_TCFE6: Reject ph *
5. TDB_TCFE6: Restore ph liquid fcc bcc cem     @@ 选择合金相
6. TDB_TCFE6: Get
7. TDB_TCFE6: Go P-3
8. POLY_3: S-c t=600 p=101325 n=1               @@ 输入初始条件和成分
9. POLY_3: S-c w(c)=0.001 w(si)=0.002 w(mn)=0.015
10. POLY_3: L-c
11. POLY_3: C-e
12. POLY_3: S-a-v 1 T 298 2000 42.55            @@ 定义温度为变量
13. POLY_3: Step,,,                             @@ 以温度为变量进行计算
14. POLY_3: Post
15.                                             @@ 首先画摩尔体积和温度
                                                   的关系曲线
16. POLY_3: S-d-a x t-k                         @@ 以开氏温度作为横坐标
17. POLY_3: S-d-a y vm                          @@ Y 轴为体系的摩尔体积
18. POLY_3: S-lab b
19. POLY_3: Plot,,                              @@ 见图 4-52(a)
                                                @@ 画密度和温度的关系曲线
20. POLY_3: Ent func dens=B*1E-3/vm;            @@ 定义 DENS 为密度,单位
                                                   kg/m3
21. POLY_3: S-d-a y dens
22. POLY_3: Set-axis-text y n density (kg/m3)
23. POLY_3: Plot,,                              @@ 见图 4-52(b)
24.                                             @@ 画 BCC 相线膨胀系数和
                                                   温度的关系曲线
25. POLY_3:Ent func expan=vm(bcc).t/vm(bcc)/3
                                                @@ 定义 EXPAN 为线膨胀系数,
                                                   约为体膨胀系数的 1/3
26. POLY_3: S-d-a x t-c
27. POLY_3: S-d-a y expan
28. POLY_3: Set-axis-test y n thermal expansivity
```

```
29. POLY_3: S-s-s x n 300 900
30. POLY_3: Plot,,                              @@ 见图 4-52(c)
```

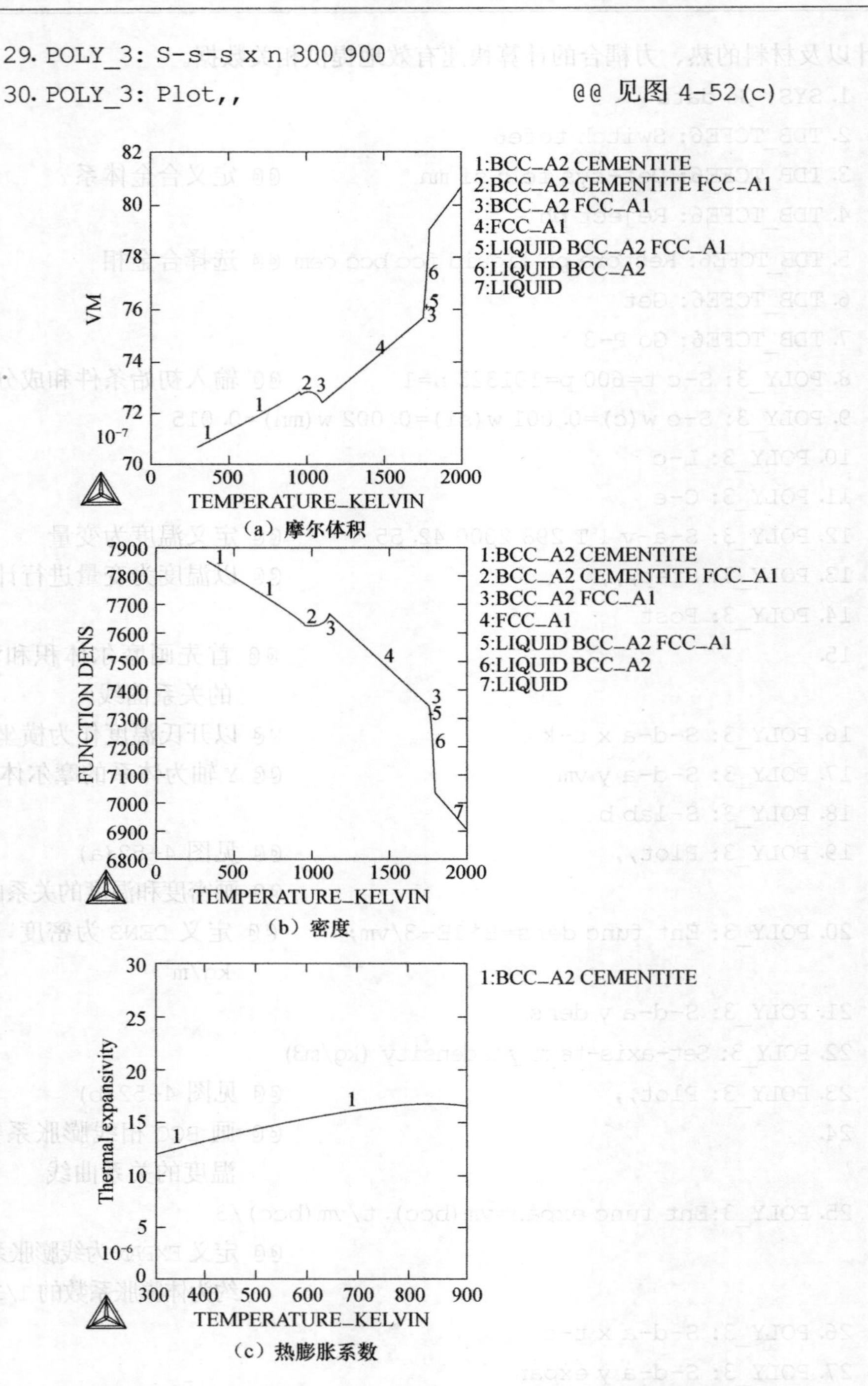


（a）摩尔体积

（b）密度

（c）热膨胀系数

图 4-52　TCC 计算 Fe-0.1%C-0.2%Si-1.5%Mn 合金体系物理参数

## 4.6 多组元体系相图及性质图的计算

### 4.6.1 计算目的

在本章的第一、二节中专门讲述了二元、三元系相图的计算方法。根据相律

$$F=C-\varphi+2$$

式中，$F$ 是自由度数；$C$ 是相所包含的组元数；$\varphi$ 为相数。对二元系，最大可能的自由度为 3，因此完全描述二元系相图应使用一个三维空间，此时相律的表达形式变为 $F=4-\varphi$。对于三元体系，最大可能的自由度为 4，完全描述三元系相图应用四维空间，此时相律的表达式为 $F=5-\varphi$。由于三维或者四维的立体空间很难表述，使用亦不方便，习惯上人们常常用空间图中沿水平和垂直方向截取若干截面来表达相平衡关系。常见的截面有：①等温截面。一定温度下平行于浓度平面的截面，它完全反映体系中指定温度下的平衡相的成分及其相对量。②垂直变温截面。平行于温度坐标轴的截面，它反映系统中平衡共存相的种类。但一般来说，不能用来确定有关平衡相的成分，因为相平衡截线大都不在该平衡截面上。③多温投影图。主要对三元系来表示，它反映单变量线的走向和极限温度与成分以及液、固面温度等。④Scheil 提出的反应图表法。用来反映三元系中无变度四相平衡与单变度三相平衡以及边界二元系中无变度与三相平衡之间的关系。

对于许多钢铁材料，均具有三种以上的组元，因此从实际应用的情况出发，多元系相图比二元和三元系相图有用得多。但是由于等压 $n$ 元体系的最大自由度为 $n$，其相图只有在 $n$ 维空间才能表示。而要在平面上或者高维空间表示是不可能的，因此必须依赖其二维或三维截面。对于四元体系，可以用一个等温截面（实际为等边四面体）或者用某一个组元的浓度或某二组元的浓度之比恒定的变温截面来表述。五元与五元以上更高组元体系，也可以用类似的方法得到某些变量恒定的截面。

### 4.6.2 计算对象

利用 Thermo-Calc 软件可以计算多组元体系的等温截面、变温截面相图等，也可以计算多组元体系相的平衡量随温度的变化关系曲线，即多组元性质图。对于钢铁材料，理论上可以计算 20 个组元的相图和性质图，但是随着体系组元的增多，计算量急剧增大。因此在对体系组元进行必要的简化后再进行相图和性质图的计算是十分必要的。

### 4.6.3 计算方法与程序

计算多元体系的相图时，通常用垂直变温截面表示。即定义温度为截面纵坐

标，某一组元的成分为截面的横坐标。利用 Thermo-Calc 进行垂直变温截面计算时，需要定义温度和某一组元两个变量。多组元体系中相的数量较多，将会显著影响计算速率，因此需要在计算前判别体系中哪些相参与运算，哪些相从体系中剔除。

计算多元体系的性质图时，一般只需要定义温度作为唯一变量。性质图的纵坐标为体系中相的量。由于许多相相对于基体的数量很少，利用常规直角坐标系表述时很难观察到微量相的存在，我们可以采用对 $Y$ 轴进行对数处理的方法清晰的表征体系中各种微量相的存在。在此应该指出的是，Thermo-Calc 计算中所有的性质图可以以 xls 格式存储，即性质图可以以数据的形式保存，并利用其他绘图软件如 Excel、Origin 加以修改处理。但垂直等温截面相图却不能以 xls 格式保存并修改处理。

以下将利用 TCW 计算 Fe-1.5%Cr-0.3%Si-0.4%Mn-3.5%Ni-1%C 体系的垂直变温截面图和 Fe-0.9%C-4%Cr-0.3%Si-0.3%Mn-8%W-5%Mo-2%V 多元体系的性质图。

1. 多元体系垂直变温截面相图

启动 TCW5，选定 TCFE6 数据库，选择 Fe、Cr、Si、Mn、Ni、C 合金元素（图 4-53）。

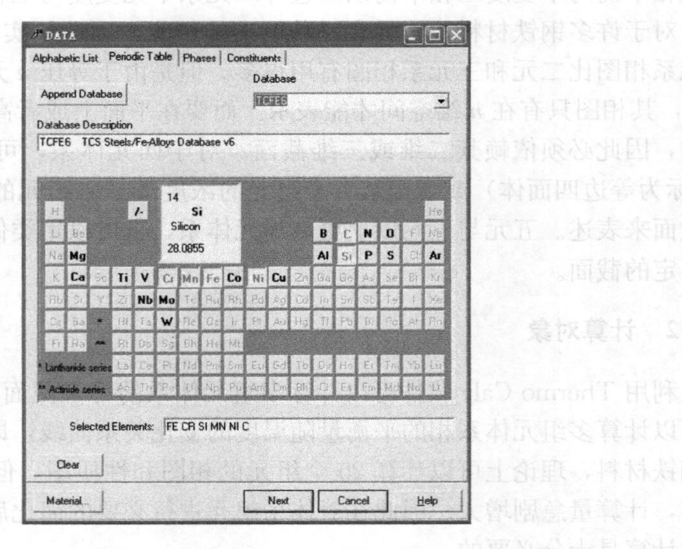


图 4-53 选定合金元素和数据库

选择 Phases 选项框，保留 LIQUID、FCC、BCC、GRAPHITE、CEMENTITE、$M_{23}C_6$、$M_7C_3$、$M_3C_2$ 八个相，如图 4-54 所示。

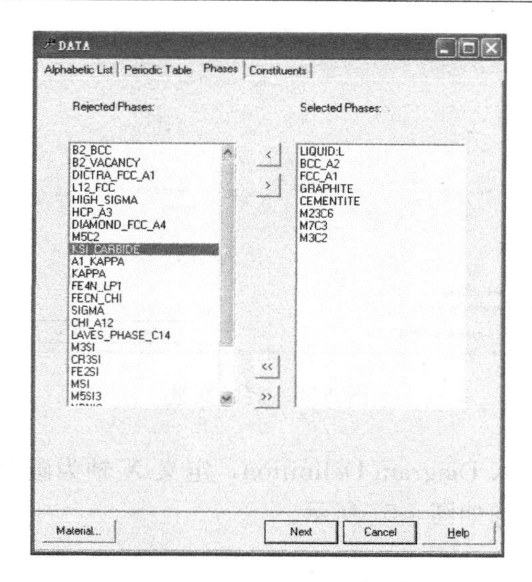


图 4-54　选定相得种类

点击 Next 进入 CONDITIONS 定义，设置 $T$=1000℃，$P$=101325Pa，$N$=1mol，合金成分按照 Fe-1.5%Cr-0.3%Si-0.4%Mn-3.5%Ni-1%C 体系成分输入，并计算此时体系的单点平衡，如图 4-55 所示。

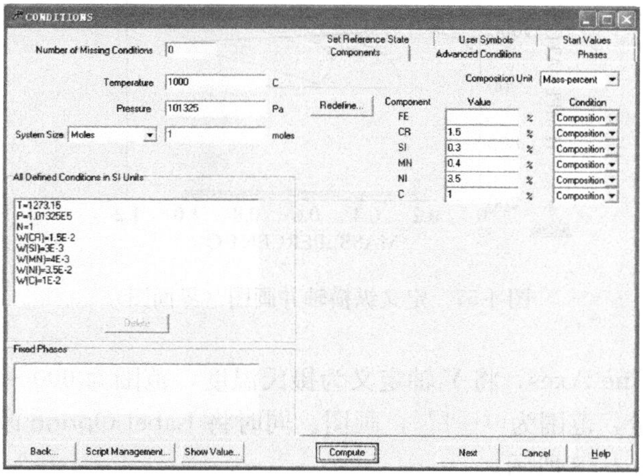

图 4-55　设定计算条件和合金元素含量

点击 Next 进入 MAP/STEP DEFINITION，定义两个变量 $T$ 和 $w$(c)，其中 $T$ 最大值、最小值分别为 700℃、1300℃，碳含量最大值最小值分别为 0、1%。点击 Next 进行计算，如图 4-56 所示。

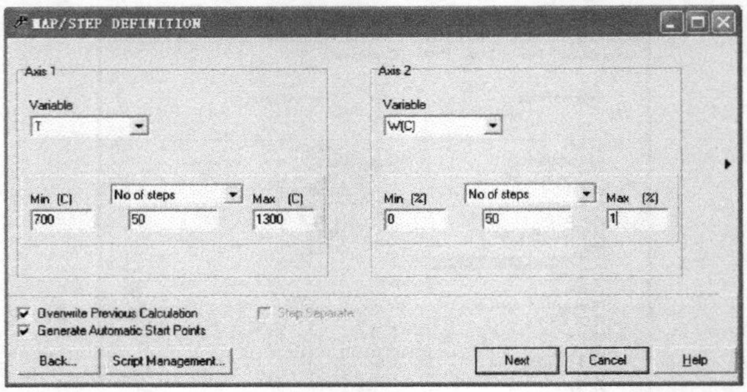

图 4-56 定义变量

计算完毕后，进入 Diagram Definition，定义 *X* 轴为碳含量，*Y* 轴为摄氏温度，并画图，形成图像如图 4-57 所示。

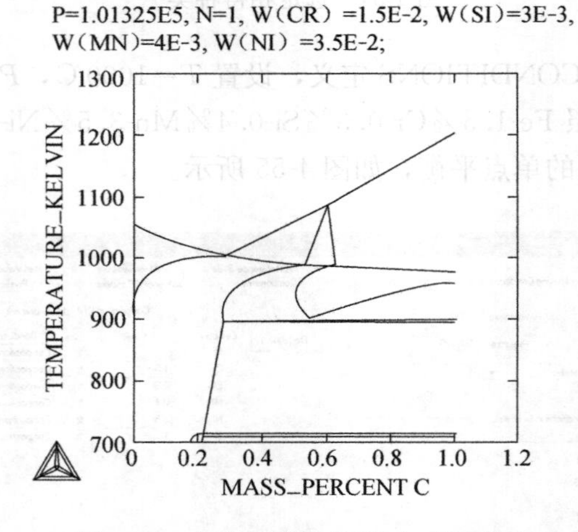


图 4-57 定义纵横轴并画图（界面图）

点击 Redefine Axes，将 *Y* 轴定义为摄氏温度，范围为 600～900℃，*X* 轴定义为 C 百分含量，范围为 0～1%，画图。同时将 Label Option 改为 Stable Phases Color，如图 4-58 所示。

点击 Add Label，在相图的各相区将相的名称加入到相图中，如图 4-59 所示。

以下为采用 TCC 计算多组元体相图的宏文件。使用 TCC 计算多组员体系的相图时，采用 set-axis-variable 命令设置两个变量，并且使用 map 命令进行相图计算。

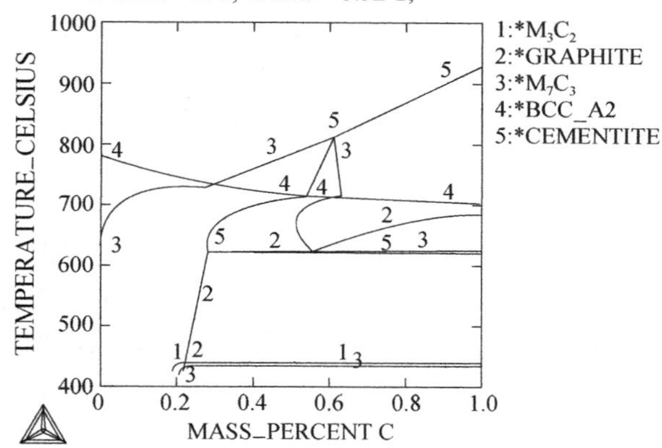


图 4-58　多组元相图（界面图）

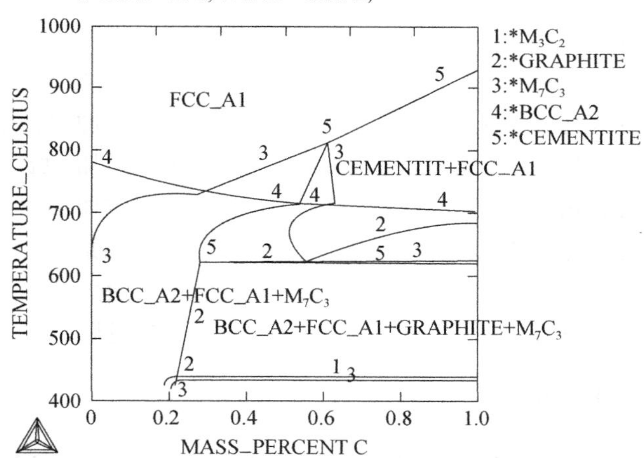


图 4-59　标注相的多组元相图（界面图）

```
1. SYS: Go data
2. TDB_TCFE6: Switch tcfe6
3. TDB_TCFE6: Def-sys fe cr si mn ni c      @@ 定义合金体系
4. TDB_TCFE6: Reject ph*
5. TDB_TCFE6: Restore ph*                   @@ 不对合金相进行选择
```

```
6. TDB_TCFE6: Get
7. TDB_TCFE6: Go P-3
8. POLY_3: S-c t=1273 p=101325 n=1              @@ 输入初始条件和成分
9. POLY_3: S-c w(c)=0.01 w(si)=0.003 w(mn)=0.004
10. POLY_3: S-c w(cr)=0.015 w(ni)=0.035
11. POLY_3: L-c
12. POLY_3: C-e
13. POLY_3: S-a-v 1 T 973 1573 15               @@ 定义温度为变量 1
14. POLY_3: S-a-v 2 w(c) 0 0.01 1e-4            @@ 定义碳含量为变量 2
15. POLY_3: map                                 @@ 以温度、碳含量为变量进
                                                   行计算
16. POLY_3: Post
17. POLY_3: S-d-a x w(c)                        @@ 以碳含量作为横坐标
18. POLY_3: S-d-a y t-c                         @@ Y轴为摄氏温度
19. POLY_3: Plot,,                              @@ 见图**
20. POLY_3: S-s-s x n 0 1                       @@ 改变 X、Y 轴坐标轴范围
21. POLY_3: S-s-s y n 873 1173
22. POLY_3: S-lab f
23. POLY_3: Plot,,                              @@ 见图**
24. POLY_3: Add 0.2 850                         @@ 添加 FCC_A1
25. POLY_3: Add 0.6 750                         @@ 添加 CEM+FCC
26. POLY_3: Add 0.03 550                        @@ 添加 BCC+FCC+M7C3
27. POLY_3: Add 0.3 520                         @@ 添加 BCC+FCC+GRAPHIT
                                                   +M7C3
28. POLY_3: Plot,,                              @@ 见图**
```

2. 多元体系性质图

启动 TCW5，选定 TCFE6 数据库，选择 Fe、C、Cr、Si、Mn、W、Mo、V 合金元素（图 4-60）。

点击 Next 进入 CONDITIONS 定义，设置 $T=1000℃$，$P=101325\text{Pa}$，$N=1\text{mol}$，合金成分按照 Fe-0.9%C-4%Cr-0.3%Si-0.3%Mn-8%W-5%Mo-2%V 体系成分输入，并计算此时体系的单点平衡，如图 4-61 所示。

点击 Next 进入 MAP/STEP DEFINITION，定义一个变量温度 $T$，其中 $T$ 最大值、最小值分别为 600℃、1600℃，Steps 个数设置为 100。点击 Next 进行计算（图 4-62）。

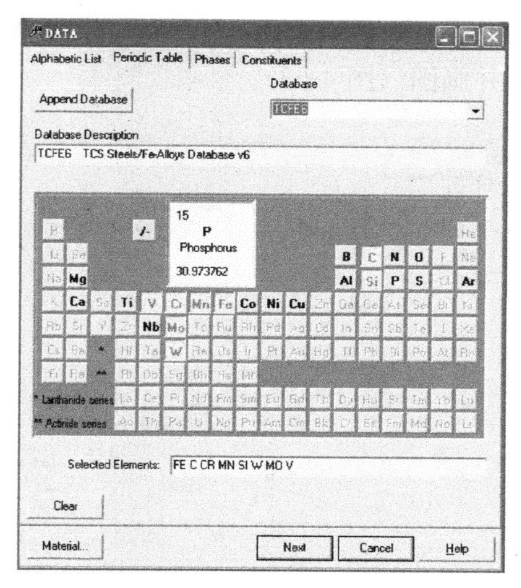


图 4-60　选定合金元素和数据库

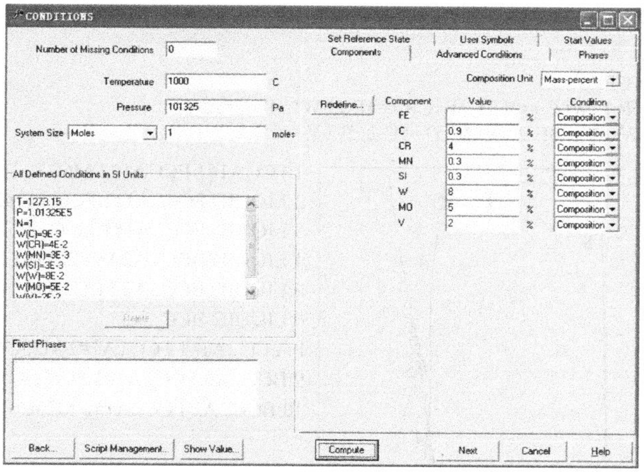

图 4-61　定义计算条件和合金元素含量

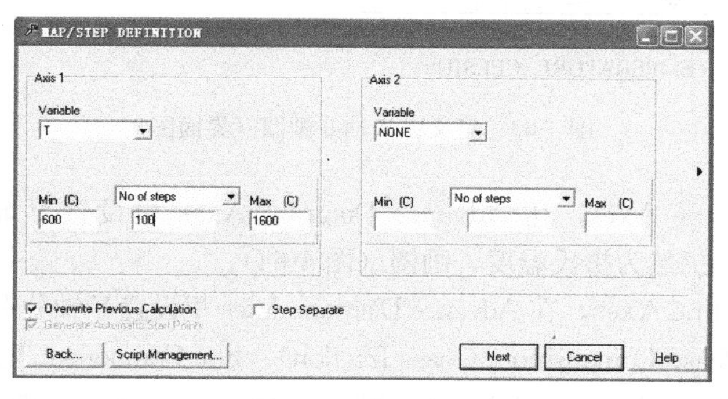


图 4-62　定义变量

计算完毕后，进入 DIAGRAM DEFINITION，定义 $X$ 轴为摄氏温度，$Y$ 轴为体系中所有相的量，并画图（图 4-63）。

DATABASE: TCFE6
P=1.01325E5, N=1, W(C)=9E-3, W(CR)=4E-2, W(MN)=3E-3,
W(SI)=3E-3, W(W)=8E-2, W(MO)=5E-2, W(V)=2E-2;

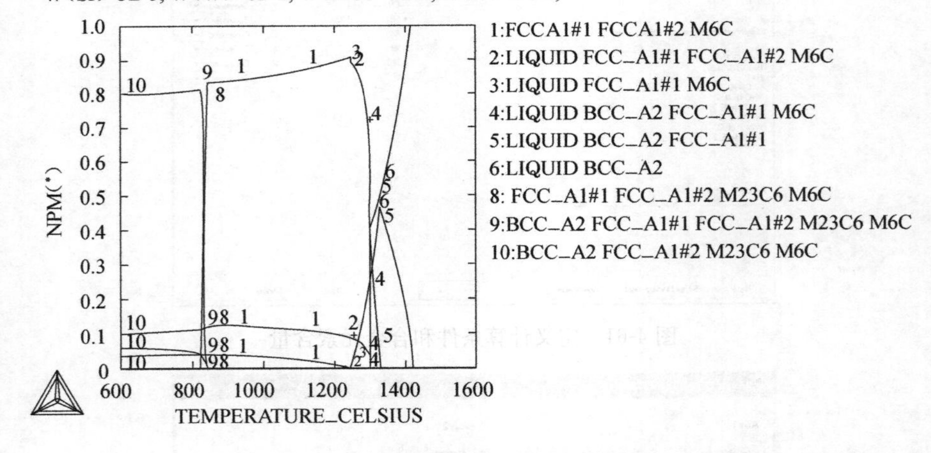


图 4-63　定义纵横轴并画图（界面图）

点击 Redefine Axes，在 Advance Diagram Axes 里设置 $Y$ 轴为 C 的活度 $ACR$(C)，$X$ 轴仍然为摄氏温度，画图（图 4-64）。

点击 Redefine Axes，在 Advance Diagram Axes 里设置 $Y$ 轴分别为 Phase Variables 里设置 Phase Composition（mass-fraction）、For Component 里设置 All、For Phase 里设置 FCC _ A1＃1，即 Y=W(FCC _ A1＃1，*)，画图（图 4-65）。

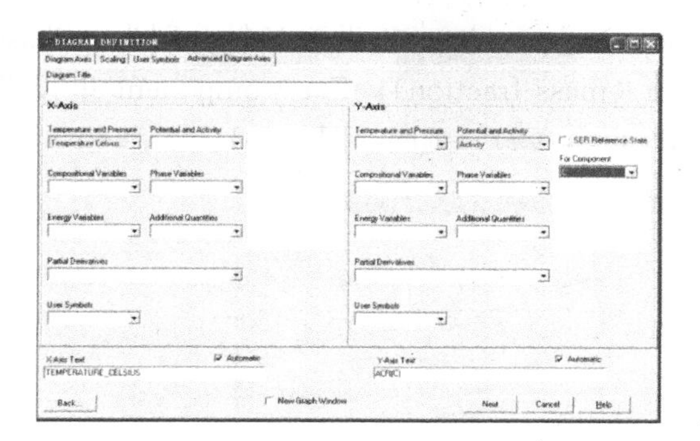


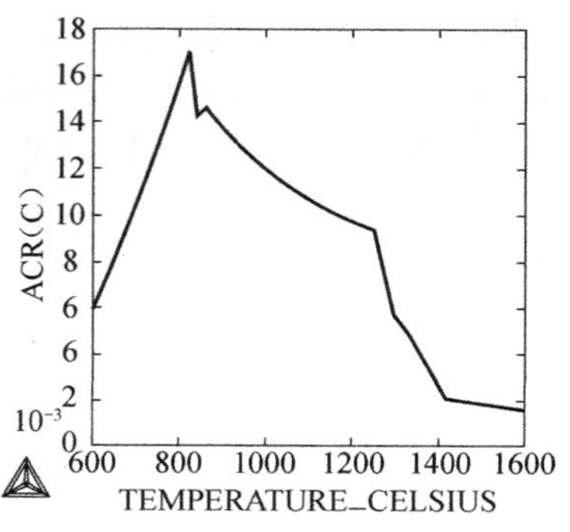


图 4-64　绘制活度和温度的关系曲线（界面图）

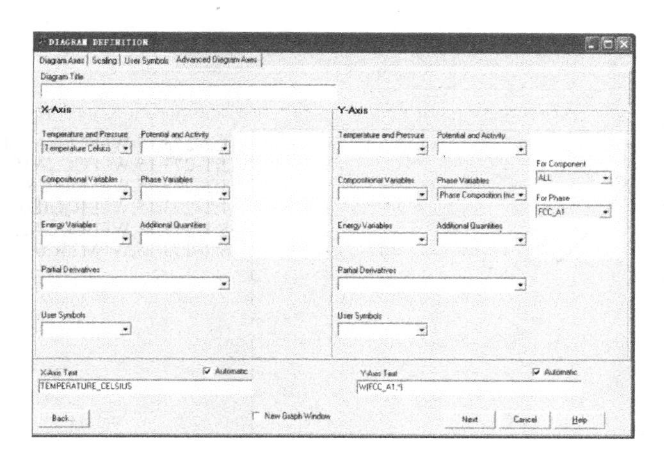


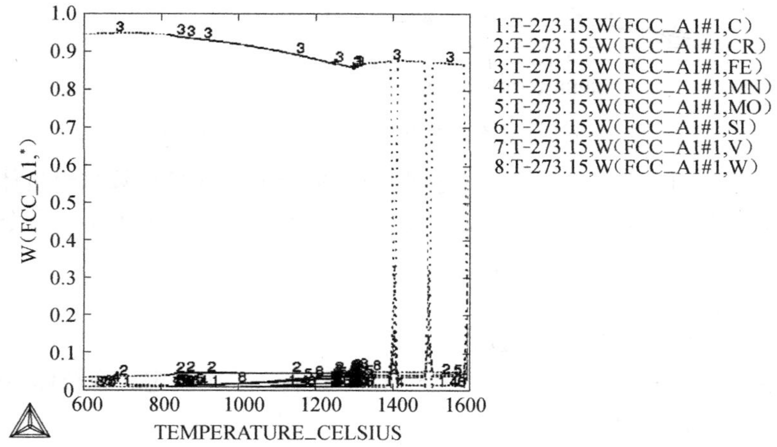


图 4-65　FCC＿A1＃1 相的合金组成（界面图）

点击 Redefine Axes，在 Advance Diagram Axes 里设置 Y 轴分别为：Phase Variables 里设置 Phase Composition（mass-fraction），For Component 里设置 Cr，For Phase 里设置 All，即 $Y=W$（*，Cr），画图（图 4-66）。

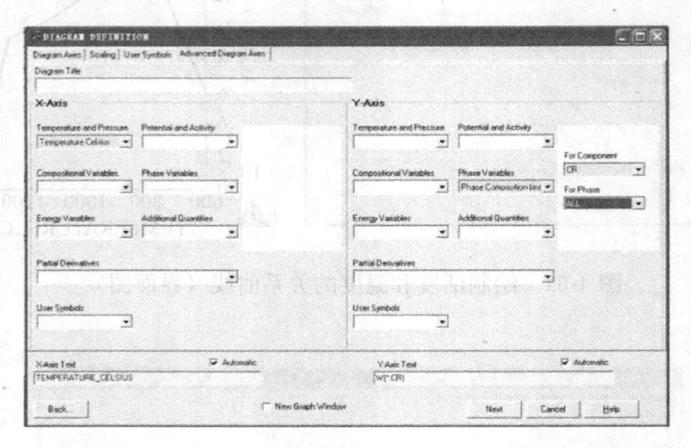


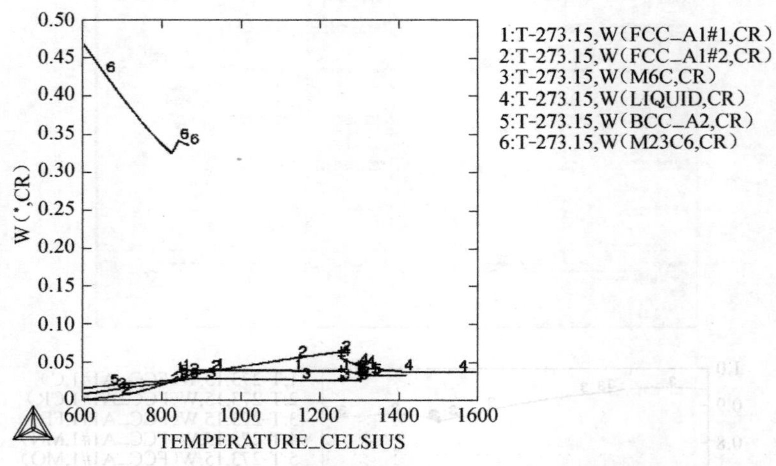


图 4-66 Cr 元素在所有相的占位分布（界面图）

以下为采用 TCC 计算多组元体系的性质图。使用 TCC 计算多组员体系的性质图图时，采用 set-axis-variable 命令设置一个变量，并且使用 step 命令进行相图计算。

1. SYS: Go data

2. TDB_TCFE6: Switch tcfe6

3. TDB_TCFE6: Def- sys fe c cr si mn w mo v @@ 定义合金体系

4. TDB_TCFE6: Reject ph *

5. TDB_TCFE6: Restore ph * @@ 不对合金相进行选择

6. TDB_TCFE6: Get

```
7. TDB_TCFE6: Go P-3
8. POLY_3: S-c t=1273 p=101325 n=1                @@ 输入初始条件和成分
9. POLY_3: S-c w(c)=0.009 w(si)=0.003 w(mn)=0.003
10. POLY_3: S-c w(cr)=0.04 w(w)=0.08 w(v)=0.02
11. POLY_3: L-c
12. POLY_3: C-e
13. POLY_3: S-a-v 1 T 873 1873 10                 @@ 定义温度为变量
14. POLY_3: Step,,
15. POLY_3: Post
16. POLY_3: S-d-a x t-c                           @@ X 轴为摄氏温度
17. POLY_3: S-d-a y npm(* )                       @@ Y 轴为所有相的 Mole
                                                     -fraction
18. POLY_3: Plot,,                                @@ 见图**
19. POLY_3: S-d-a y acr(c)                        @@ 设置 Y 轴为 C 的活度
20. POLY_3: Plot,,                                @@ 见图**
21. POLY_3: S-d-a y w(fcc_a1# 1,*)                @@ 设置 Y 轴为 FCC_A1# 1
                                                    相中所有元素分布
22. POLY_3: Plot,,                                @@ 见图**
23. POLY_3: S-d-a y w(*,Cr)                       @@ 设置 Y 轴为所有相中
                                                     Cr 元素的分布
24. POLY_3: Plot,,                                @@ 见图**
```

### 4.6.4　计算实例

利用 Thermo-Calc 计算了 Fe-0.10% C-0.30% Si-1.50% Mn-0.02% Nb-0.05%V-0.015%Ti-0.005%N 多元合金体系析出相和温度的关系性质图，计算结果示于图 4-67。从计算结果可以看出，在所有的析出相中，除 LIQUID（液相）、BCC（铁素体）、CEMENTITE（渗碳体）外，还存在四种 FCC 类型的相：FCC_A1#1、FCC_A1#2、FCC_A1#3 和 FCC_A1#4。其四种相的开始析出温度可以从图中用鼠标读出，按照由高到低的顺序分别为 1483℃、1457℃、1066℃、838.4℃。根据上述合金体系，通过材料专家的判别，可以确定在此合金体系中存在四种类型面心立方（FCC）结构的相，分别为奥氏体、Ti（C，N)、Nb（C，N)、V（C，N)。如何确定各种编号的 FCC 相可以通过绘制合金相中元素的分布曲线图进行判别。如绘制 FCC_A1#1 相中各元素的分布可以用 $Y=W$（fcc_a1#1，*）表示。图 4-68 分别 FCC_A1#1、FCC_A1#2、FCC_A1#3 和 FCC_A1#4 四种 FCC 结构合金相中各元素的分布曲线图，如图所示，

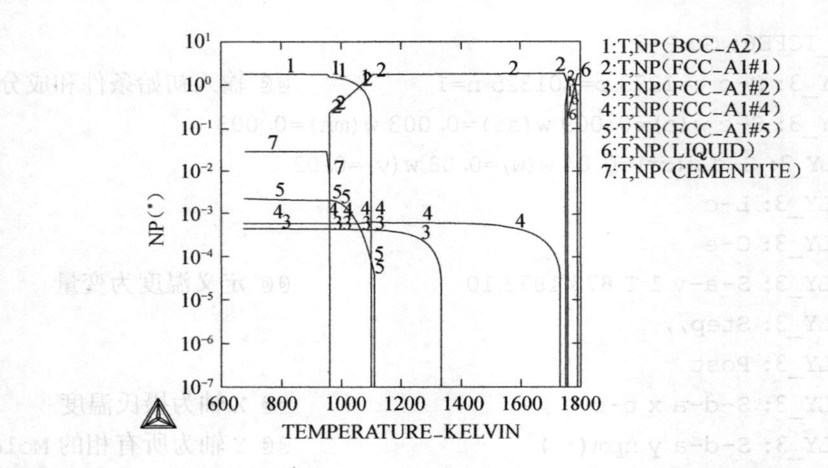


图 4-67　Fe-0.10%C-0.30%Si-1.50%Mn-0.02%Nb-0.05%V-0.015%Ti-0.005%N 多元合金相图（界面图）

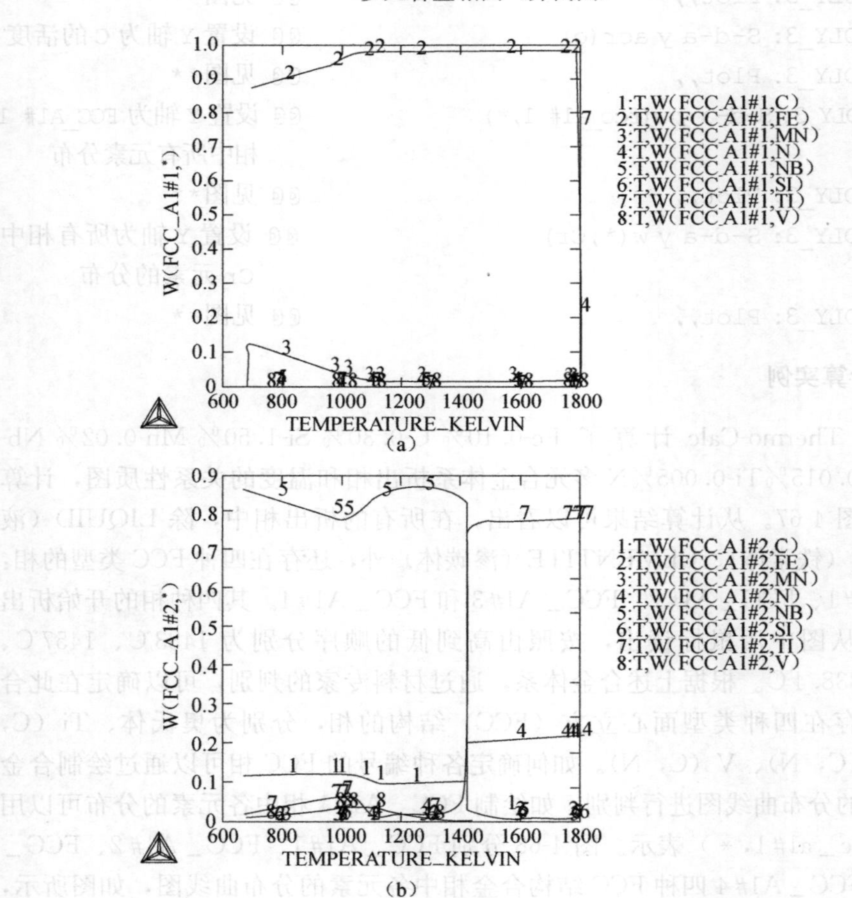


(a)

(b)

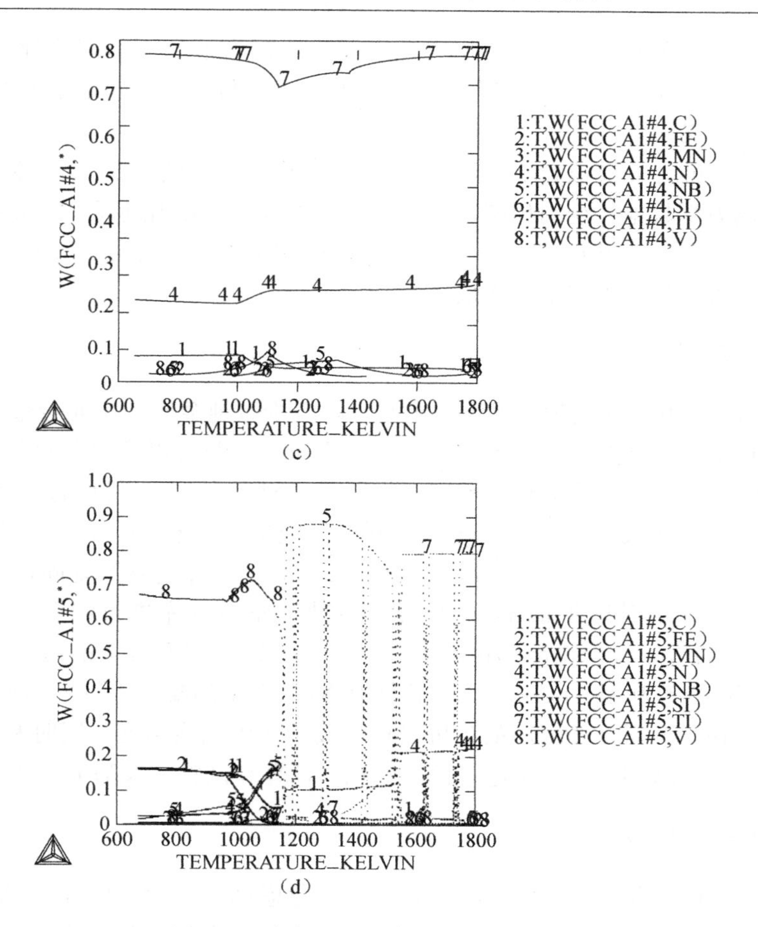


图 4-68　各析出相的占位分数（界面图）

(a) FCC_A1#1；(b) FCC_A1#2；(c) FCC_A1#4；(d) FCC_A1#5

FCC _ A1# 1 相中主要元素为 Fe，因为可以确定为奥氏体，开始相变温度为 1483℃；FCC _ A1# 2 相中主要元素为 Nb，为 Nb（C，N)，其开始析出温度为 1066℃；FCC _ A1# 4 相中主要元素为 Ti，为 Ti（C，N)，其开始析出温度为 1457℃；FCC _ A1# 5 相中主要元素为 V，为 V（C，N)，其开始析出温度为 838.4℃；渗碳体的开始析出温度为 688.5℃。

## 4.7　凝 固 计 算

### 4.7.1　计算目的

材料的微观凝固组织是决定力学和物理性能的主要因素。凝固的主要应用——铸造是一种非常经济的成型方法，因为金属在液态下的黏度比固态的低20个数量级。正确认识和掌握凝固规律对于优化材料凝固工艺、提高材料性能具有重要的意义。

凝固过程的计算模拟离不开热力学计算，即利用热力学原理计算体系的相平衡关系及热力学数据并绘制相图，从而获得合金体系在凝固过程中的重要热力学量。目前，国内外均开展多元合金凝固模拟的研究，其中基于 Thermo-Calc 模拟多元合金凝固的相关文献报道最多[7,8]。

### 4.7.2 计算对象

对于所研究和工业大生产的金属材料，除极少数纯金属和二元合金外，绝大多数均具有复杂成分的多元合金体系。利用 Thermo-Calc 可以模拟多元合金体系的钢铁材料以及在航空航天领域广泛应用的 Al 基、Ni 基和 Co 基材料的凝固问题。

目前在上述领域利用 Thermo-Calc 开展研究的文献很多。Jacot[9] 等建立了一种 PFT（pseudo front tracking）模型用来模拟多元合金系的凝固过程。在模拟计算中，将该模型与 Thermo-Calc 软件的热力学数据库进行耦合，并成功的描述了三元 Al-Mg-Si 合金凝固过程中枝晶的生长以及三元合金的微观结构与偏析等。Fuchs[10] 等利用 Thermo-Calc 软件对 Ni 基合金的凝固进行了相平衡计算，从而得出了该合金系平衡凝固的各析出相与液相线固相线温度。同时利用 Thermo-Calc 软件的 SCHEIL 模块进行偏析模拟，计算和试验结果基本一致。

### 4.7.3 计算方法与程序

在 Thermo-Calc 热力学凝固模块中主要考虑两种类型的凝固：平衡凝固（杠杆定律）和非平衡凝固（SCHEIL 模块）。在非平衡凝固中，根据是否考虑间隙原子（C、N 等）在固相中的扩散，将非平衡凝固分为传统凝固和偏平衡凝固（Partial SCHEIL 模块）。以下将对各种类型的凝固过程进行介绍。

1. 平衡凝固

平衡凝固是指在凝固过程中固相和液相始终保持平衡成分，即冷却时固相和液相的整体成分变化分别沿着固相线和液相线变化。如图 4-69 所示，一个成分为 $C_0$ 的 A-B 体系的平衡凝固过程分析。液相缓慢冷却到液相线温度时开始凝固，结晶的固相成分是 $K_0C_0$，其中 $K_0$ 为平衡分配系数（表征固相平衡成分和液相平衡成分的比值）。冷却到 $T_1$ 温度时，固相和液相的成分分别为 $\alpha_1$ 和 $L_1$，用杠杆定律求得固相和液相的相对含量分别为 10%和 90%。冷却到 $T_2$ 和 $T_3$ 温度时也存在各自平衡的固相和液相，但固相的相对量是增加的，液相的相对量是减少的。冷却到固相线温度时凝固结束，此时固相的成分是系统的成分 $C_0$。因为在每个温度结晶出来的固相成分不同，需要有足够的时间扩散均匀。因此，平衡凝固必须在无限慢的冷却速率下才能实现。

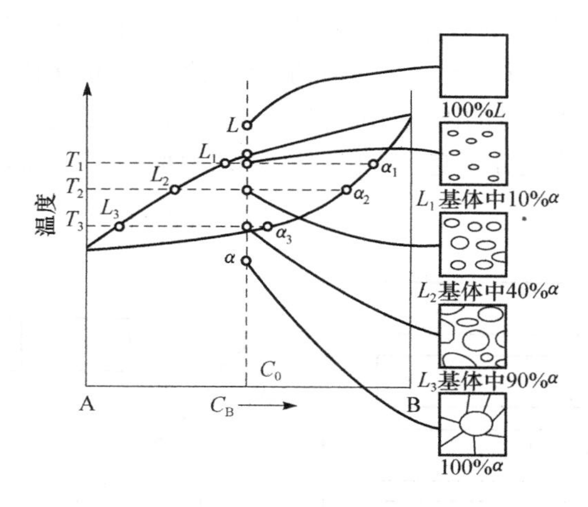


图 4-69　平衡凝固示意图

2. 非平衡凝固

由于冷却速率的存在，实际凝固过程中液相、固相成分很难完全均匀化，我们可以近似认为固相形成后不发生溶质成分的变化、液相溶质完全均匀化。设凝固体积分数为 $f_S$ 时有 $df_S$ 的固相形成，此时界面两侧固相成分为 $C_S$、液相成分为 $C_L$。由溶质守恒可知，形成微量固相 $df_S$ 所排出的溶质原子量 $(C_L-C_S)df_S$ 应等于液相内溶质原子量的变化 $(1-f_S)dC_L$

$$(C_L - C_S)df_S = (1 - f_S)dC_L \tag{4-29}$$

对式（4-29）整理，并利用 $C_S=k_0C_L$ 关系，得

$$\frac{df_S}{1-f_S} = \frac{dC_L}{C_L(1-k_0)} \tag{4-30}$$

式（4-30）两边积分，并因为 $f_S=0$ 时 $C_L=C_0$，得

$$C_L = C_0 f_L^{(k_0-1)} \tag{4-31}$$

$$C_S = k_0 C_0 (1 - f_S)^{(k_0-1)} \tag{4-32}$$

式中，$f_L=1-f_S$ 为液相的体积分数。式（4-32）称之为非平衡杠杆规则或 SCHEIL 方程。

传统的 SCHEIL 模型将固相近似为不发生任何溶质原子的扩散，可以用图 4-70 来表示传统 SCHEIL 模型表述的液相和固相溶质原子分配关系。如图所示，在 $T_1$ 温度时 $S_1$ 固相（编号为 1）开始出现，用 $1N_i^{S_1}$ 表示，同时剩余的液相

（编号 1）用 $1N_i^{\mathrm{L}}$ 表示：当温度下降到 $T_2$ 时，在 $T_1$ 温度凝固的部分保持成分不变（$1N_i^{\mathrm{S}_2}$），剩余的液相（$1N_i^{\mathrm{L}}$）将再次部分凝固（编号为 2），重新析出的固相用 $2N_i^{\mathrm{S}_2}$ 表示，再次剩余的液相用 $2N_i^{\mathrm{L}}$ 表示，依次类推。在 $T_4$ 温度时，液相发生了两种固态相变，即 $L \rightarrow \mathrm{S}_1 + \mathrm{S}_2$。前期析出的所有固相保持成分不变，新的液相中将再次析出两种类型的固相：$4N_i^{\mathrm{S}_2}$、$1N_i^{\mathrm{S}_2}$。在 $T_5$ 温度时，所有已经析出的 $\mathrm{S}_1$、$\mathrm{S}_2$ 固相依然保持成分不变，液相则再次析出两种类型的固相 $5N_i^{\mathrm{S}_2}$、$2N_i^{\mathrm{S}_2}$ 和新的液相 $5N_i^{\mathrm{L}}$。

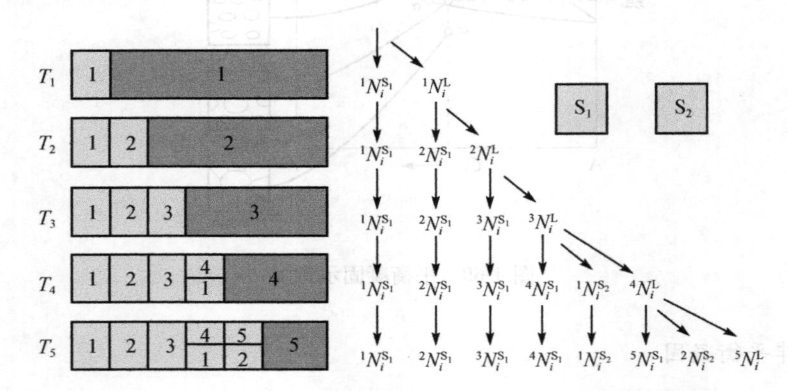


图 4-70　传统 SCHEIL 模型凝固过程中溶质原子分配示意图

建立在传统 SCHEIL 模型基础上，改进的 SCHEIL 模型则考虑在凝固析出的固相中存在间隙原子的扩散问题。可以用图 4-71 来表示改进 SCHEIL 模型表述的液相和固相溶质原子分配关系。如图所示，在 $T_1$ 温度时 $\mathrm{S}_1$ 固相（编号为 1）开始出现，用 $1N_j^{\mathrm{S_L}}$ 表示，液相用 $1N_j^{\mathrm{L}}$ 表示。此时考虑到间隙原子 C 在液固之间

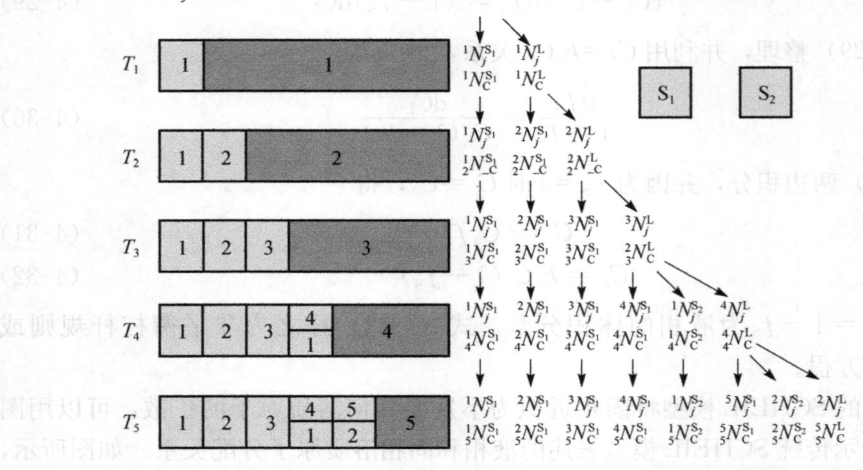


图 4-71　改进 SCHEIL 模型凝固过程中溶质原子分配示意图

的反扩散问题，因此，还存在溶质原子 C 在液固之间的重新分配，用 $1N_C^{S_1}$、$1N_C^L$ 表示。在 $T_2$ 温度时，已经析出的固相中其他溶质原子保持成分不变，C 原子则重新进行分配，用 $2^1N_C^{S_1}$ 表示。此时从液相中重新析出的固相用 $2N_j^{S_1}$ 表示，重新析出固相中的 C 用 $2^2N_C^{S_2}$ 表示：剩余液相用 $2N_j^L$ 表示，剩余液相中的 C 用 $2^2N_C^L$ 表示，依次类推。在 $T_4$ 温度时，在 $T_4$ 温度时，液相发生了两种固态相变，即 $L \to S_1 + S_2$。所有前期析出的固相中其他溶质成分不变，C 在前期析出的所有固相里进行了重新分配，分别用 $4^1N_C^{S_1}$、$4^2N_C^{S_1}$、$4^3N_C^{S_1}$ 表示。此时液相中析出两种类型的固相：$4N_j^{S_1}$、$1N_j^{S_2}$。同时在新析出的两种固相里 C 原子存在重新分配：$4^4N_C^{S_1}$、$1^1N_C^{S_2}$。新的液相以及新的液相中 C 的分布分别表示为：$4N_j^L$、$4^4N_C^L$。

以下将利用 Thermo-Calc 软件详细介绍 Fe-10%Cr-1%C 合金体系凝固过程中的模拟计算。

3. 使用 TCW 计算 Fe-Cr-C 合金体系凝固过程

启动 TCW，并点击 SCHEIL 凝固模块。

选择 PTERN 数据库，并依次选定 Fe、Cr、C 合金元素，点击 Next 进入 SCHEIL CONDITION 定义（图 4-72）。

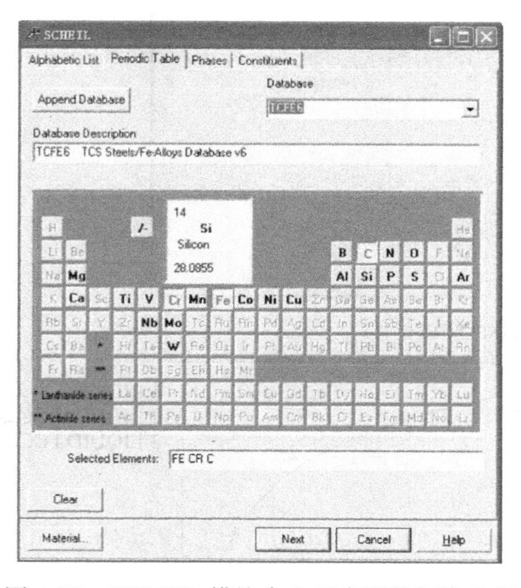


图 4-72　SCHEIL 模块合金元素及数据库选择

默认凝固开始温度为 2000K，计算步长为 1K。输入合金元素的成分分别为 10%的 Cr、1%的 C 元素，同时在 C 元素后面的 Fast Diffuser 选项框中打钩选中，单击 Next（图 4-73）。

图 4-73　SCHEIL 模块 Condition 定义

接受默认的 $X$、$Y$ 轴设置，其中 $X$ 轴为固相分率，$Y$ 轴为摄氏温度，点击 Next 画图（图 4-74）。

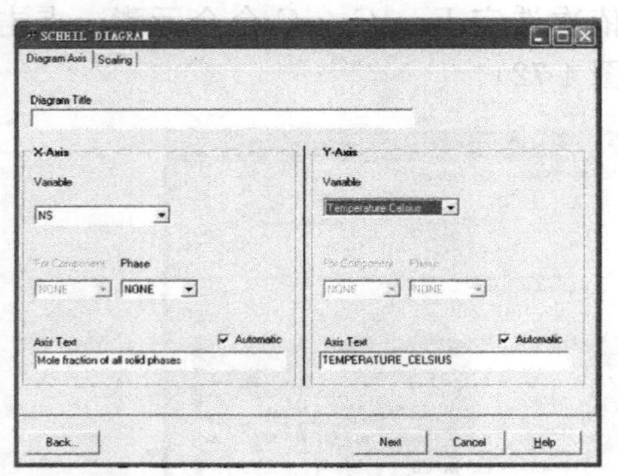


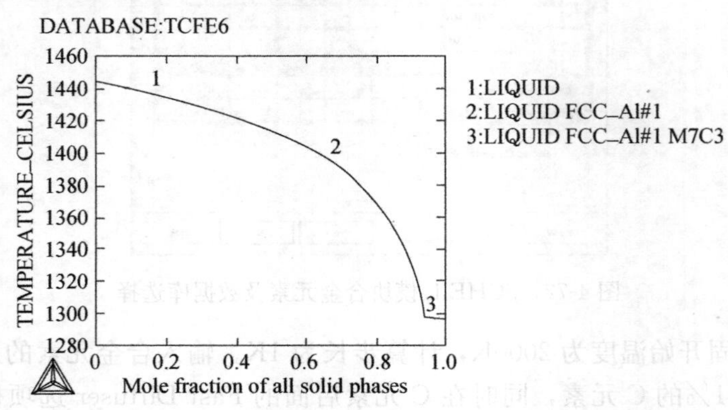


图 4-74　画图时 $X$、$Y$ 轴设置（界面图）

单击 Menu 里的 Save 选项，将此文件存为实验数据*.exp 格式，文件名称为 7a。

点击 Redefine Axes，在 $X$ 轴设置选项组里，选择 Variable 为 $NS$，Phase 为 FCC _ A1。在 $Y$ 轴选项组里，选择 Variable 为 Mass fraction，For Component 为 Cr，Phase 选择为 FCC _ A1，点击 Next 画图，如图 4-75 所示。

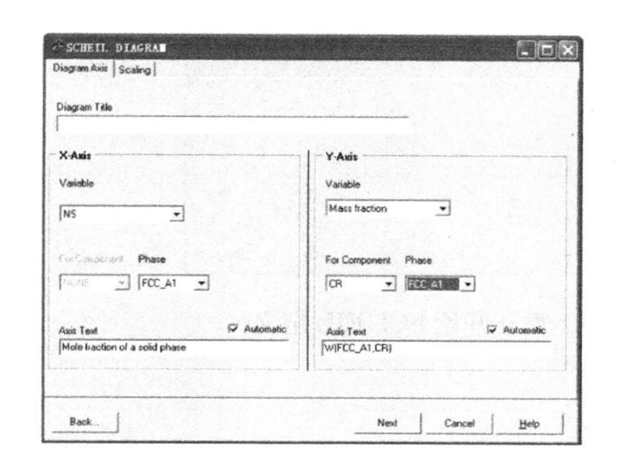


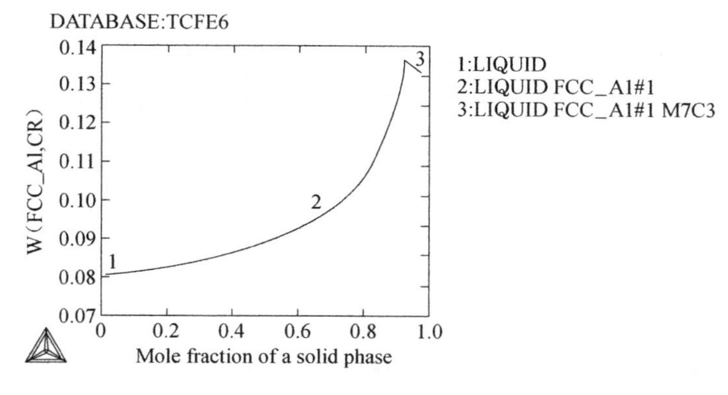


图 4-75　Cr 在 FCC 中的偏析模拟结果（界面图）

点击 Menu 里的 Save，将上述文件存储试验数据 *.exp 格式，文件名为 7b。

再次激活主窗口，并点击 SCHEIL 模块，下面将再次进行一个简单的 SCHEIL 凝固模拟，此时不考虑间隙原子 C 的反扩散问题。

此时合金元素和数据库均不需要变动，点击 Next 再次进入 SCHEIL CONDITION 定义。合金成分（Cr 成分输入 10，C 成分输入 1）和体系温度（$T$=2000K）均不需要变动，将 C 元素后面的 Fast Diffuser 选项去掉，如图 4-76 所示。

单击 Next 进入画图设置，默认 $X$ 轴为固相分率 $NS$，$Y$ 轴为摄氏温度，并画图，如图 4-77 所示。

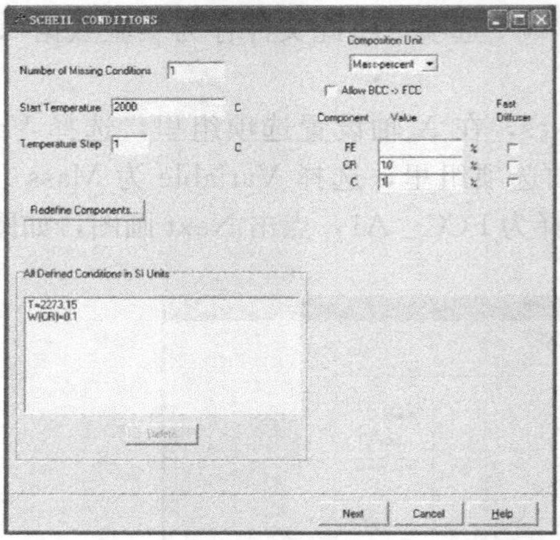

图 4-76　重新开始 SCHEIL 定义

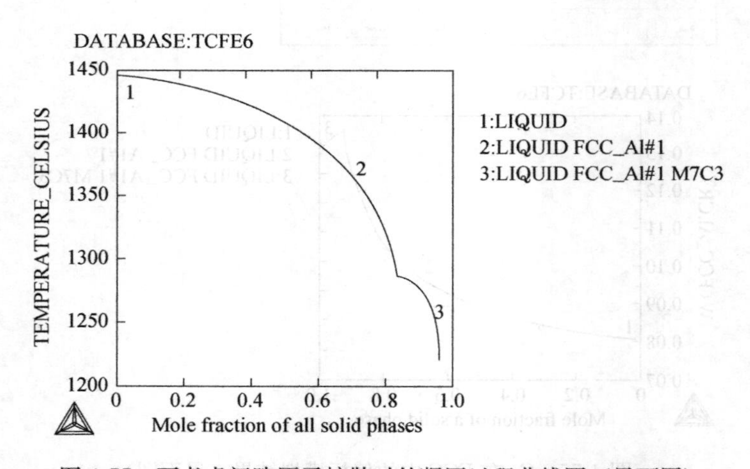


图 4-77　不考虑间隙原子扩散时的凝固过程曲线图（界面图）

单击 Menu 里的 APPEND，并选择上次存储的 7a. exp 文件，单击 Open。此时改进的 SCHEIL 凝固模拟和传统 SCHEIL 凝固模拟均画在图上，如图 4-78 所示。

在右上角的 Show Equilibrium Line 后的勾选框中打勾选中，此时图中利用杠杆定律计算的凝固模拟曲线也显示在图中，如图 4-79 所示。

点击 Redefine Axes，在 *X* 轴设置选项组里，选择 Variable 为 *NS*，Phase 为 FCC_A1。在 *Y* 轴选项组里，选择 Variable 为 Mass fraction，For Component 为 Cr，Phase 选择为 FCC_A1，点击 Next 画 Cr 在凝固过程中的偏析图（图 4-80）。

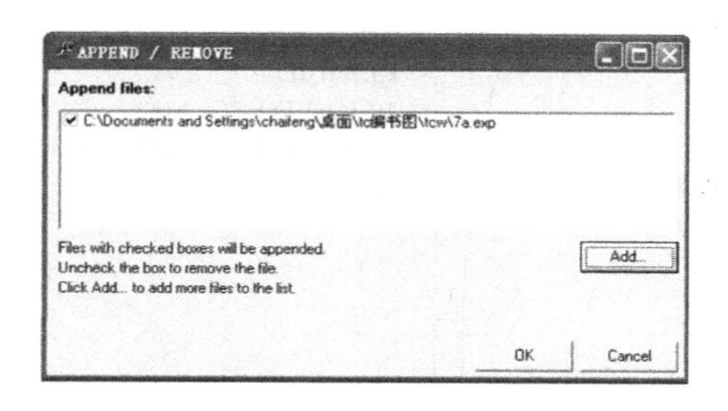


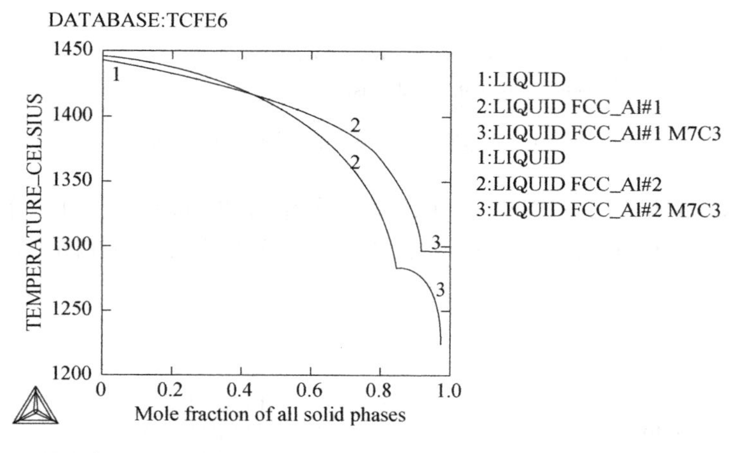


图 4-78　将 7a. exp 文件画到新图上（界面图）

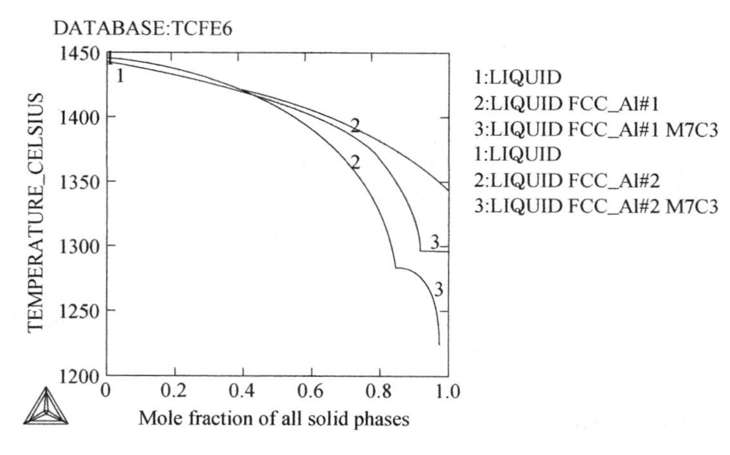


图 4-79　将杠杆定律结果画到新图上（界面图）

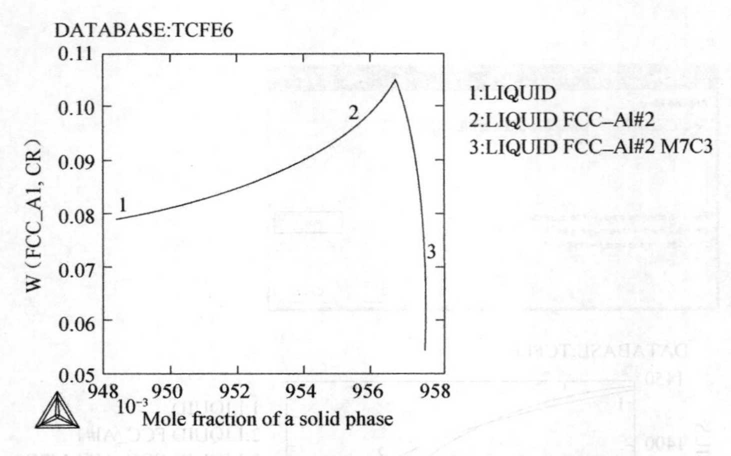


图 4-80 Cr 元素在 FCC 相中的凝固偏析（界面图）

单击 Menu 里的 APPEND，并选择上次存储的 7b. exp 文件，单击 Open。此时改进的 SCHEIL 凝固模拟和传统 SCHEIL 凝固模拟均画在图上，如图 4-81 所示。

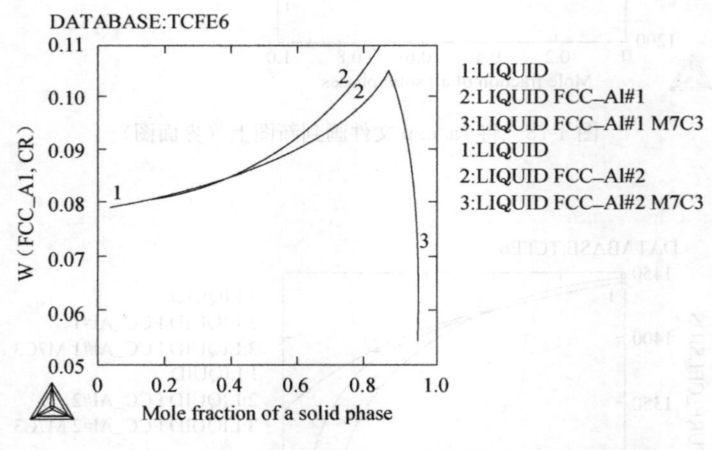


图 4-81 改进的和传统的 Scheil 凝固模拟结果比较（界面图）

单击 Format Diagram 下的 Scaling 调整此时 $Y$ 轴纵坐标的范围为 0.05～0.14，并单击 Next 重新画图，如图 4-82 所示。

4. 使用 TCC 进行凝固模拟计算

在 TCC 中，可以使用 scheil-simulation 模块进行凝固模拟计算。以下为 Fe-Cr-C 三元合金体系的凝固模拟计算宏文件。

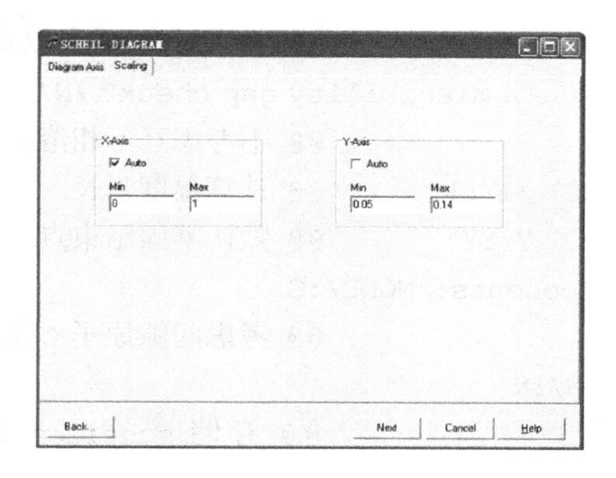


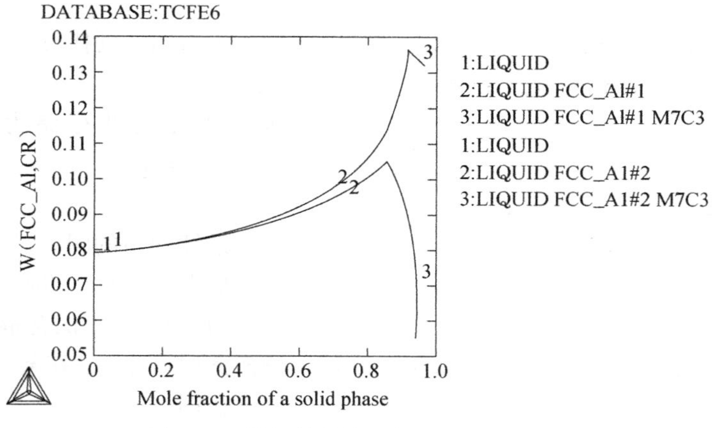


图 4-82　模拟结果的坐标调整（界面图）

```
1. SYS:Go scheil
2. Select option/1/:1                         @@ 选择新运行一个凝固模拟
3. Database/TCFE6/:TCFE6
4. Major element or alloy:Fe
5. Composition input in mass (weight) percent? /Y/:Y
                                              @@ 以下成分输入为质量分数
6. 1st alloying element:Cr                    @@ 输入第一个合金元素 Cr 及成分
7. Mass (weight) percent /1/:10
8. 2nd alloying element:C                     @@ 输入第二个合金元素 C 及成分
9. Mass (weight) percent /1/:1
10. Next alloying element:                    @@ 无其他合金元素
11. Temperature (C) /2000/:2000               @@ 凝固开始计算温度
12. Reject phase(s) /NONE/:None               @@ 不对合金相进行选择
13. Restore phase(s):/NONE/:None
```

```
14. OK? /Y/:Y                                   @@ 确认元素、成分以及相的选择
15. Should any phase have a miscibility gap check? /N/:N
                                                @@ 不考虑互不相溶间隙相
16. Temperature step (C) /1/:1                  @@ 计算温度步长
17. Default stop point? /Y/:Y                   @@ 默认凝固结束点
18. Fast diffusing components:/NONE/:C
                                                @@ 考虑间隙原子 C 的扩散问题
19. Allow BCC->FCC ? /N/:N
20.                                             @@ 存储 scheil.poly3 文件并画图
21. Hard copy of the diagram? /N/:N             @@ 不对图片硬拷贝
22. Save coordinates of curve on text file? /N/:Y
                                                @@ 将此文件存储为数据文件 7a.exp
23. File name /scheil/:7a
24. Any more diagrams? /Y/:Y                    @@ 继续画新的图
25. X-axis Variable:NS(FCC_A1)                  @@ 横坐标为 FCC 的固相分率,Y 轴为 FCC 中 Cr 的含量
26. Y-axis Variable:W(FCC_A1,CR)                @@ 此时画出 Cr 在凝固过程中偏析图
27. Zoom in? /N/:N
28. Hard copy of the diagram? /N/:N
29. Save coordinates of curve on text file? /N/:Y
                                                @@ 将此文件存储为数据文件 7b.exp
30. File name /scheil/:7b
31. Any more diagrams? /Y/:N
32.                                             @@ 以下重新进行新的 SCHEIL 模拟
33. SYS:Go scheil
34. Select option /3/:3                         @@ 此时要求打开上次存储的 Scheil.poly3
35. Mass (weight) percent of C /1/:1            @@ 默认上次输入的元素及成分
36. Mass (weight) percent of CR /10/:10
37. Temperature (C)/1444/:1700                  @@ 上次起始开始凝固温度 1444℃,此次选择 1700℃作为凝固开始
```

计算温度

38. Temperature step (C) /1/:1
39. Default stop point? /Y/:Y
40. Fast diffusing components:/NONE/: @@ 此次不考虑间隙 C 原子的扩散问题
41. @@ 此时要求存储 Scheilb. Poly3 文件并画图
42. Hard copy of the diagram? /N/:N
43. Save coordinates of curve on text file? /N/:Y
@@ 将此文件存储为数据文件 7c. exp
44. File name /scheil/:7c
45. Any more diagrams? /Y/:Y
46. X-axis Variable:NS(FCC_A1)
47. Y-axis Variable:W(FCC_A1,CR) @@ 此时画出 Cr 在凝固过程中偏析图
48. Zoom in? /N/:N
49. Hard copy of the diagram? /N/:N
50. Save coordinates of curve on text file? /N/:Y
@@ 将此文件存储为数据文件 7d.exp
51. File name /scheil/:7d
52. Any more diagrams? /Y/:N
53. @@ 以下将用平衡杠杆定律计算凝固过程，然后将 SCHEIL 凝固模拟试验数据进行对比
54. SYS:Go ploy-3
55. POLY_3:read scheilb. poly3
56. POLY_3:L-c @@ 显示当前所有已输入条件
57. POLY_3:Rei-Module @@ 擦除前面输入的条件，重新开始输入
58. POLY_3:S-c t=1717. 15 p=101325 n=1 @@ 起始温度从凝固点开始
59. POLY_3:S-c w(cr)=0. 1 w(c)=0. 01
60. POLY_3:L-c @@ 自由度为 0
61. POLY_3:S-a-v 1 t 500 1717. 15 10
62. POLY_3:Advanced-options @@ 以凝固结束作为凝固模拟的

结束点

```
63. Which option? /SET-MICIBILITY GAP/:Set-break-condi
64. Break condition:Np(liquid)=0
65. POLY_3:Save scheilc.poly3
66. POLY_3:Step,,
67. POLY_3:Post
68. POST:Ent func fs=1-np(liquid);      @@ 将 fs 定义为固相分率
69. POST:S-d-a x fs
70. POST:S-d-a y t-c
71. POST:Append-e y 7a.exp 7c.exp 0; 1; 0; 1;
                                      @@ 将上面 SCHEIL 模拟的数据导
                                         入图中
72. POST:S-s-s y n 1160 1460
73. POST:Plot,,                        @@ 此时平衡凝固、Scheil、改进
                                         的 Scheil 模拟均画在同一幅
                                         图中,见图 4-83
74. POST:S-d-a x fs
75. POST:S-d-a y w(fcc,cr)
76. POST:Append-e y 7b.exp 7d.exp 0; 1; 0; 1;
77. POST:S-s-s y n 0.075 0.15
78. POST:Plot,,                        @@ 见图 4-84
```

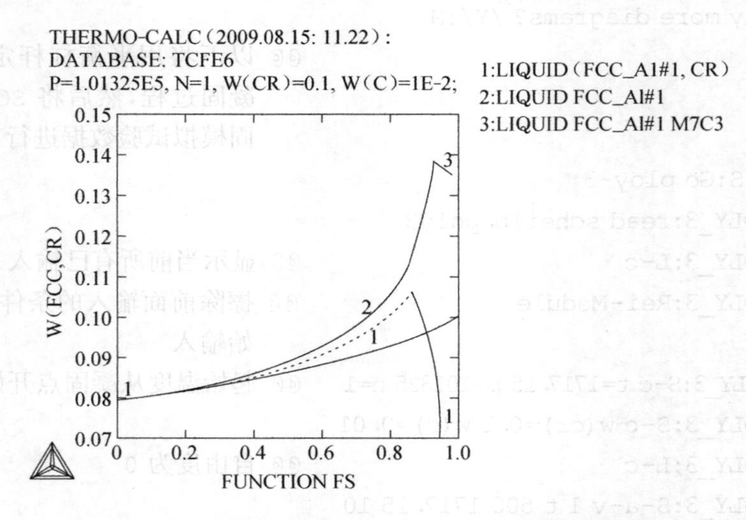


图 4-83　三种情况下 FCC 中 Cr 元素的偏析（界面图）

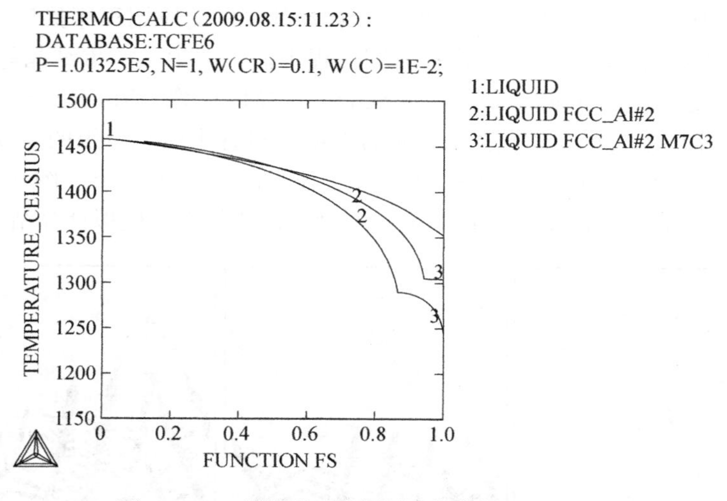


图 4-84　三种情况下的凝固路径模拟（界面图）

## 4.7.4　计算实例

图 4-85(a) 为利用 Scheil-Gulliver 模型对 Al-4%Mg-2%Si-2%Cu 四元合金体系凝固过程的模拟。在此模拟中，Scheil-Gulliver 模型假设固相中没有扩散，也没有间隙原子的扩散，该图给出了固相分数随温度的变化关系图。图 4-85(b) 显示了利用 SCHEIL 凝固模块计算 Al-1.5%Cu-2.5%Mg-6%Zn 合金凝固过程中的温度和固相分数的关系。图中虚线为杠杆定律计算结果。由图中可以看出，采用 SCHEIL 计算凝固要比平衡杠杆定律计算获得的相析出规律复杂得多。

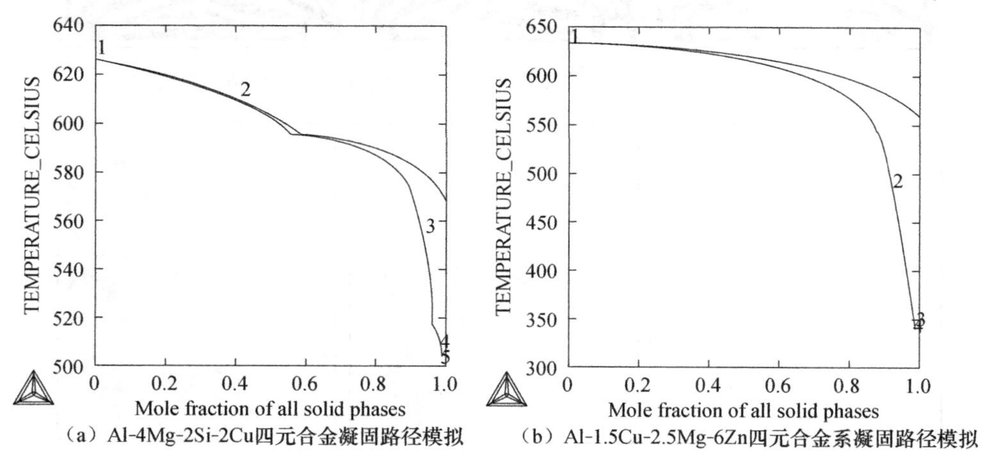


（a）Al-4Mg-2Si-2Cu四元合金凝固路径模拟　（b）Al-1.5Cu-2.5Mg-6Zn四元合金系凝固路径模拟

图 4-85　利用 Thermo-Calc 中的 SCHEIL 模块计算多元合金系凝固路径（界面图）

此外，基于 Thermo-Calc 凝固模拟计算及其提供的应用程序接口 TQ，结合 MICRESS 相场模拟软件，可以模拟凝固过程中晶体的生长、重结晶等过程中微观组织的演变。基于 Thermo-Calc 的 SCHEIL 模块计算，MICRESS 通过 TQ 提供的接口程序调用其热力学数据，模拟合金凝固过程中微观组织的演变。图 4-86 为利用 Thermo-Calc 和 MICRESS 软件合金枝晶凝固模拟结果，图 4-87 为合金的共晶组织凝固模拟结果，图 4-88 为合金凝固柱状晶组织模拟计算结果。

图 4-86 基于 Thermo-Calc 和 MICRESS 软件模拟合金的枝晶凝固

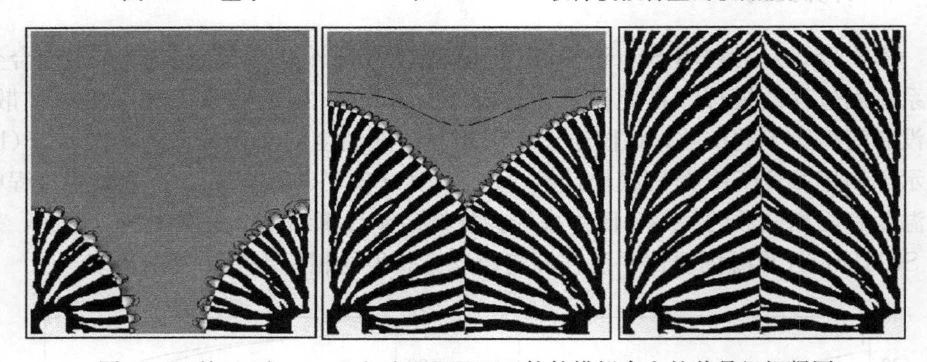

图 4-87 基于 Thermo-Calc 和 MICRESS 软件模拟合金的共晶组织凝固

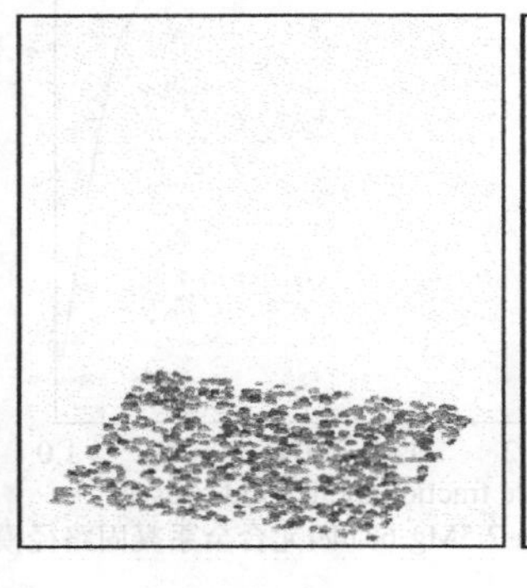

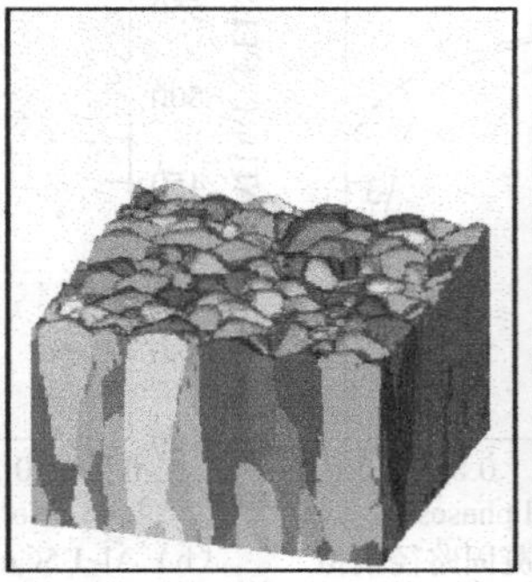

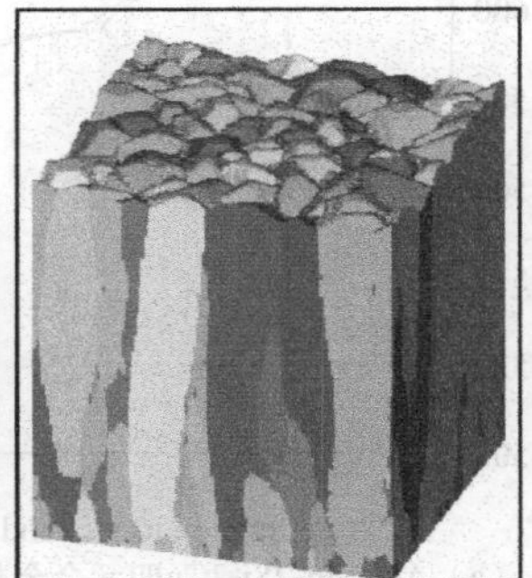

图 4-88 基于 Thermo-Calc 和 MICRESS 软件模拟合金凝固柱状晶组织

# 4.8　DICTRA 计算元素扩散问题

## 4.8.1　计算目的

在钢铁材料的任何加工及热处理工艺工程中，无论是否发生相变，都会存在合金元素的扩散行为。例如，块状钢铁材料一般都存在一定程度的合金成分偏析，总体处于热力学非平衡状态，只要热力学条件存在，材料内部均会自发进行元素扩散的动力学过程，使成分分布更趋于均匀化，并且接近热力学稳定（或平衡）状态。另外，合金成分偏析的现象本身也是由于多元体系的材料在凝固过程中凝固速率和元素扩散速率的不同等动力学因素造成的。只要材料处于热力学非平衡状态或者存在动力学界面，合金元素的扩散过程就不可避免。在热力学平衡过程的基础上，弄清各种工艺过程中合金成分随时间、空间的分布状况，对于全面掌握钢铁材料工艺过程中的材料学特征具有重要作用。

## 4.8.2　计算对象

一般而言，扩散过程分为单相扩散（大部分表面反应如渗碳与脱碳等也属单相扩散问题）、界面移动、粒子溶解与长大（也可认为是一种特殊的界面移动）、多相体系中的长程扩散等。理论上，只要初始条件和边界条件全部确定下来，材料的扩散（动力学）过程就被唯一确定。而动力学所涉及的物理模型的建立和各种材料动力学参数的确定等比热力学问题要复杂得多，因此，可以通过动力学计算解决的扩散问题的体系大小与热力学计算相比是有限的。但是，通过模型的优化和简化，可以通过 DICTRA 计算软件较好的解决一系列实际扩散问题，如凝固过程（一定冷却速率）、具有一定成分偏析的材料的均匀化处理、渗碳与脱碳、钢铁材料的铁素体相变等。

## 4.8.3　计算方法与程序

在 DICTRA 计算体系中，元素的扩散被认为是通过空位交换机制实现的。在模型中，元素的扩散能力，通过元素的扩散系数经由一系列数学转换后，由移动性（mobility）来表征。DICTRA 计算大体分为模型和边界条件的建立、计算条件的确定、计算及后处理等四个过程。

模型和边界条件的建立是 DICTRA 计算最为关键的过程。与热力学相比，动力学增加了空间和时间两个非常重要的参量。在 DICTRA 动力学计算中，“Region”（区域）是扩散反应的“空间场所”，所有扩散反应均发生在“Region”内。在“Region”内部以一定规则被分割成若干“Grid-point”（结点），扩散反应的基本单元是 Grid-point。每一个 Region（Grid-point 自然包括在内）被赋予明确的物理意义，从材料动力学的角度讲即为相（phase）和成分（composition）。

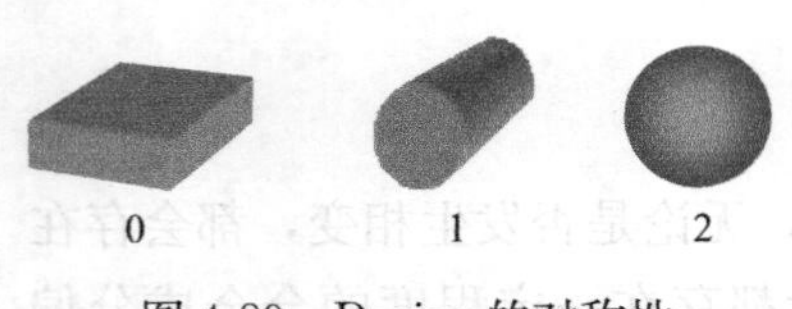


图 4-89 Region 的对称性

Region 具有一定的对称性特征，考虑到体系处理的方便，DICTRA 提供了三种 Region 对称性，分别用 0、1、2 个数字表示，如图 4-89 所示，0 代表具有一定厚度的、无限宽的板；1 代表具有一定（内外）直径的无限长的实心或空心圆柱；2 代表具有一定直径的球。

由于 Grid-point 是扩散反应的最基本单元，其在 Region 中的分布设置对后续扩散计算起到非常重要的支撑作用。DICTRA 软件中安排了非常丰富、灵活的 Grid-point 分布设置方法，主要有四种，通过结点设置方法的选择来完成，包括线性（linear）、对称（geometrical）、双对称（double-geometrical）和文件读取（point by point）。其中，对称和双对称两种方法涉及对称系数 $R$（请注意与 Region 的对称性相区别）。以对称为例加以说明，该种 Grid-point 位置分布是一个等比数列，相邻两个 Grid-point 的距离比为定值 $R$，如图 4-90（a）所示。很显然，对称和双对称可非常方便的用于处理存在界面或其他特殊关注位置的 Grid-point 设置。当存在界面和其他特殊关注位置时，这些位置往往需要设置更为密集的结点。当 Region 的左部为界面或特殊关注位置时，取 $R>1$，则左部的结点更为密集；反之关注右部时，则 $R<1$；特殊关注位置在中间，则采取如图 4-90（b）所示的双对称方法。

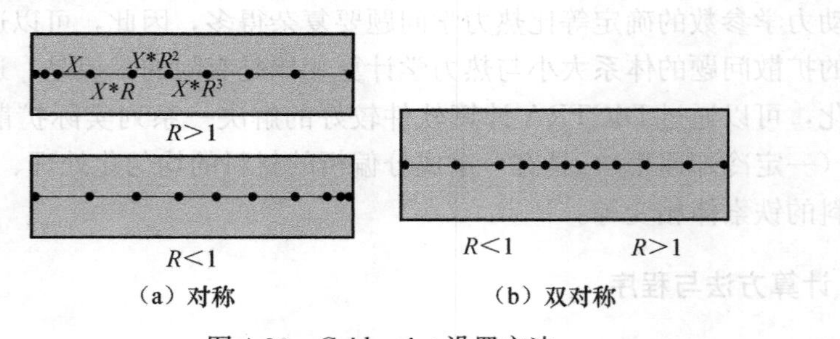


图 4-90 Grid-point 设置方法

有了上述基本概念后，利用 DICTRA 计算扩散问题，可以按照以下步骤进行：

（1）了解给定成分体系下扩散问题，建立简化的模拟模型，为计算做准备；

（2）在热力学数据库的范围内定义计算体系，对于钢铁材料一般选择 TCFE 数据库，并定义计算所涉及的相；

（3）在动力学数据库的范围内定义计算体系，对于钢铁材料一般选择 MOBFE 或者 MOB2 数据库，并定义计算所涉及的相（请注意，这里所定义的内容必须和热力学数据库范围定义的内容完全相同，否则即使计算可以进行也是毫无意义的)；

(4) 给定体系的总体条件，如温度随时间的关系、压力（不输入时默认为一个大气压)；

(5) 建立和模型相对应的 Region 区域，并划分适当的结点，定义 Region 内的相和成分；

(6) 设定边界条件，如环境气氛或浓度、活度等，缺省时默认为封闭环境；

(7) 设定模拟条件和模拟时间；

(8) 进行模拟并对结果进行后处理。DICTRA 的后处理和 Thermo-Calc 基本类似，但也有重大区别，下面进行描述。

在 Thermo-Calc 计算的后处理中，正确定义好 $X$ 轴和 $Y$ 轴后就可以画出结果来。但是，对于 DICTRA 计算，时间和空间都是非常重要的坐标元，且缺少任意一个都将使动力学表征失去意义或造成歧义。DICTRA 中任何一个有意义的结果表征都必须包含时间、空间（位置）加上至少一个材料学参量（如浓度、活度、自由能、体积、熵、密度等)。因此，一般情况下，仅定义好 $X$ 轴和 $Y$ 轴将使时间和空间中的一个参量缺失，需要再定义画图条件（set-ploting-condition)。举例说明，当我们描述某一动态体系中某一元素浓度随空间的分布时，必须指定时刻才有意义，此时，时间就是 DICTRA 计算中的画图条件；反之，当我们需要描述元素浓度随时间的变化情况时，也需要指定空间位置，此时空间位置就是画图条件。一般情况下，时间和空间互为自变量和画图条件。当然，也有无须指定画图条件的情况，如结果表征中包含界面时，界面属材料学特征，但又必须和空间相联系才有物理意义，因此表征界面位置或界面移动速度时，只需要设置时间为自变量而无须指定画图条件（画图条件包含在因变量中)。

1. DICTRA 计算单相扩散问题——Darken 合金的扩散模拟

Darken 合金是显示上坡扩散原理的一个著名例子[11]，其合金成分如图 4-91 所示。该合金在 1050℃保温足够长时间。

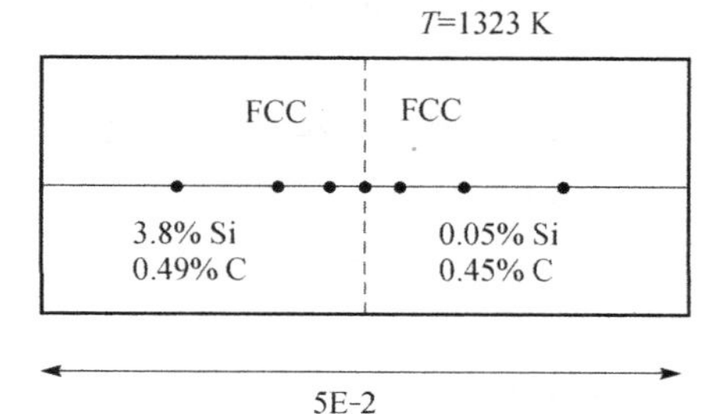

图 4-91　Darken 合金的初始模型

利用 DICTRA 进行模拟计算，建立模型和设置时间条件的程序如下：

```
1. SYS:go data
2. TDB_TCFE6: swi tcfe6                    @@ 选择 TCFE6 热力学数据库
3. TDB_TCFE6: define-sys fe c si           @@ 定义体系
4. TDB_TCFE6: reject phase*                @@ 拒绝体系下所有相
```

```
5. TDB_TCFE6: restore phase fcc          @@ 体系只存在 FCC 单相
6. TDB_TCFE6: get
7. TDB_TCFE6: app mob2                   @@ Append 上动力学数据库，这里
                                            为 MOB2
8. APP: define-sys fe c si               @@ 重复定义体系，这里为动力学
                                            体系
9. APP: reject phase*                    @@ 动力学体系设定必须和热力学
                                            体系完全一致
10. APP:                                 @@ 否则计算没有意义或者出错
11. APP: restore phase fcc
12. APP: get
13. APP:
14. APP:go dic
15. DIC>set-condition                    @@ 设置条件
16. GLOBAL OR BOUNDARY CONDITION /GlOBAL/: glob
                                         @@ 首先是总体条件
17. VARIABLE: t                          @@ DICTRA 的总体条件一般是温
                                            度(压力缺省)
18. LOW TIME LIMIT / 0/:0                @@ 时间的起始时刻一般总是 0
19. T(TIME,X)=1323;                      @@ 输入温度随时间的函数，以
                                            “;”表示输入结束
20. HIGH TIME LIMIT /*/:*                @@ 满足上述函数的最大时间，* 表
                                            示任意时间
21. ANY MORE RANGE /N/:N                 @@ 没有温度的其他函数表征
22. DIC>
23. DIC>ent-reg                          @@ 设置 REGION
24. REGION NAME:darken                   @@ 为 REGION 起一个名称
25. DIC>
26. DIC>ent-grid                         @@ 为“darken”区域设置结点
27. REGION NAME:/DARKEN/: darken         @@ 所有默认选项均可不输入直接
                                            回车，下同
28. WIDTH OF REGION /1/: 5e-2            @@ REGION 长度，单位“米”
29. TYPE /LINEAR/: Doub                  @@ 中间区域为我们最关注位置，
                                            故结点类型选择为 Double-
                                           Geometrical
```

```
30. NUMBER OF POINTS /50/: 60                @@ 结点数量。结点数越大计算越
                                                准确,但计算速度越慢
31. VALUE OF R IN THE GEOMETRICAL SERIE FOR LOWER PART OF REGION: 0.9
32. VALUE OF R IN THE GEOMETRICAL SERIE FOR UPPER PART OF REGION: 1.11
                                             @@ 通常设置左右系数互为倒数,
                                                结点设置较为对称
33. DIC>
34. DIC>
35. DIC>ent-ph                               @@ 给 REGION 定义相
36. ACTIVE OR INACTIVE PHASE /ACTIVE/:act
                                             @@ 相的种类
37. REGION NAME : /DARKEN/:dark
38. PHASE TYPE /MATRIX/:
39. PHASE NAME /NONE/: fcc                   @@ 只有正确输入相,ent-ph 这一
                                                段命令才被认可
40. DIC>
41. DIC>ent-com
42. REGION NAME : /DARKEN/:dark
43. PHASE NAME /FCC_A1/: fcc
44. DEPENDENT COMPONENT /SI/: fe             @@ 非独立组元,一般设定为基体
                                                元素
45. COMPOSITION TYPE /MOLE_FRACTION/: w-p
                                             @@ 元素浓度类型,如摩尔分数,质
                                                量百分数
46. PROFILE FOR /C/: c                       @@ 确定针对某一组元进行浓度分
                                                布设定
47. TYPE /LINEAR/: fun                       @@ 用函数表征 C 的浓度分布
48. FUNCTION F(X)=0.49-0.04*hs(x-25e-3);
                                             @@ hs(x)为 heavyside 函
                                                数,详见作者培训材料
49. PROFILE FOR /SI/: si
50. TYPE /LINEAR/: fun
51. FUNCTION F(X)=3.80-3.75*hs(X-25E-3);
52. DIC>
53. DIC>set-sim-time                         @@ 设置模拟时间
```

```
54. END TIME FOR INTEGRATION /.1/:1e10
                                        @@ 根据经验,darken 合金的扩散
                                           反应时间需要数十年
55. AUTOMATIC TIMESTEP CONTROL /YES/: @@ 默认为自动控制时间步
56. MAX TIMESTEP DURING INTEGRATION /1E+ 09/:
                                        @@ 一般默认为总时间的 1/10
57. INITIAL TIMESTEP /1E-7/:            @@ 起始时间步
58. SMALLEST ACCEPTABLE TIMESTEP /1E-7/:
                                        @@ 最小时间步
59. DIC>
60. DIC>save darken y                   @@ 保存,y 表示同意覆盖以前的
                                           同名文件
61. DIC>set-inter
62. DIC>                                @@ 模型和计算条件的设定完成
```

通过模型和计算条件的设置，就可以开始进行模拟计算了。对于 DICTRA 模型建立、计算和后处理，一般建议分成不同的程序文件进行管理，以便建立的以“dcm”为后缀的文件中存储不同阶段的计算结果。计算程序如下：

```
1. SYS: go dic                          @@ 直接进入 Dictra 模块
2. DIC>read darken                      @@ 读取上述保存的文件,调取模
                                           型建立的结果
3. DIC>sim                              @@ 开始模拟计算
4. DIC>set-inter                        @@ 计算后
```

模拟计算结束后开始后处理。程序文件及结果如下：

```
1. SYS: go dic
2. DIC>read darken                      @@ 读取保存文件,此时计算结果
                                           已经存于该文
3. DIC>                                 @@ 件中,读取过程实现了结果的
                                           调用
4. DIC>post                             @@ 进入后处理
5. POST-1:                              @@ 先绘制不同时刻下 Si 含量随
                                           位置的分布
6. POST-1:set-diagram-axis x            @@ 设置 X 轴
7. VARIABLE: distance                   @@ 为距离(空间)
8. DISTANCE: /GLOBAL/: glob             @@ 总体,与之相对应的是“Local”
9. POST-1:s-d-a y w-p si                @@ 设置 y 轴为 Si 含量
```

```
10. POST-1:s-p-c time                          @@ 别忘了 DICTRA 中还需要设置画图条件
11. VALUE(s) /LAST/: 0 1e5 1e6 1e7 1e8@@ 表示显示在图上的曲线的时间点
12. POST-1: pl,,                               @@ 绘制 Si 含量的分布
13. POST-1:                                    @@ 下面绘制不同时刻下 C 含量随位置的分布
14. POST-1:s-d-a y w-p c                       @@ 改变 y 轴参量为 C 含量
15. POST-1: pl,,                               @@ 绘制 C 含量的分布，可以发现有趣的现象
16. POST-1:                                    @@ 绘制 C 元素的活度图
17. POST-1:s-d-a y acr(c)                      @@ 将 y 轴参量改为 C 元素的活度，上述现象的本质即可显现
18. POST-1:pl,,
19.                                            @@ 将计算结果与实验值进行对比，绘制于一张图上
20. POST-1:s-p-c time 1123200                  @@ 设置一个特殊的时刻，用于与试验点比较
21. POST-1:s-d-a y w-p c
22. POST-1:app y darken 0; 1                   @@ 将后缀为 exp 的实验数据文件加入结果进行比较
23. POST-1: pl,,                               @@ 绘制结果图
24. POST-1:set-inter
```

绘制的 Si 元素和 C 元素的浓度分布曲线结果如图 4-92 所示。可以看到，随着时间的推移，Si 原子由高浓度向低浓度扩散，符合我们的直观感觉；但是，作为代位元素的 Si 原子，其扩散速率比间隙 C 原子的扩散速率低得多，在 $10^6$ s 和 $10^7$ s 的时间点均没有明显的浓度变化，直至 $10^9$ s 时 Si 的浓度分布才显示出明显的浓度梯度变化（和初始时刻相比），如图 4-92（a）所示。而 C 原子除了体现出间隙原子较快的扩散速率外，还出现一个“奇特”的现象——$10^6$ s 时刻后 C 原子由低浓度区向高浓度区扩散，即所谓的“上坡扩散”，如图 4-92（b）所示，这也是 Darken 合金中非常著名的特征。但是，如果我们不从 C 浓度，而是从 C 活度方面考虑，就可以有较好的解释，如图 4-93 所示。Si 的存在能提高 C 原子的扩散系数，使 C 的活度提高，因此，在高 Si 含量区域，不管 C 原子浓度高低，其活度都很高，使其具有向其他区域扩散的驱动力。实验结果也验证了计算的准确性，如图 4-94 所示。

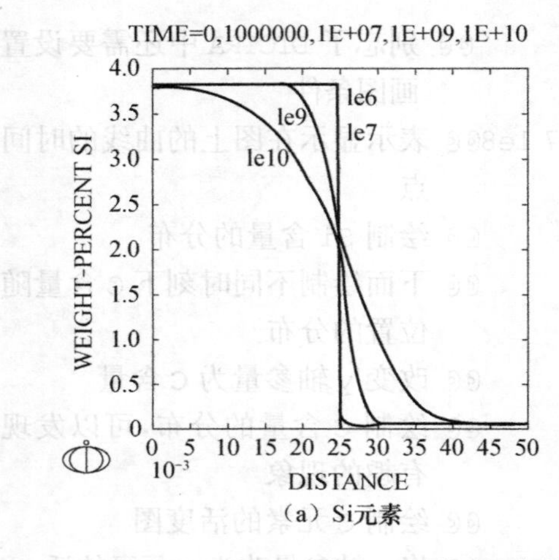

(a）Si元素

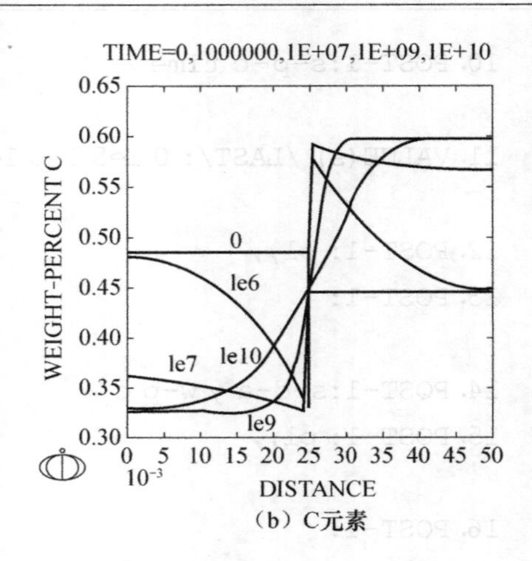

(b）C元素

图 4-92 随时间变化的元素浓度分布界面图

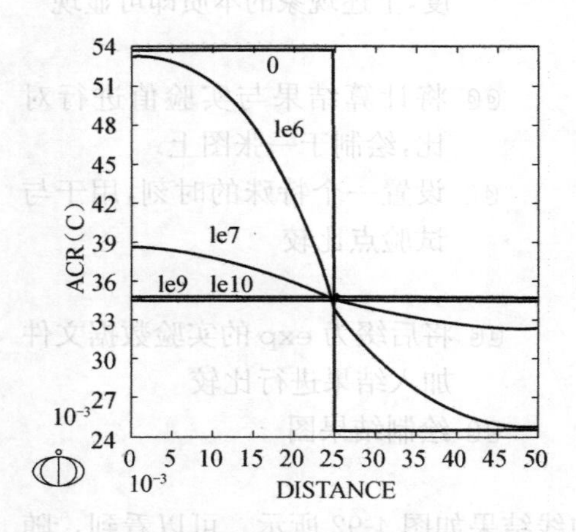

图 4-93 随时间变化的 C 活度分布图（界面图）

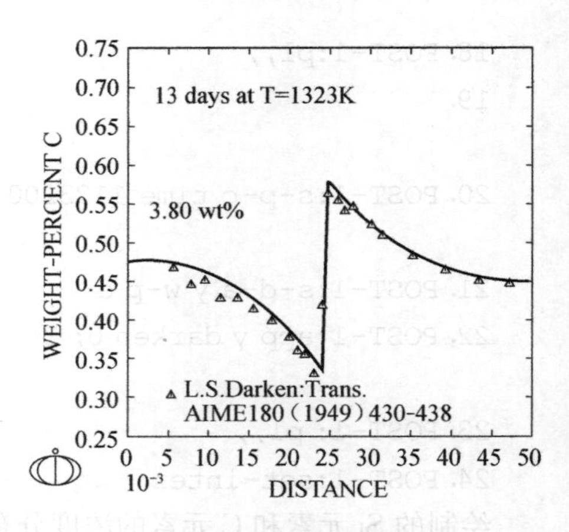

图 4-94 计算与实验结果的对比（界面图）

2. 界面扩散问题——铁素体相变

铁素体相变是钢铁材料中最基本的相变形式，也可以用 DICTRA 软件进行模拟。假设 Fe-C 二元体系，由奥氏体直接冷却至相变温度进行铁素体相变，模型设定初始时刻不存在铁素体，铁素体相变过程及模型如图 4-95 所示。

```
1. SYS: go data
2. TDB_TCFE6: swi tcfe6            @@ 选择 TCFE6 热力学数据库
3. TDB_TCFE6: def-sys fe c         @@ 定义体系
4. TDB_TCFE6: rej ph*              @@ 拒绝体系下所有相
```

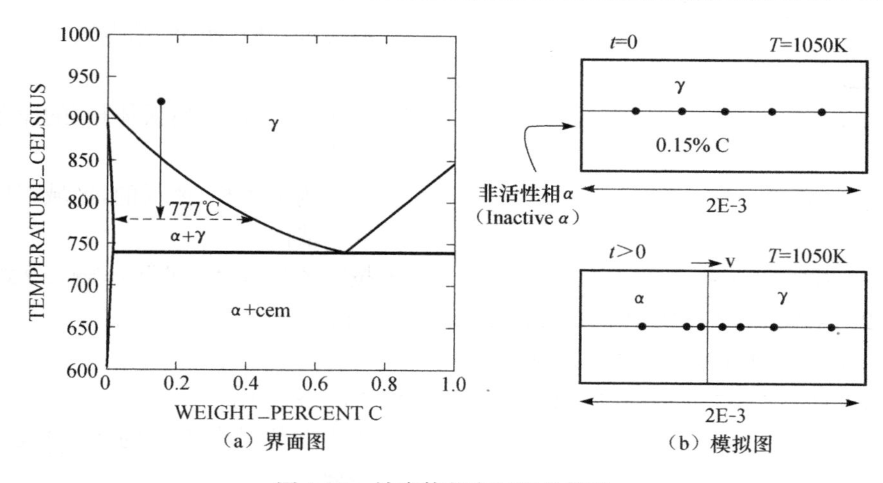


图 4-95　铁素体相变过程及模型

| | |
|---|---|
| 5. TDB_TCFE6: rest ph fcc bcc | @@ 体系只存在 FCC 和 BCC 两相 |
| 6. TDB_TCFE6: get | |
| 7. TDB_TCFE6: app mob2 | @@ 铁基材料可选择 MOBFE 动力学数据库 |
| 8. APP: define-sys fe c | @@ 重复定义体系，这里为动力学体系 |
| 9. APP: rej ph* | @@ 动力学体系设定必须和热力学体系完全一致 |
| 10. APP: rest ph fcc bcc | |
| 11. APP: get | |
| 12. APP: | |
| 13. APP:go dic | |
| 14. DIC>s-co glo t 0 1050; *N | @@ 熟练后可将总体条件(温度)一次性设置完 |
| 15. DIC> | @@ 次级命令分别为设置条件，总体，参量，时间起点，函数，时间终点，是否开始新函数 |
| 16. DIC> | @@ 请注意温度函数后加分号表示函数输入完毕 |
| 17. DIC>ent-reg aust | @@ “定义区域”命令也可一次输入完毕 |
| 18. DIC> | @@ 次级命令为输入区域，区域名称 |
| 19. DIC>ent-grid aust 2e-3 lin 60 | @@ 一次性将“定义结点”命令输入完 |
| 20. DIC> | @@ 次级命令为输入结点，区域名称，区 |

```
                                          域长度,结点类型,结点数
21. DIC>
22. DIC>ent-ph act aust matrix fcc  @@ 一次性将“定义奥氏体相”的命令输
                                       入完
23. DIC>                            @@ 顺序为输入相,激活的,区域,基体,
                                       FCC 结构
24. DIC>ent-ph                      @@ 按顺序以“非活性的”形式输入 BCC 相
25. ACTIVE OR INACTIVE PHASE /ACTIVE/:inact
26. REGION NAME : /DARKEN/:aust
27. ATTACHED TO THE RIGHT OF AUSTENITE /YES/:no
                                    @@ 当出现数量大于 1 的相,输入该相
                                       需要
28.                                 @@ 进行该相位置的判断,与前一相的
                                       位置关系“非左即右”
29. PHASE NAME /NONE/: bcc
30. REQUIRED DRIVING FORCE FOR PRECIPITATION: /1E-05/: 1e-5
                                    @@ 对于“非活性相”需要
31.                                 @@ 输入析出驱动力的阈值,通常默认
                                       1e-5
32. CONDITION TYPE /CLOSED_SYSTEM/:close
                                    @@ 析出有可能是开放体系造成的,因
                                       此需要
33.                                 @@ 判断体系是否封闭
34. DIC>
35. DIC>ent-com                     @@ 输入成分由于相对比较复杂,为避
                                       免出错,建议依顺序进行
36. REGION NAME : /DARKEN/:aust
37. PHASE NAME /FCC_A1/: fcc
38. COMPOSITION TYPE /MOLE_FRACTION/: w-p
                                    @@ 元素浓度类型,如摩尔分数,质量百
                                       分数
39. PROFILE FOR /C/: c lin 0.15 0.15
                                    @@ 具体成分分布可一次性输入
40.                                 @@ 元素,线性(类型),最低端含量,最
                                       低端含量
```

```
41. DIC>
42. DIC>set-sim-time                @@ 设置模拟时间
43. END TIME FOR INTEGRATION /.1/:1e9
                                    @@
44. AUTOMATIC TIMESTEP CONTROL /YES/:
                                    @@ 默认为自动控制时间步
45. MAX TIMESTEP DURING INTEGRATION /1E+08/:
                                    @@ 一般默认为总时间的 1/10
46. INITIAL TIMESTEP /1E-7/:
                                    @@ 起始时间步
47. SMALLEST ACCEPTABLE TIMESTEP /1E-7/:
                                    @@ 最小时间步
48. DIC>
49. DIC>set-sim-cond                @@ 需要修改默认的模拟条件时输入该项
50. NS01A PRINT CONTROL : /0/:
51. FLUX CORRECTION FACTOR :/1/:
52. NUMBER OF DELTA TIMESTEPS IN CALLING MULDIF:/2/:
53. CHECK INTERFACE POSITION /NO/:
54. VARY POTENTIALS OR ACTIVITIES :/ACTIVITIES/:
55. ALLOW AUTOMATIC SWITCHING OF VARYING ELEMENT :/YES/:
56. SAVE WORKSPACE ON FILE (YES,NO,0-99) /YES/:
57.  DEGREE OF IMPLICITY WHEN INTEGRATING PDEs (0->0.5->1):/.5/:
    1.0                             @@ 0 代表模拟中
58.                                 @@ 积分过程更为准确但稳定性相对较
                                       差,而 1.0 则正好相反
59. MAX TIMESTEP CHANGE PER TIMESTEP :/2/:
60. USE FORCED STARTING VALUES IN EQUILIBRIUM CALCULATION /NO/:
61. ALWAYS CALCULATE STIFFNES MATRIX IN MULDIF /YES/:
62. DIC>
63. DIC>save fertran y              @@ 保存,y 表示同意覆盖以前的同名
                                       文件
64. DIC>set-inter
65. DIC>                            @@ 模型和计算条件的设定完成
```

通过模型和计算条件的设置,就可以开始进行模拟计算了。计算程序如下:

```
1. SYS: go dic                      @@ 直接进入 Dictra 模块
```

```
2. DIC>read fertran                @@ 读取上述保存的文件,调取模型建
                                      立的结果
3. DIC>sim y                       @@ 开始模拟计算,yes 表示默认选项
4. DIC>set-inter                   @@ 计算后
```

模拟计算结束后开始后处理。程序文件及结果如下:

```
1. SYS: go dic
2. DIC>read fertran                @@ 读取保存文件,此时计算结果已经
                                      存于该文
3. DIC>                            @@ 件中,读取过程实现了结果的调用
4. DIC>post                        @@ 进入后处理
5. POST-1:                         @@ 绘制不同时刻下 C 含量随位置的分
                                      布图
6. POST-1:set-d-a x dist glob      @@ 一次性输入,设置 X 轴为总体距离
7. POST-1:s-d-a y w-p c            @@ 设置 y 轴为 C 含量
8. POST-1:s-p-c time               @@ 设置画图条件
9. VALUE(s) /LAST/: 0 1e3 1e5 2e5 1e9
                                   @@ 表示显示在图上的曲线的时间点
10. POST-1: pl,,                   @@ 绘制不同时刻下 C 含量的分布
11. POST-1:                        @@ γ/α 相界面位置随时间的变化情况
12. POST-1:s-d-a x time            @@ x 轴为时间
13. POST-1:s-d-a y posi            @@ 设置 y 轴为相界面位置,这是个新
                                      的参量
14. INTERFACE : aus                @@ 询问哪个 region 的界面
15. UPPER OR LOWER INTERFACE OF REGION AUSTENITE # 1/LOWER/:
    lower                          @@ Region 的上端或
16.                                @@ 下端,至此,界面位置的表征完成,
                                      熟练后可一次完成
17. POST-1:s-a-ty x log            @@ 考虑到表征习惯和观察方便,将 x
                                      轴设置为对数坐标
18. POST-1:s-s x n 1 1e9           @@ 别忘了同时设置 X 轴的上下限
19. POST-1: pl,,                   @@ 绘制相界面随时间的变化
20. POST-1:                        @@ 绘制界面移动速度的变化情况
21. POST-1:s-d-a y vel             @@ 将 y 轴参量改为界面移动速度
22. INTERFACE : aus low            @@ 和界面位置情况类似,可一次性输
                                      入完毕
```

23. POST-1:pl,,

24. POST-1:set-inter

绘制不同时刻 C 含量随位置的分布，如图 4-96 所示，在 γ/α 相变位置出现了 C 浓度的梯度，界面靠铁素体区域出现贫碳区，而界面靠奥氏体区出现富碳区，在奥氏体内部，随着离界面距离的增加，C 含量逐渐下降，趋于奥氏体的平均浓度。同时，随着时间的推移，γ/α 相变界面向内推进，至无穷远的时间点，在某一界面处达到奥氏体和铁素体的热力学平衡，界面则不再移动。图 4-97 和图 4-98 揭示了界面位置和界面移动速度随时间的变化关系。

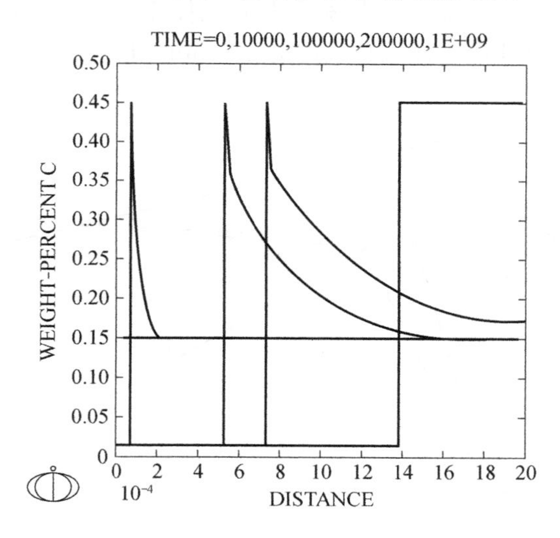


图 4-96　不同时刻 C 含量随位置的分布（界面图）

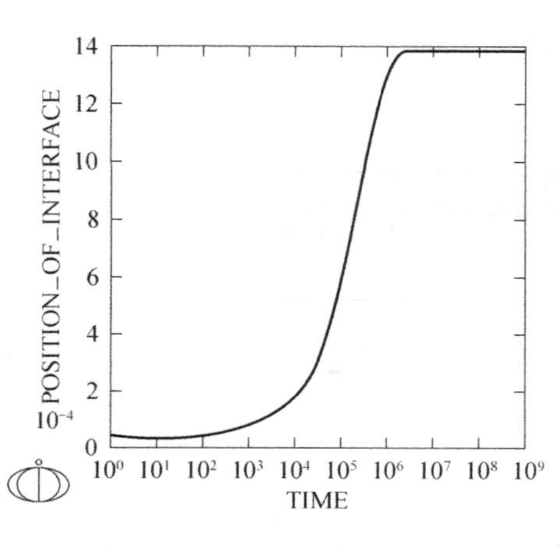


图 4-97　界面位置随时间的变化（界面图）

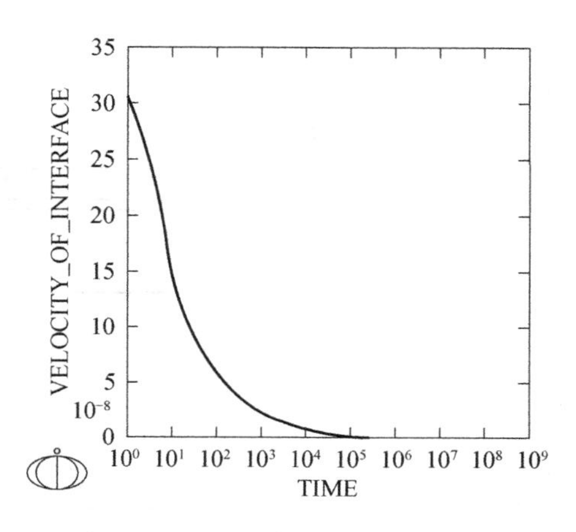


图 4-98　界面移动速度随时间的变化（界面图）

### 4.8.4 计算实例

合金元素偏析是钢铁材料中的固有现象，是在凝固过程中组分的不均匀分布。合金元素的偏析对钢的显微组织和力学性能均有明显的不利影响，因此，利用DICTRA充分认识和理解凝固产生的偏析，并研究扩散退火对消除偏析的影响，在实际应用中具有非常重要的作用。这里，我们对一个实际钢种（40Mn）进行凝固模拟，看看在凝固完成后哪些元素存在偏析，偏析程度如何，采用扩散退火是否可以消除，如图4-99和图4-100所示。假设钢从完全液相凝固至奥氏体相区，并在1200℃进行保温。假设体系为五元体系（0.40%C-0.50%Si-1.20%Mn-0.03%P，基体为Fe），体系总长度为0.1mm（$10^{-4}$m）。

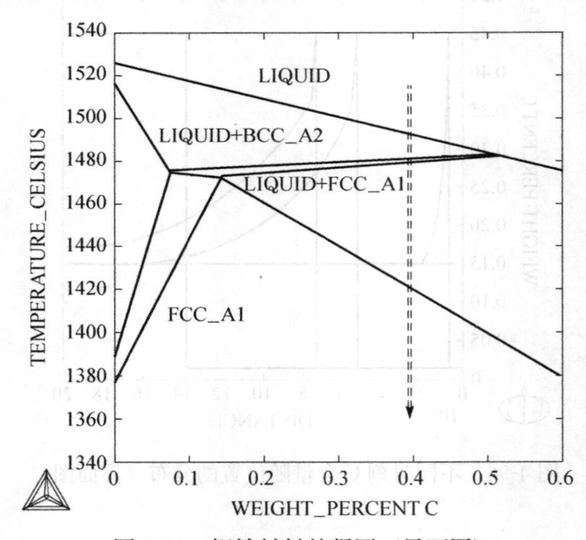


图4-99 钢铁材料的凝固（界面图）

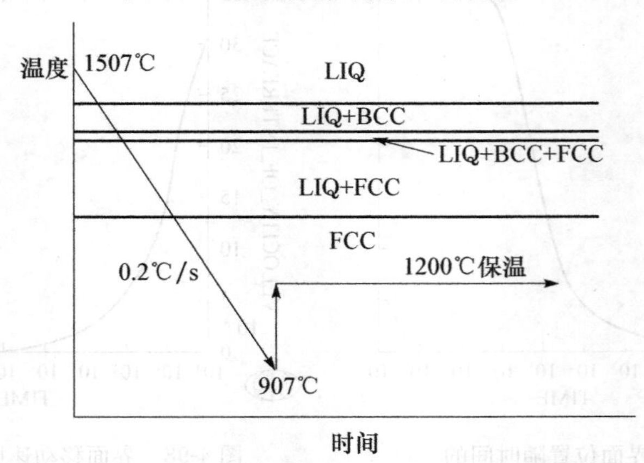


图4-100 凝固过程的流程示意图（界面图）

DICTRA 的建模过程如下：

```
1. SYS: go data
2. TDB_TCFE6: swi tcfe6                    @@
3. TDB_TCFE6: def-sys fe c si mn p         @@ 定义五元体系
4. TDB_TCFE6: rej ph*                      @@
5. TDB_TCFE6: rest ph liq fcc bcc          @@
6. TDB_TCFE6: get
7. TDB_TCFE6: app mobfe                    @@ 铁基材料可选择 MOBFE 动
                                              力学数据库
8. APP: define-sys fe c si mn p            @@
9. APP: rej ph*                            @@
10. APP: rest ph liq fcc bcc
11. APP: get
12. APP:
13. APP:go dic
14. DIC>s-co glo t 0 1780-0.2*time; 3000 yes
                                           @@ 先定义凝固降温过程
15. DIC>1473; *n                           @@ 再定义保温过程,这里展示
                                              了如何在模拟
16. DIC>                                   @@ 过程进行分段设置温度函
                                              数,对以后的模拟实用价值
17. DIC>ent-reg steliq                     @@ 定义液相区域
18. DIC>
19. DIC>ent-grid steliq 1e-4 doub 100 1.11 0.9
                                           @@ 一次性将"定义结点"命令输
                                              入完(双对称)
20. DIC>
21. DIC>ent-ph act steliq matrix liq       @@ 一次性将"定义奥氏体相"的
                                              命令输入完
22. DIC>                                   @@ 顺序为输入相,激活的,区
                                              域,基体,FCC 结构
23. DIC>ent-ph                             @@ 按顺序以"非活性的"形式输
                                              入 BCC 相
24. ACTIVE OR INACTIVE PHASE /ACTIVE/:inact
25. REGION NAME : /DARKEN/:steliq
```

```
26. ATTACHED TO THE RIGHT OF AUSTENITE /YES/:no
                                          @@ 选择 BCC 相在液相的左端
27. PHASE NAME /NONE/: bcc
28. REQUIRED DRIVING FORCE FOR PRECIPITATION: /1E-05/: 1e-5
                                          @@ 析出驱动力默认 1e-5
29. CONDITION TYPE /CLOSED_SYSTEM/:close
30.
31. DIC>ent-ph                            @@ 以同样的方式输入 FCC 相
32. ACTIVE OR INACTIVE PHASE /ACTIVE/:inact
33. REGION NAME : /DARKEN/:steliq
34. ATTACHED TO THE RIGHT OF AUSTENITE /YES/:no
                                          @@ FCC 相和 BCC 相位于液相的
                                             同一端
35.                                       @@ 这样做的结果是,使反应成
                                             为包晶而不是共晶反应
36. PHASE NAME /NONE/: fcc
37. REQUIRED DRIVING FORCE FOR PRECIPITATION: /1E-05/: 1e-5
                                          @@ 析出驱动力默认 1e-5
38. CONDITION TYPE /CLOSED_SYSTEM/:close
39.
40. DIC>
41. DIC>ent-com                           @@ 输入成分由于相对比较复
                                             杂,为避免出错,建议依顺
                                             序进行
42. REGION NAME : /DARKEN/:steliq
43. PHASE NAME /FCC_A1/: liq
44. COMPOSITION TYPE /MOLE_FRACTION/: w-p
45. PROFILE FOR /C/: c lin 0.4 0.4
46. PROFILE FOR /SI/: si lin 0.5 0.5
47. PROFILE FOR /MN/: mn lin 1.2 1.2
48. PROFILE FOR /P/: p lin 0.03 0.03
49. DIC>
50. DIC>set-sim-time                      @@ 设置模拟时间
51. END TIME FOR INTEGRATION /.1/:1e5     @@ 设置模拟总时间为十万秒
                                             (约 30 小时)
```

```
52. AUTOMATIC TIMESTEP CONTROL /YES/: @@ 默认为自动控制时间步
53. MAX TIMESTEP DURING INTEGRATION /1E+04/:100
                                          @@ 考虑到凝固准确性,设定为
                                             100s
54. INITIAL TIMESTEP /1E-7/:
55. SMALLEST ACCEPTABLE TIMESTEP /1E-7/:
56. DIC>
57. DIC>set-sim-cond                      @@ 需要修改默认的模拟条件时
                                             输入该项
58. NS01A PRINT CONTROL :/0/:
59. FLUX CORRECTION FACTOR :/1/:
60. NUMBER OF DELTA TIMESTEPS IN CALLING MULDIF:/2/:
61. CHECK INTERFACE POSITION /NO/:yes
62. VARY POTENTIALS OR ACTIVITIES :/ACTIVITIES/:
63. ALLOW AUTOMATIC SWITCHING OF VARYING ELEMENT :/YES/:
64. SAVE WORKSPACE ON FILE (YES,NO,0-99) /YES/:
65. DEGREE OF IMPLICITY WHEN INTEGRATING PDEs (0->0.5->1):/.5/:
66. MAX TIMESTEP CHANGE PER TIMESTEP :/2/:
67. USE FORCED STARTING VALUES IN EQUILIBRIUM CALCULATION /NO/:
68. ALWAYS CALCULATE STIFFNES MATRIX IN MULDIF /YES/:
69. DIC>
70. DIC>save solidify yes                 @@ 保存,y表示同意覆盖以前
                                             的同名文件
71. DIC>set-inter
72. DIC>                                  @@ 模型和计算条件的设定
                                             完成
```

DICTRA 的计算过程如下:

```
1. SYS: go dic                            @@ 直接进入Dictra模块
2. DIC>read solidify                      @@ 读取上述保存的文件,调取
                                             模型建立的结果
3. DIC>sim y                              @@ 开始模拟计算,yes表示默
                                             认选项
4. DIC>set-inter                          @@ 计算后
```

DICTRA 的后处理过程如下:

```
1. SYS: go dic
```

```
2. DIC>read solidify
3. DIC>
4. DIC>post
5. POST-1:                                   @@ 绘制固相分数与温度的关系
                                                图,并与 Thermo-Calc 的各
                                                种计算结果进行比较
6. POST-1:ent fun fs=ivv(bcc)+ivv(fcc)
                                             @@ 定义固相分数函数,IVV 为
                                                相积分函数
7. POST-1:s-d-a x fs                         @@ 设置固相分数为 x 轴变量
8. POST-1:s-d-a y t-c                        @@ 设置温度为 y 轴变量
9. POST-1:s-p-c inter steliq low             @@ 设置画图条件,液相区域的
                                                低端界面
10. POST-1:s-ax-te x n Solid Fraction        @@ 将 X 轴名称修改为"固相分数"
11. POST-1:app sheil-cp sheil-c equili
                                             @@ 加上 Thermo-Calc 的各种
                                                计算结果进行比较
12. POST-1:0;1;0;1;0;1;
13. POST-1:pl,,                              @@ 绘制图
14. POST-1:                                  @@ 绘制液相界面随时间的变化
                                                情况
15. POST-1:s-d-a x time                      @@ X 轴为时间
16. POST-1:s-d-a y posi                      @@ 设置 y 轴为相界面位置,这
                                                是个新的参量
17. INTERFACE : steliq lower                 @@ 设置界面的 Region 和位置
                                                (上或下端)
18. POST-1: pl,,                             @@ 绘制相界面随时间的变化
19. POST-1:                                  @@ 绘制 BCC 相和 FCC 相分数
                                                随时间的变化情况
20. POST-1:ent tab solid=ivv(bcc), ivv(fcc)
                                             @@ 设置 bcc 相分数和 FCC 相
                                                分数函数
21. POST-1:s-d-a y solid
22. POST-1:s-p-c inter steliq low
23. POST-1:pl,,
```

```
24. POST-1:                                    @@ 绘制凝固降温过程中各元素的浓度分布情况
25. POST-1:s-d-a x dist gl
26. POST-1:s-d-a y w-p c
27. POST-1:s-p-c time 135 400 572 1e3 3e3
28. POST-1:pl,,
29. POST-1: s-d-a y w-p si
30. POST-1:pl,,
31. POST-1: s-d-a y w-p mn
32. POST-1:pl,,
33. POST-1: s-d-a y w-p p
34. POST-1:pl,,
35. POST-1:ent fun mnn=w(mn)/0.012          @@ 定义各个元素的偏析因子
36. POST-1: ent fun sin=w(si)/0.005
37. POST-1:ent fun cn=w(c)/0.004
38. POST-1:ent fun pn=w(p)/0.0003
39. POST-1:ent tab segr=mnn,sin,cn,pn
40. POST-1:s-d-a y segr
41. POST-1:s-ax-te y n Segregation Factor
42. POST-1:s-p-c time 572                   @@ 凝固刚刚完成时刻
43. POST-1:pl,,
44. POST-1:s-p-c time 1e3
45. POST-1:pl,,
46. POST-1:s-p-c time 3e3
47. POST-1:pl,,
48. POST-1:                                 @@ 绘制经扩散退火后的元素分布情况
49. POST-1:s-p-c time 1e4                   @@ 扩散退火 2h
50. POST-1:pl,,
51. POST-1:s-p-c time 4e4                   @@ 扩散退火约 10h
52. POST-1:pl,,
53. POST-1:s-p-c time 1e5                   @@ 扩散退火约 30h
54. POST-1:pl,,
55. POST-1:set-inter
```

采用 DICTRA 软件计算温度与固相分数的关系，并与平衡态、SCHEIL 模

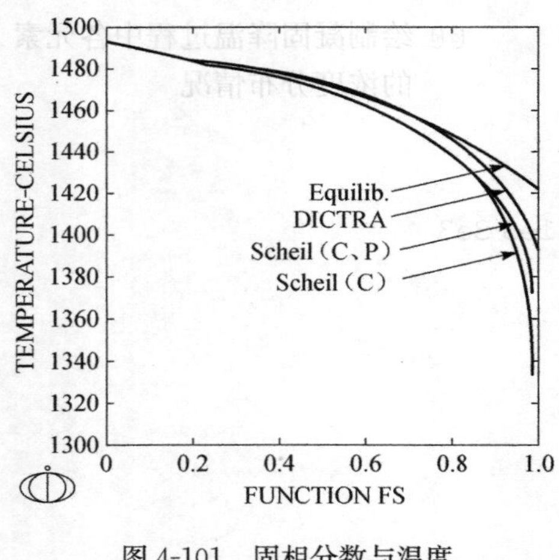


图 4-101 固相分数与温度的关系（界面图）

型进行对比，结果如图 4-101 所示。其中 SCHEIL 模型中分别考虑 C 和 C、P 为液相快速扩散原子。从图中可以看出，SCHEIL 模型的计算和 DICTRA 结果还存在一定的差异，主要原因是，考虑到 Si 原子属常用合金元素中原子半径最小的，其扩散特性介于快速扩散和非快速扩散方式之间；同时，当钢中组元增多，各组元之间的相互作用增加，简单的假设“液相中所有原子均快速扩散，固相中只有间隙原子快速扩散”与实际情况可能偏离的比较远。

钢液凝固的界面位置随时间的变化情况如图 4-102 所示。钢液在 572 秒（1393℃）左右完成凝固，进一步考虑固相的组成，如图 4-103 所示。钢液凝固过程中，首先形成 BCC 相，至 105 秒（1487℃）达到分数峰值（约 20%），随着温度的降低，开始发生包晶反应，BCC 相的量降低而 FCC 相的量增加，经较短的时间（约 20 秒）后，BCC 相消失。

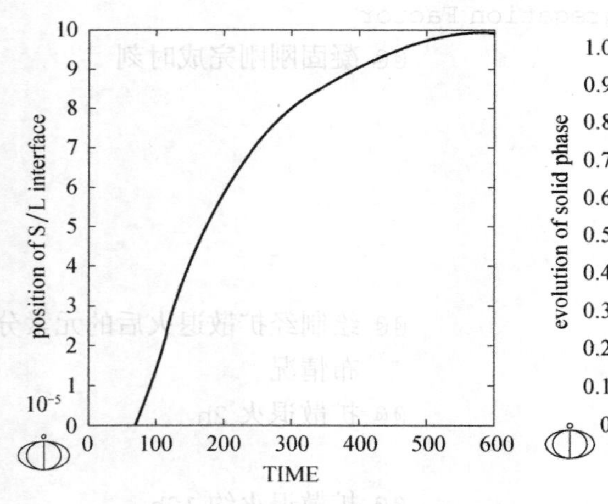


图 4-102 液相界面随时间的变化情况（界面图）

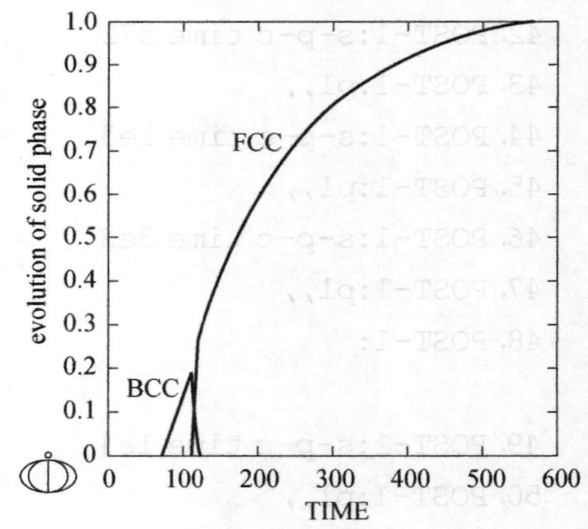


图 4-103 BCC 相和 FCC 相分数随时间的变化情况（界面图）

凝固过程中各元素的浓度分布情况如图 4-104 所示。从图中可以看出，在凝固过程中 C 原子发生重排，出现显著的浓度梯度分布，例如在 400 秒时，C 的最高浓度达到 1.0%，而至凝固完成（572 秒），C 原子重排结束，并经扩散达到均匀。P 原子的情况和 C 原子类似，但作为间隙原子，P 原子半径远大于 C 原子，其在固相中的扩散速率低于 C 原子，因此其完成均匀化所需的时间多于 C 原子，在 1000 秒后基本达到均匀。Si 和 Mn 属代位固溶原子，扩散速率较慢，在凝固后的继续降温过程中，元素浓度梯度略有降低，但是后凝固的元素富集区与先凝固的元素贫乏区浓度比可达 2～3 倍，显示出一定程度的微观偏析。

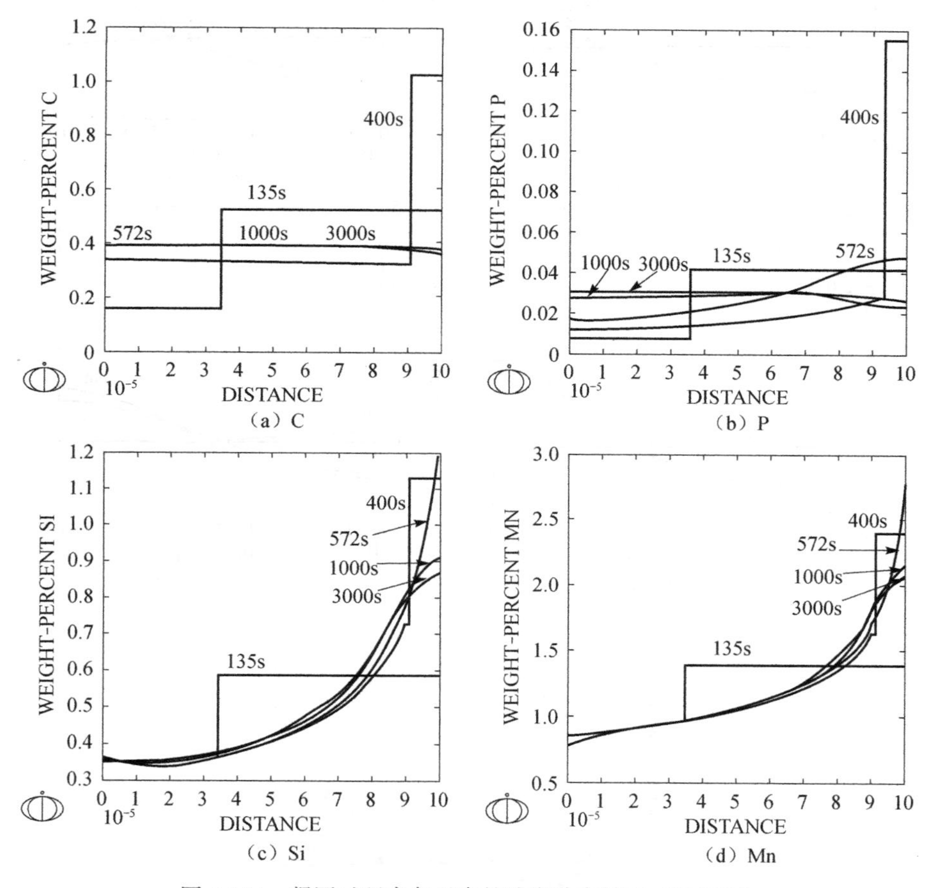


图 4-104　凝固过程中各元素的浓度分布情况（界面图）

进一步定量研究铸态组织及扩散退火后的偏析因子，如图 4-105 所示。假设元素为 M，则其偏析因子定义为 $S_M = w_M$（局）$/w_M$（均）。凝固刚刚完成时，C 间隙原子的偏析已基本通过扩散消除，偏析因子接近 1.0，P 间隙原子由于扩散速率略低于 C 原子，最大偏析因子仍达到 1.6，Si、Mn 原子的偏析因子则更高，达到 2.4。当铸态组织冷却下来后（此过程仍可能发生一定程度的扩散），C、P 间隙原子的偏析程度基本消除，而 Mn、Si 原子的最大偏析因子则有所降低，但仍然达到 1.7 左右。后期的扩散退火主要针对 Si、Mn 等合金元素。在 1200℃

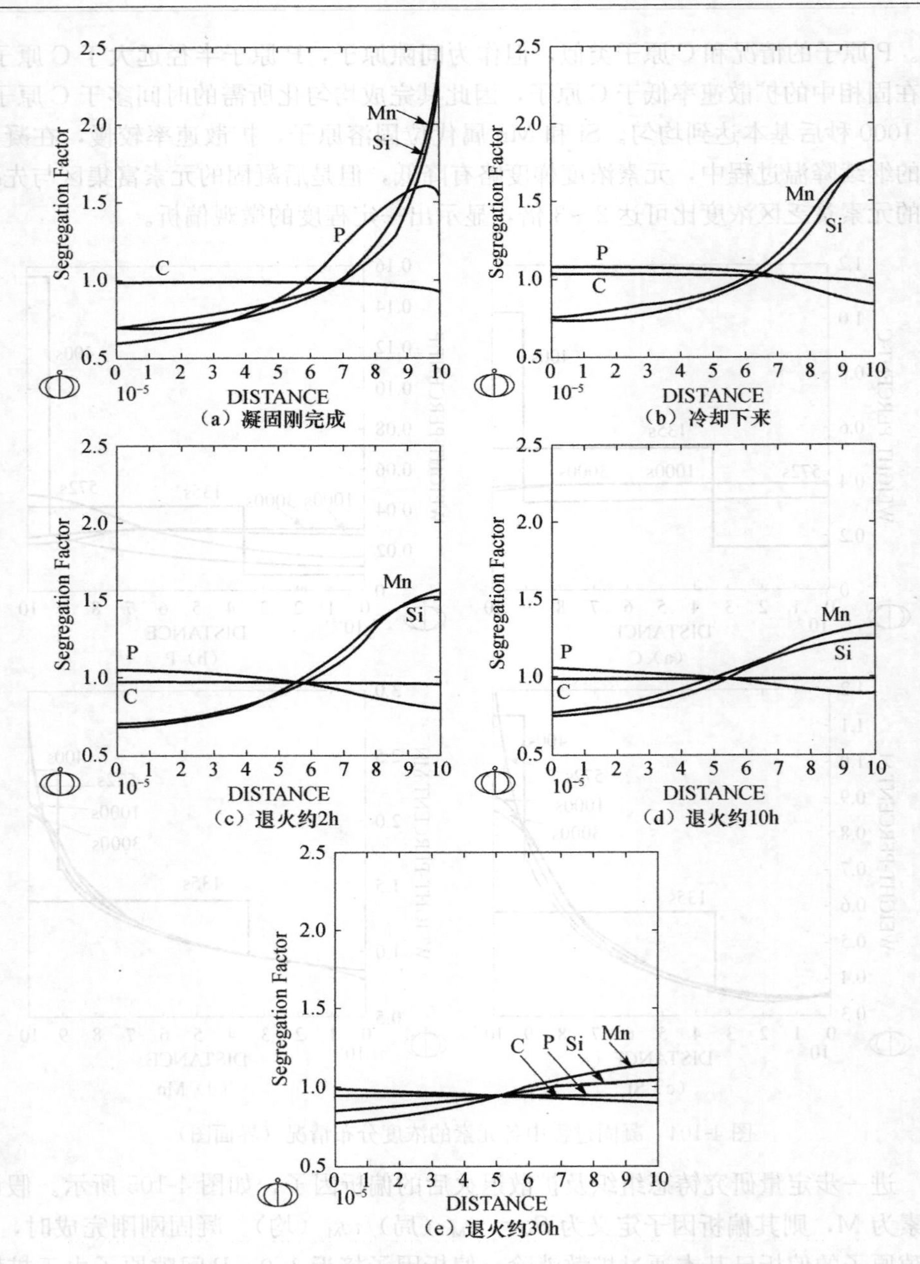


图 4-105 不同状态下各元素的偏析因子（界面图）

退火 2h，Si、Mn 原子的最大偏析因子为 1.5，还存在一定的成分偏析；退火 10h 后，偏析因子降低至 1.2～1.3，退火 30h 则降为 1.1～1.2，偏析仍然处于不可忽略的程度。

从上述计算结果可以看出，对于 C、P、S 等间隙原子的铸态微观偏析，可通过简单的扩散退火工艺加以消除；而对于 Si、Mn、Cr 等合金元素的微观偏析，其消除的难度显著增加，即使经过长时间的扩散退火，其微观的不均匀性仍然会一定程度保留。同时应注意，宏观偏析与微观偏析的机理和形式均存在相当大的不同，不可通过微观偏析的情况延伸推导出宏观偏析。感兴趣的读者可通过进一步的实例计算加以验证。

## 4.9　动力学数据的获取

### 4.9.1　计算目的

在材料的研究和开发过程中，尤其是进行相对较为基础性的研究时，难免需要用到一些热力学或动力学参量。而当体系较为复杂或者特殊时，这些数据，如特定体系的元素扩散系数等，通过文献几乎是不可获得的，更不用说某体系下的系列数据。通过 DICTRA 软件，可以调用数据库中庞大的动力学数据，为进一步的科研目的服务。

### 4.9.2　计算对象

在软件中，经常调用材料的各类扩散系数值和移动性数据，这一调用过程可以在 DICTRA 模块和 Poly-3 模块中实现，如体系中某组元的移动性（mobility）数据，某元素的扩散系数（diffusivity），以及它们与元素浓度或其他条件的关系等。

### 4.9.3　计算方法与程序

在 DICTRA 模拟计算中，热力学数据和动力学数据都是必需的。而且，计算结果的准确性取决于这些数据的来源和质量。其中热力学数据可通过 DICTRA 系统，如包含大量二元、三元以及更高阶次的 MOB 溶体数据库来获取。处理扩散反应的通常途径是采用实验测量的扩散系数来进行。但是，一个多组元体系需要测量大量的扩散系数，这些系数往往与合金成分密切相关且相互影响。因此在数据库中储存这样类型的扩散系数变得困难而且复杂。因此，在 DICTRA 中直接储存的数据是原子移动性（atomic mobility）而不是扩散系数。这种储存形式使储存的参量数量大幅度减少，而且参量的独立性增强。DICTRA 运算模块中使用到的扩散系数实际上是热力学参量和动力学参量的乘积[12,13]。DICTRA 软件的这种数据储存模式使得调用各种体系下组元的移动性和扩散系数成为可能。

下面以 Fe-Ni 二元合金为例，对动力学数据的获取进行说明。

```
1. SYS:go data
2. TDB_TCFE6:swi tcfe6                    @@ 选择 TCFE6 热力学数据库
```

```
3. TDB_TCFE6:define-sys fe ni               @@ 定义体系
4. TDB_TCFE6:reject phase*                  @@ 拒绝体系下所有相
5. TDB_TCFE6:restore phase fcc              @@ 体系只存在 FCC 单相
6. TDB_TCFE6:get
7. TDB_TCFE6:app mob2                       @@ Append上动力学数据库,这里
                                               为 MOB2
8. APP:define-sys fe ni                     @@ 重复定义体系,这里为动力学体系
9. APP:reject phase*                        @@ 动力学体系设定必须和热力学
                                               体系完全一致
10. APP:                                    @@ 否则计算没有意义或者出错
11. APP:restore phase fcc
12. APP:get
13. APP:
14. APP:go dic
15.                                         @@ 使用 DICTRA 模块中的调用命令
16. DIC>list-mob-data                       @@ 文中的数据库为加密的,无法
                                               获得 Mobility 数据,如下行
                                               的提示
17. Sorry, LIST-DATA disabled for this database
18. DIC>check                               @@ 使用 check 调用扩散系数
19. OUTPUT FILE /SCREEN/:                   @@ 以下是调用的细节参数输入
20. PHASE NAME:fcc
21. DEPENDENT COMPONENT ? /NI/:fe
22. CONCENTRATION OF NI IN U-FRACTION /1/:0.3
23. Pressure /100000/:
24. Temperature /298.15/:1300
25. OPTION (dlpbmx0ez or*) /D/:D10          @@ 扩散系数输出的形式
26. Dkj (reduced n=FE)
    k / j NI
    NI    +4.73644E-16
    L0kj=Uk*Mvak IF (kES) ELSE
  Uk*Yva*Mvak
    k / j   FE         NI
    FE    +2.8613E-20
    NI    +1.27717E-20
```

```
    Dkj (unreduced)
    k / j  FE               NI
    FE     +0      -4.73644E-16
    NI     +0      +4.73644E-16
    Volume =1.000000000000000E-005
27.                                    @@ 在 poly-3 模块中计算扩散系
                                          数随成分的变化
28. DIC>go pol
29. POLY_3:s-c t=1400, p=101325, n=1, x(ni)=0.2
30. POLY_3:c-e
31. POLY_3:s-a-v 1 x(ni) 0 1 1e-3
32. POLY_3:step,,
33. POLY_3:post
34. POST:s-d-a y m(fcc,ni)
35. POST:s-d-a x m-f ni
36. POST:pl,,                          @@ 绘制移动性与 Ni 摩尔分数的关系
37. POST:s-d-a y dc(fcc,ni,ni,fe)
38. POST:pl,,                          @@ 绘制扩散系数与 Ni 摩尔分数
                                          的关系
```

采用 DICTRA 软件调用元素的移动性和扩散系数，有两种方法。其一为使用 Dictra 模块的“check”命令，其二为在 poly-3 模块中使用 show 命令或进行 step 计算后绘制相应参数的性质图，其结果如图 4-106 和图 4-107 所示。

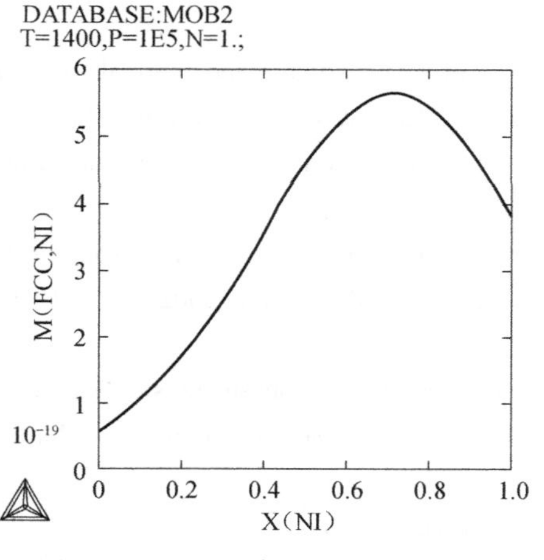


图 4-106 Fe-Ni 合金的移动性随 Ni 元素摩尔分数的变化（界面图）

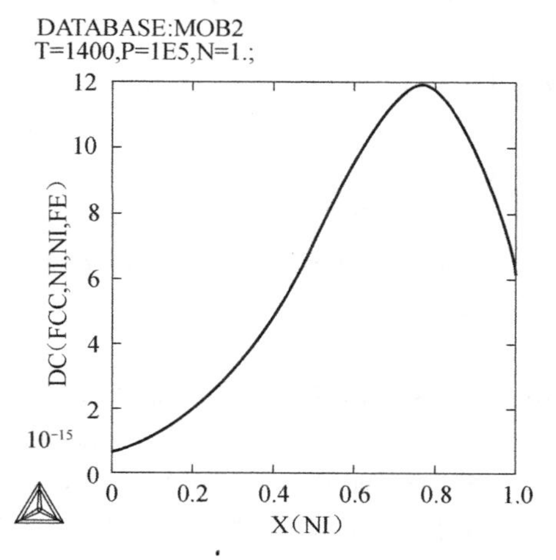


图 4-107 Fe-Ni 合金的扩散系数随 Ni 元素摩尔分数的变化（界面图）

## 4.10 本章小结

本章主要从初学者的角度对钢铁材料热力学、动力学的计算进行功能讲解，主要有二元、三元平衡相图的计算，平衡相变点和相变驱动力的计算，多元体系的平衡状态、相图和性质图的计算，凝固过程的模拟（热力学方法）和常用的扩散动力学模拟计算及动力学数据调用等，基本涵盖了采用软件进行热力学和动力学主要功能。每一种功能均以相对简单的过程为引导，用详细的计算程序或图例进行讲解，并配合 1-2 个更具实用性的计算实例进行更深入的学习，旨在使读者充分掌握相应功能的使用过程和适用领域。受篇幅和专业领域所限，本章不可能对热力学和动力学功能开发实现面面俱到，在完成基本功能的熟悉和掌握后，更深入的个性功能开发还需要读者自行完成。

### 参考文献

[1] Thermo-Calc Software AB. TCW5 examples，2008.

[2] Thermo-Calc Software AB. TCCS examples，2008.

[3] Andersson J O，Sundman B. Thermodynamic properties of the Cr-Fe system [J]. Calphad，1987，11：83～92.

[4] Andersson J O. Thermodynamic Properties of Cr-C [J]. Calphad，1987，11(3)：271～276.

[5] Gustafson P. A thermodynamic evaluation of the C-Cr-Fe-W system [J]. Metallurgical and Materials Transactions A，1988，19A：2547～2554.

[6] Rowland E S，Lyle S R. The application of Ms points to case depth measurement [J]. Trans ASM，1946，37：27.

[7] Lu X G，Selleby M，Sundman B. Assessments of molar volume and thermal expansion for selected bcc，fcc and hcp metallic elements [J]. Calphad，2005，29：68～89.

[8] Qiu C. An analysis of the Cr-Fe-Mo-C system and modification of thermodynamic parameters [J]. ISIJ International，1992，32：1117～1127.

[9] Jacot A，Rappaz M. A pseudo-front tracking technique for the modelling of solidification microstructures in multi-component alloys [J]. Acta Materialia，2002，50：1909～1926.

[10] Fuchs G E，Boutwell B A. Modeling of the partitioning and phase transformation temperatures of an as-cast third generation single crystal Ni-base superalloy [J]. Material Science and Engineering A，2002，333(8)：72～79.

[11] 余永宁. 金属学原理 [M]. 北京：冶金工业出版社，2000.

[12] Dictra26 User's Guide. Thermo-Calc Software AB，2010.

[13] Thermo-Calc Software AB. Dictra26 examples，2010.

# 第 5 章　材料热力学、动力学计算应用实例

材料热力学、动力学模拟的一般步骤是：

第一，将复杂研究对象简化为若干个材料成分、工艺的热力学、动力学参量计算问题，并从中找到解决问题的关键热力学、动力学参数。

第二，采用 CALPHAD 软件获取这一关键参数。注意，计算过程必须对研究对象进行大幅度简化，如只选取关键成分。

第三，利用 CALPHAD 软件研究各种成分、工艺条件下关键参数的变化情况，从而确定最佳的材料成分、工艺范围。

第四，在实验室或工业条件下验证和优化以上结果，获得最佳成分或工艺方案。

在这一过程之中，研究对象的提取和简化是关键。尽管 CALPHAD 方法对多元体系的研究具有优势，但随着体系复杂度的提高，计算结果的准确性和精度将显著下降，因此不必要的杂质成分、无关物相不要列入你的计算程序，除非它们本身就是研究对象（如研究钢中的夹杂物）。要做到这一点，软件的使用者必须首先熟悉材料的相关领域，这一点至关重要。

与上一章一样，本章节的所有计算结果都是基于国际上最通用的 Thermo-Calc、DICTRA 软件给出，如果使用其他 CALPHAD 软件，结果可能略有差异。

## 5.1　含 Cu 钢表面裂纹的控制

### 5.1.1　项目背景

钢中的 Cu 在加热过程中由于表面 Fe 被选择性氧化，容易在表面与氧化层界面处形成富 Cu 相。由于 Cu 的熔点低，随着氧化过程进行，富 Cu 相在加热温度下形成液态 Cu 相并沿奥氏体晶界渗透，导致热加工过程中产生表面裂纹。这就是众所周知的含 Cu 钢的表面热裂现象[1,2]。表面热裂问题是含 Cu 钢生产的最大难题之一。正是由于 Cu 的热裂现象，限制了 Cu 在钢中的应用。

但是，Cu 是钢中一个有用的合金元素，少量的 Cu 可以提高钢的耐腐蚀性能，并且 Cu 含量达到一定水平后还可在钢中通过析出强化显著提高钢的强度。为了充分发挥 Cu 的这种合金化作用，防止含 Cu 钢热加工过程中发生热裂，人们针对 Cu 钢的表面热裂问题进行了深入的研究[3]。研究结果表明，除钢本身的

氧化速率因素外，影响 Cu 的热脆性的主要因素包括如下几个方面：①Cu 在奥氏体中的溶解度；②液态富 Cu 相沿奥氏体晶界的渗透能力（浸润性）；③富 Cu 相的熔点。增加 Cu 在奥氏体中溶解度，提高富 Cu 相的熔点，对避免液态富 Cu 相的出现以及抑制含 Cu 钢的热裂非常有效。

近年来，随着环境保护要求的提高，加强钢铁的循环使用的呼声日益高涨。为了减轻环境保护压力，节约资源，加强资源的综合利用，废钢在钢铁生产中的应用比例正在逐年增加[4]。废钢的使用导致了钢中 Cu 含量增加。如何防止 Cu 引起热裂成为了最近几年人们研究的热点。以日本学者为代表，人们针对 Cu 的表面热脆性问题开展了大量研究工作。广泛的研究各种合金元素，包括 Sn、Ni、P、S、B、Si、Mn 等对 Cu 热脆性的影响规律及作用机理[5]。人们还从 Cu 在表面的富集、评价含 Cu 钢热脆性的方法及工艺参数对 Cu 热脆性的影响等方面对 Cu 的表面热脆性问题进行了深入研究[6]。这些研究工作加深了对 Cu 热脆性的认识。但是，这些研究工作主要集中在低铜含量的钢中，其 Cu 含量一般在 0.5%以下。而对高 Cu 钢相关的研究报道很少，我国在这高 Cu 钢表面氧化方面的研究工作几乎还是空白。

本项目分析了高 Cu 钢（$w_{Cu}>0.8\%$）的表面裂纹产生机制，随后利用 Thermo-Calc 热力学计算软件对高 Cu 含量的 Cu 钢和 Cu-Ni 钢的高温氧化行为进行了深入的分析辅助研究，并且对氧化物-基体界面处的微观组织、富 Cu-Ni 相的组分、形态和分布等方面进行了详细分析。从计算结果可以看出，热力学计算软件对含 Cu 钢表面裂纹控制研究具有现实意义。

### 5.1.2 研究对象

将含 Cu 钢分别加热到 1000℃、1100℃和 1200℃，并分别观察三个加热温度下含 Cu 钢表面氧化层的组织与相组成，如图 5-1 所示。通过观察研究发现，1000℃加热时含 Cu 钢表面氧化层中出现白色的富 Cu 相。富 Cu 相并不完全沿基

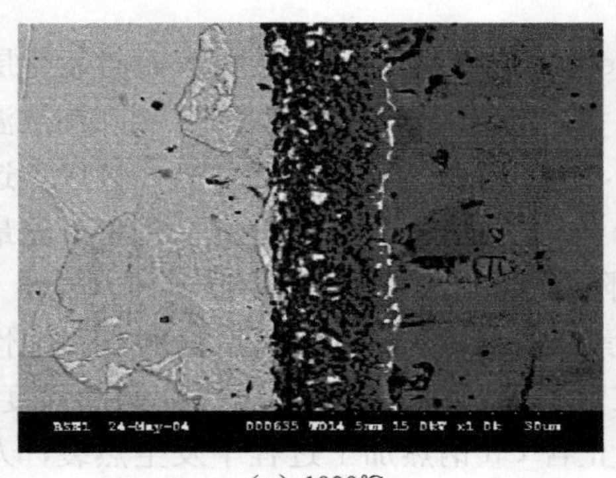

(a) 1000℃　　　　(b) 1100℃

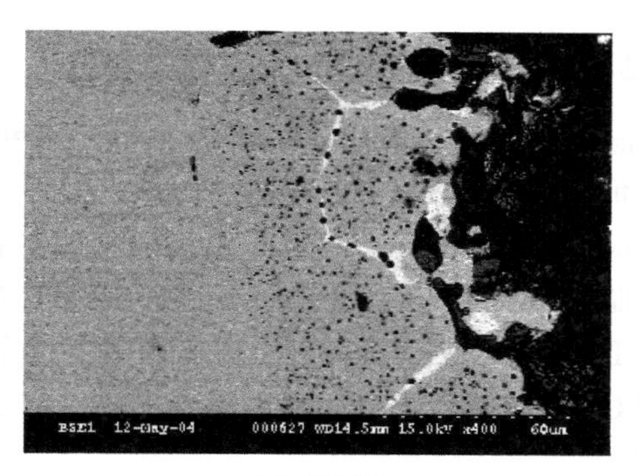


（c）1200℃

图 5-1　含 Cu 钢 1000℃、1100℃、1200℃加热时表面氧化层的电子显微图像

体与氧化层的界面富集，它弥散分布在靠近界面的氧化层内。能谱分析结果显示，富 Cu 相中 Cu 含量很高，达到 95%。1100℃加热，沿基体与氧化层的界面形成富 Cu 相，并且渗透到基体表面的晶界上。表面与晶界上形成的富 Cu 相中 Cu 的浓度也很高，成分分析的结果显示富 Cu 相中 Cu 含量达到 92%，见图 5-2。在 1200℃加热时 Cu 的富集情况与 1100℃的相类似，Cu 不仅在界面处富集并沿晶界渗透。比较而言，1200℃加热时形成的液态 Cu 相的厚度尺寸稍大一些，但 1100℃时液态 Cu 相沿晶界的渗透更深，说明此时 Cu 的渗透能力更强。

图 5-2　含 Cu 钢 1200℃加热时沿晶界渗透的富 Cu 相电子显微图像

由此可见，加热温度较高（>1000℃）时，含 Cu 钢表面氧化层中出现液 Cu 相，液 Cu 相沿着奥氏体晶界浸入造成了表面裂纹的产生。通过相关文献调研发现[7,8]，在含 Cu 钢中加入 Ni 可以有效防止液 Cu 相的形成，从而避免表面裂纹的产生。那么，应该加入多少 Ni，即 $w_{Ni}/w_{Cu}$ 比应该控制在什么范围可以避免液 Cu 相的产生呢？加热温度如何控制呢？不同的文献有不同的看法。根据此思路，将含 Cu 钢简化为 Fe-Ni-Cu 三元合金系，采用 Thermo-Calc 软件对上述问题进行了模拟计算。

### 5.1.3 研究方法与结果

首先利用 Thermo-Calc 软件计算了 Fe-Cu 合金的二元相图，如图 5-3 所示。图中黑点标明了不同加热温度下 Cu 钢中观察到的富 Cu 相所对应的成分。可以清楚地看到，1000℃时，95%Cu-Fe 的富 Cu 相仍然是固态相，因此，它以颗粒状形态分布于界面及临近的氧化层。温度在 1100～1200℃范围内，界面处形成的富 Cu 相（92%Cu-Fe）进入液态相，它沿界面聚集并向晶界渗透。在 1300℃的高温下，奥氏体中 Cu 的溶解度提高，界面附近形成的富 Cu 相成分为 10%Cu-Fe，处于固态相范围。

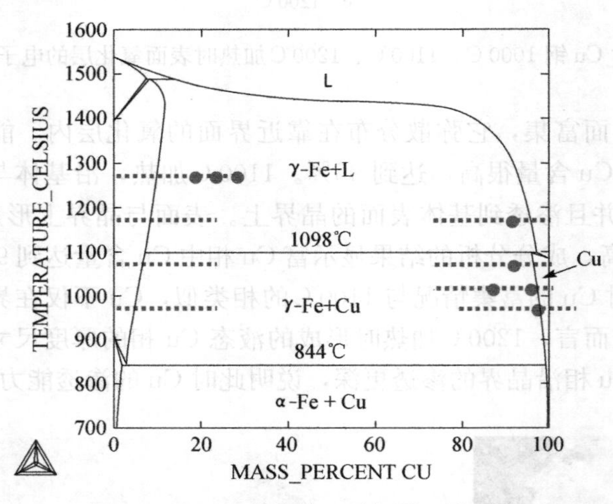


图 5-3 Fe-Cu 合金的二元相图（界面图）

在 Cu-Ni 钢中，由于 Ni 的加入，改变了 Cu 的富集规律。Cu-Ni 钢在高温氧化过程中，伴随 Fe 的选择性氧化，Cu 和 Ni 同时富集并形成 Cu-Ni-Fe 合金相。Ni 的融入降低了 Cu 的浓度，并使这些合金相以固态颗粒保留在氧化层内，防止了 Cu 在界面富集形成液态 Cu 相。热力学软件对 Fe-Cu-Ni 三元相图的计算结果很好地解释了 Cu-Ni 钢中 Cu、Ni 富集的变化规律。

利用 Thermo-Calc 热力学软件及其相应的数据库，计算了 Fe-Ni-Cu 三元系在 1100℃、1200℃和 1300℃下的等温相图，见图 5-4。

根据富 Cu 相成分分析结果，1100℃以下加热，Cu-Ni 钢（$w_{Ni}/w_{Cu}=0.71$）在氧化层与基体界面处形成的 Cu-Ni-Fe 合金相的成分为 10%Cu-12.5%Ni-Fe。而在氧化层中，位置靠近界面处形成的合金相成分为 22.1%Cu-23.4%Ni-Fe，较远处的合金相成分为 42.8%Cu-23.5%Ni-Fe。这些合金相在相图中的位置如图 5-4 所示。很明显，在 1100℃的加热温度下，所形成的合金相在高温下均是固态相。因此，该钢在 1100℃的加热时不会出现液态 Cu 相，可以防止 Cu 引起的热脆。从图中还可清楚地看出，氧化层中不同成分的 Cu-Ni-Fe 合金相是伴随氧化过程的进行进入两相区的相平衡结果。

1200℃下，热力学计算的结果显示，$w_{Ni}/w_{Cu}=0.71$ 的 Cu-Ni 钢随着氧化过程的进行，Cu 和 Ni 的富集将进入 γ+L（液相 Cu）的二相区，出现液 Cu 相。但合金相成分分析结果表明：在界面处 Cu-Ni-Fe 相成分为 7.1%Cu-3.4%Ni-Fe，氧化层内 Cu-Ni-Fe 相的成分为 9.6%Cu-10.9%Ni-Fe 和 25.4%Cu-34.8%Ni-Fe。这些合金相均落在 γ 单相区，即均为固相。这一结果说明：1200℃下氧化没有形成 Cu 的液相-固相平衡，富 Cu 相中 Cu 的浓度也没有出现达到凝固线的液相成分。高温氧化时 Cu、Ni 的富集规律可能是由于 Cu、Ni 扩散速率的差异所引起。1200℃时 Cu、Ni 在 γ-Fe 中的扩散系数分别为 $5.1\times10^{-15}$ 和 $2.3\times10^{-15}$，Cu 的扩散比 Ni 快两倍以上。这样，Cu 原子向基体的扩散要比 Ni 原子快得多。随着氧化过程的进行，在界面处 Cu 的富集将低于 Ni 的富集，造成氧化层中出现低 Cu/Ni 比的富 Cu 相。

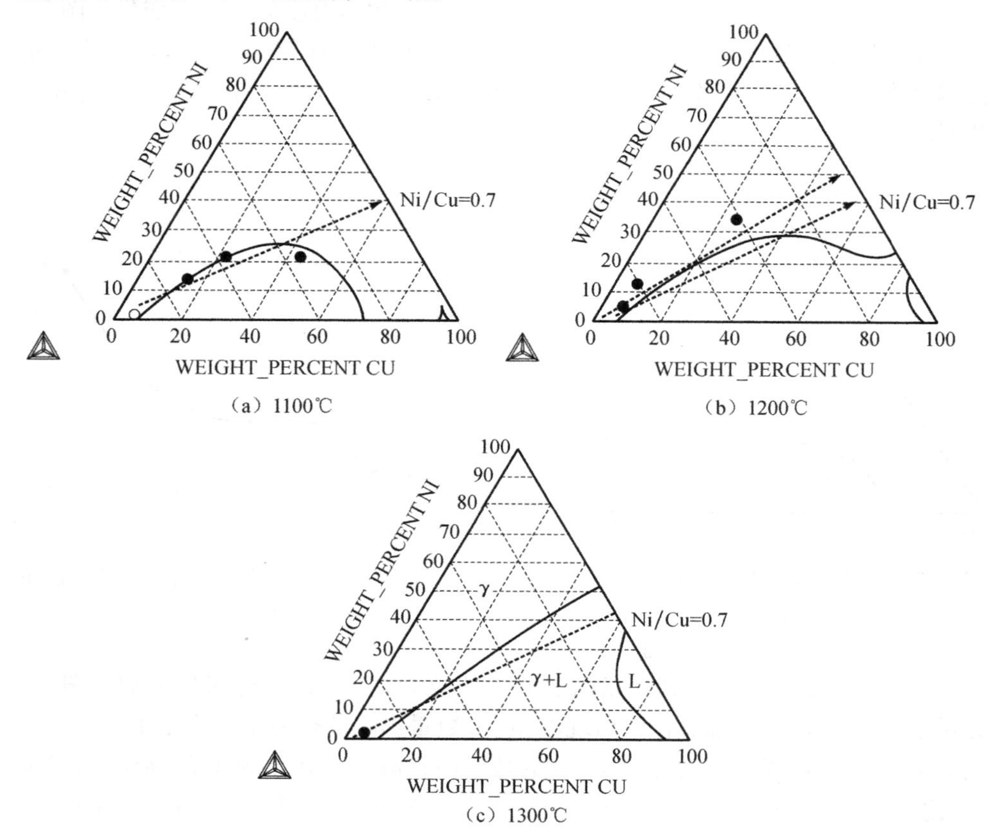

（a）1100℃　（b）1200℃　（c）1300℃

图 5-4　Fe-Cu-Ni 系合金 1100℃、1200℃、1300℃等温相图（界面图）

从图 5-4 中还可以看到，1300℃时 Cu 的液相区和 γ+L 的二相区进一步扩大，但高温下富 Cu 相中 Cu、Ni 的浓度都很低，均处在 γ 单相区，未能进入 γ+L 的二相区。

热力学的计算结果显示，钢中的 Ni/Cu 比提高对防止液相 Cu 的析出是非常有效的。图 5-5 示意说明了 Ni/Cu 改变对液相 Cu 形成规律的影响。假设 Fe 选择性氧化后钢中 Cu 和 Ni 按比例同时增加。对 a 点成分的钢，高温氧化后当合金成分达到 b 点后将进入 γ+L 的二相区，开始出现液相 Cu。液相 Cu 的析出将使与奥氏体相临处 γ 相中的 Ni/Cu 比增加。随着氧化过程的进行，局部 γ 相的成分将沿着 γ+L 二相区的边界线变化，Ni/Cu 比不断增加。当 Cu、Ni 富集相中的 Ni/Cu 比提高达到 c 点后，又进入 γ 单相区，随后一直到 d 点将不再出现液相 Cu。钢中的 Ni/Cu 比高于 c 点的 Ni/Cu 比后，热力学上就可以防止液相 Cu 的出现。对 Ni/Cu 比低于 c 点的钢，热力学角度不可能完全避免液 Cu 相的出现。

防止液相 Cu 出现的临界 Ni/Cu 比（c 点）随加热温度的改变而变化。图 5-6 显示了不同加热温度所对应的最小 Ni/Cu 比的热力学计算结果。可以看出，加热温度在 1250℃以下，钢中 Ni/Cu 比达到 1 以上，热力学上就可以完全避免液相 Cu 的出现。

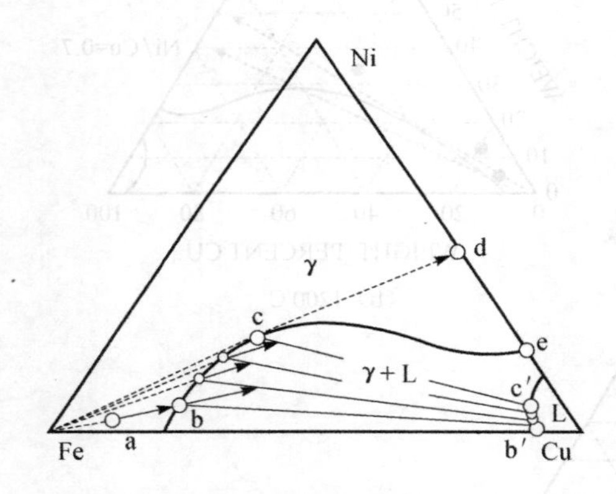


图 5-5 不同 Ni/Cu 比对液相 Cu 形成规律的影响

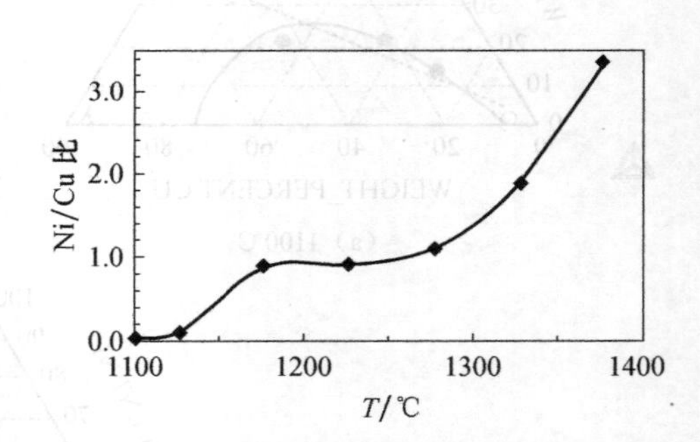


图 5-6 避免液相 Cu 产生的最小 Ni/Cu 比与加热温度的关系

Ni/Cu 比的提高对达到 c 点以前产生的液 Cu 相的数量有明显影响。图 5-7 显示了 Ni/Cu 比对高温氧化时出现液相 Cu 数量影响的热力学计算结果。可以看出，随 Ni/Cu 比提高，出现液相 Cu 的数量明显减少。在 1250℃的高温下，Ni/Cu 比为 0.7 的钢中产生液相 Cu 的数量比不加 Ni 的钢要减少 90%；对 Ni/Cu 比大于 1 的钢，可以完全避免液相 Cu 的出现。

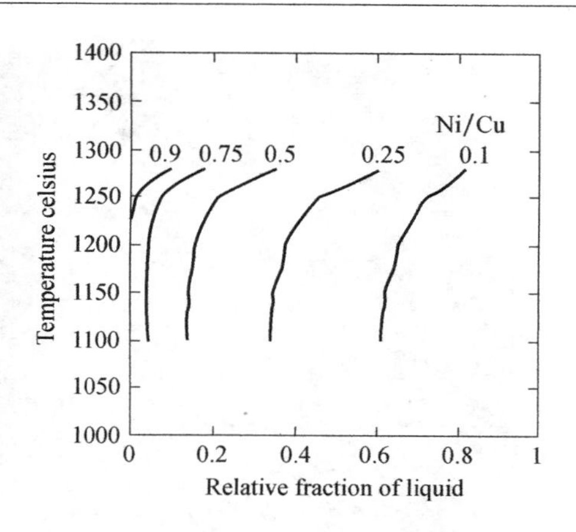


图 5-7　Ni/Cu 比对液相 Cu 数量的影响（界面图）

少量液相 Cu 的析出将增加富集相中 Ni 的浓度，形成富 Ni 区。富 Ni 合金相的形成也增加了 Cu 的溶解度（见 c-e 线），可以起到防止液相 Cu 向基体渗透的作用。Cu-Ni 钢 1200℃加热的试样中，虽然没有观察到液相 Cu 与富 Cu、Ni 相的相平衡现象出现，但在氧化层中观察到了富 Ni 的 Cu-Ni-Fe 合金相，其 Ni/Cu 比（34.9/25.8=1.35）明显高于钢基体，约为基体的 2 倍。产生这一现象除了上面提到的扩散因素外，热力学的相平衡也是可能的原因之一。高 Cu 含量的液相 Cu 也可能在氧化层中被进一步氧化或从氧化层中剥落没有被观察到。

从热力学的计算结果和本实验的实际观察结果来看，含 Cu 钢中加入 Ni 可有效地防止液态 Cu 相的产生，从而抑制 Cu 引起的热脆性。Ni 主要通过提高 Cu 在合金相中的溶解度、改变 Cu、Ni 富集相的成分和分布来发挥作用。在 Cu-Ni 钢中，伴随 Fe 的选择性氧化，Cu 和 Ni 同时富集并形成 Cu-Ni-Fe 合金相，Ni 的融入不仅降低了 Cu 的浓度，使这些合金相保持固态状态，并且使它们以颗粒状保留在氧化层内，防止了 Cu 在界面富集形成液态 Cu 相，如图 5-8 所示。不同温度下，Cu-Ni 钢氧化层与基体的界面处以及氧化层内形成的 Cu-Ni-Fe 合金相成分的差异主要是相平衡和 Cu、Ni 扩散所造成。钢中 Ni/Cu 比的提高，可明显减少液态 Cu 相的数量，有效抑制 Cu 脆的发生。

### 5.1.4　产品（技术）应用情况

根据上述研究结果，调整了含 Cu 钢中 Ni 的比例，重新进行了试验钢的冶炼和氧化层的微观分析工作，调整后含 Cu 钢以及 Cu-Ni 钢化学成分示于表 5-1。

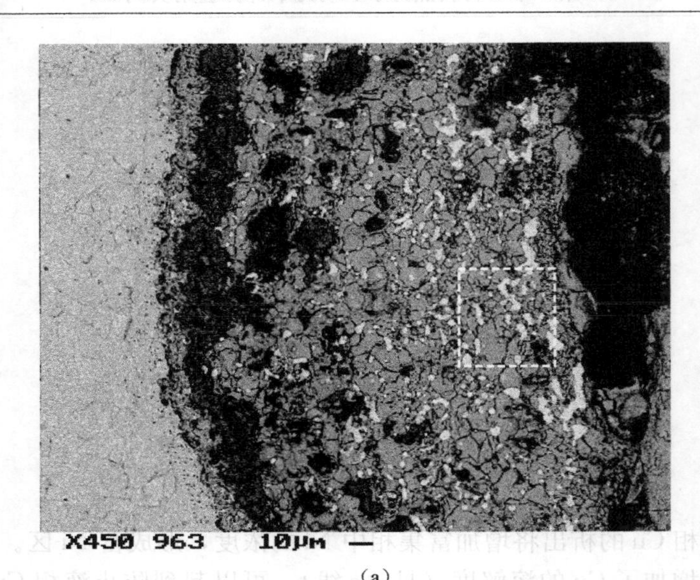


(a)

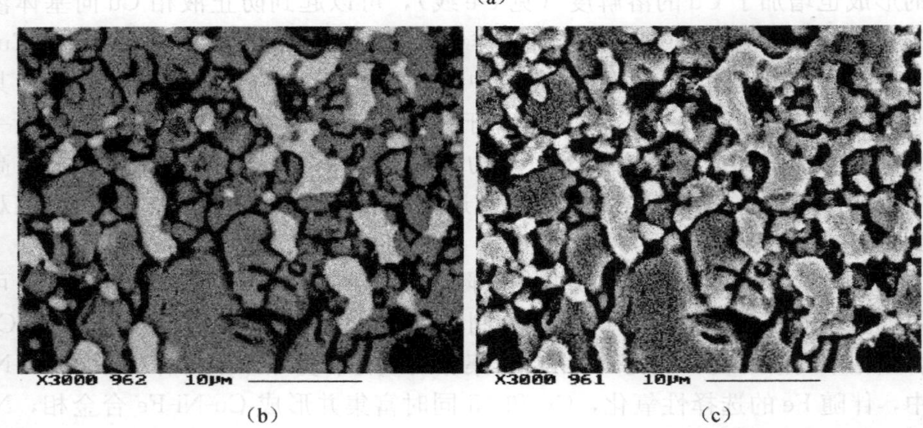


(b) (c)

图 5-8 Ni/Cu=1.1 时试验钢的氧化层图像

(a) 氧化层形貌（二次电子像）；

(b) 局部区域放大（背散射像）；(c) 局部区域放大（二次电子像）

**表 5-1 不同 Ni/Cu 比钢中的化学成分** （质量分数/%）

| 钢种 | 编号 | C | Si | Mn | S，P | Cu | Ni | Cr | Mo | Nb | Ni/Cu 比 |
|---|---|---|---|---|---|---|---|---|---|---|---|
| Cu 钢 | A |  |  |  |  | 0.97 | / |  |  |  | 0 |
| Cu-Ni 钢 | B | <0.08 | <0.50 | <1.0 | <0.015 | 1.19 | 0.85 | <1.0 | <0.5 | <0.05 | 0.71 |
|  | C |  |  |  |  | 1.09 | 1.20 |  |  |  | 1.10 |

对调整 Ni/Cu 的试验钢进行氧化层分析，Cu-Ni 相的成分分析结果示于表

5-2。在Ni/Cu比为1.1的C钢中，氧化层中Cu-Ni相的变化规律与Ni/Cu=0.7的钢相同，靠近界面位置的Cu-Ni富集相中Cu、Ni浓度较低，随着离界面的距离增加，氧化层内Cu-Ni富集相的Cu、Ni浓度升高。氧化温度升高，Cu-Ni富集相中Cu、Ni的浓度也降低。结果还表明钢中Ni/Cu比增加，氧化层内Cu-Ni富集相中Cu的浓度降低、Ni的浓度增加。

**表5-2 Cu-Ni钢中Ni、Cu富集相的成分**

| 钢种 | 位置 | 氧化温度/℃ | | | |
|---|---|---|---|---|---|
| | | 1000 | 1100 | 1200 | 1300 |
| B钢 | 界面处 | 4.8%Cu-5.5%Ni | 10%Cu-12.5%Ni | 7.4%Cu-3.2%Ni | 3.7%Cu-2.4%Ni |
| | 氧化层 | 28.6%Cu-28%Ni | 22.1%Cu-23.4%Ni | 9.6%Cu-10.9%Ni | |
| | | 40%Cu-23%Ni | 42.8%Cu-23.5%Ni | 25.8%Cu-34.9%Ni | |
| C钢 | 界面处 | 5.1%Cu-7.4%Ni | 9.2%Cu-10.1%Ni | 6.3%Cu-4.8%Ni | 4.6%Cu-5.3%Ni |
| | 氧化层 | | 20.4%Cu-25.6%Ni | 11.7%Cu-11.0%Ni | |
| | | | 43.7%Cu-33.6%Ni | 15.1%Cu-21.7%Ni | |

对调整Ni/Cu比的含Cu钢进行弯曲试验，在钢板表面未发现裂纹（图5-9）。含Cu钢的热裂纹问题得到了较好的解决。目前，该钢已在武钢实现工业大生产，并在海洋平台上获得成功的应用。

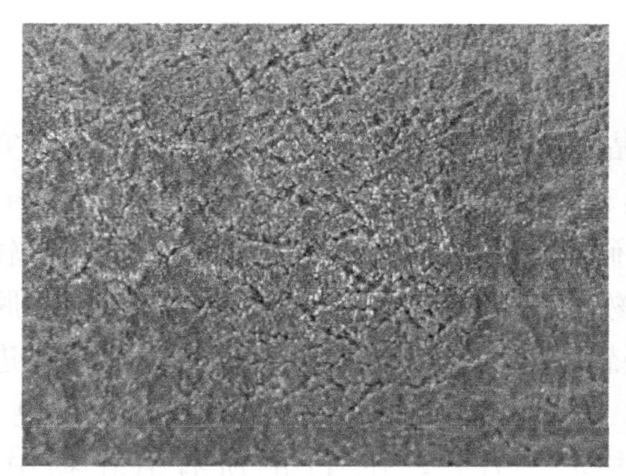

（a）无Ni钢表面出现明显裂纹　　（b）Ni/Cu=1.1含Cu钢未出现裂纹

图5-9 不同Ni、Cu比的含Cu钢弯曲后表面裂纹的观察结果

# 5.2 氧化物冶金领域的应用

## 5.2.1 项目背景

造船业的飞速发展对造船用船板钢提出了高强度、高韧性和易焊接性的要

求。在造船过程中采用大线能量焊接工艺可以显著缩短船体建造时间，提高施工效率，降低船体建造成本。但是，普通船板在经受大线能量焊接后焊接热影响区的低温韧性会发生显著下降，这主要是因为大线能量焊接后焊接粗晶区的显著长大以及奥氏体晶内组织的恶化造成。大线能量焊接用钢的研制，主要解决的是焊接粗晶区的粗大化问题，即如何阻止在焊接热循环的高温阶段粗晶奥氏体晶粒的长大。首先应用到钢中解决此类问题的办法是钢的微 Ti 处理技术，依靠钢中弥散分布 TiN 夹杂物阻碍焊接过程中奥氏体晶粒长大。有资料表明[9]，若焊接温度升高至 1350℃以上，大量的 TiN 颗粒会发生重熔，从而失去了阻碍奥氏体晶粒长大的作用。20 世纪 70 年代在焊缝金属中发现氧化物夹杂能改变焊缝的组织结构，并促进晶内铁素体的形核，从而提高焊缝的韧性和强度[10]。1990 年在日本古屋召开的第六届国际钢铁大会上，日本学者在借鉴焊缝中夹杂物的作用提出了“氧化物冶金”（oxide metallurgy）的技术思想[11,12]。即使钢中的夹杂物变害为利，在钢中形成超细（颗粒直径$<3\mu m$）均匀分布的高熔点氧化物夹杂，从而改变大线能量焊接粗大的热影响区组织，使钢具有良好的韧性、较高的强度和优良的可焊性。

因此，本节主要利用热力学计算软件 Thermo-Calc 计算大线能量焊接船板在利用氧化物冶金技术时出现的各种问题，从而为大线能量焊接技术的推广应用提供有力的理论依据。

### 5.2.2 研究对象

钢中并非所有氧化物夹杂都能促进晶内针状铁素体的形成。总结以前的研究结果，高熔点的超细氧化物 $TiO_x$、$ZrO_2$、$ReO_x$、（Ti-Mn-Si）$O_x$、（Zr-Mn-Si）$O_x$ 是有效的针状铁素体形核核心。但有研究者认为，Zr 和稀土的氧化物比重较大，在精练过程中会下沉，不利于氧化物在钢中弥散分布。而且用 Zr 和稀土脱氧成本较高，因此 $ZrO_2$ 和 $ReO_x$ 不是理想的晶内铁素体形核核心。在有效促进焊接热影响区异质形核的氧化物夹杂中，目前公认为 Ti 的氧化物（TiO、$TiO_2$、$Ti_2O_3$、$Ti_3O_5$）是最有效的晶内形核核心。另外，在 Ti 的所有氧化物中，$Ti_2O_3$ 促进晶内形核的能力最强[13,14]。

氧化物冶金技术的关键是如何在钢中得到大量弥散分布的细小氧化物夹杂。使氧化物在凝固过程析出是使钢中氧化物弥散分布的一个有效办法。通常的 Al 镇静钢中，Al 具有强脱氧能力，因此钢中熔解氧含量很低，凝固过程中析出的氧化物很少。为使得凝固过程中析出氧化物，可以使用 Mn、Si、Ti 等比 Al 弱的脱氧剂先期脱氧，这样就在凝固前钢液中保持有一定量的熔解氧。研究表明，炼钢中控制氧化物性质和分布的重要因素有[15]：①脱氧元素的选择；②氧化物的比重；③脱氧元素的加入顺序；④凝固前孕育时间的协调；

⑤孕育持续的时间；⑥当孕育剂加入时的氧含量；⑦相关元素的偏析；⑧冷却速率。

总结以前的研究可以看出，如何选择氧化物、如何获得细小的氧化物、合金元素对氧化物形成的影响以及氧化物促进晶内针状铁素体形核的机理均需要通过相关分析研究进行阐述说明。

### 5.2.3　研究方法与结果

1. 氧化物促进铁素体形核机理的研究

关于氧化物促进针状铁素体的形核机理，一直以来存在较大的争论。采用黏结（Bonding）试验方法在 $TiO_2$、$ZrO_2$、$CeO_2$ 等粉末与基体钢界面处观察到明显的铁素体带（图 5-10（a）、(b）和（c）），而 TiN 粉末却没有类似的作用（图 5-10(d)）。由此可见，$TiO_2$、$ZrO_2$、$CeO_2$ 粉末具有促进铁素体形核的作用，如何解释这一现象呢?

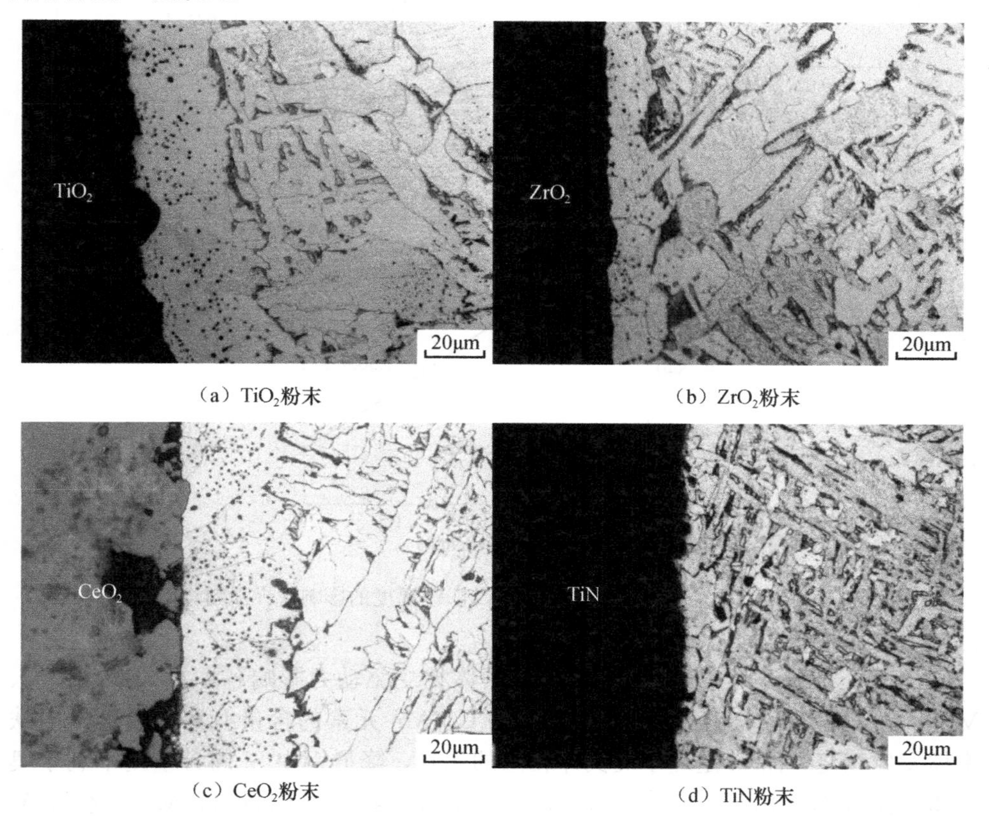


（a）$TiO_2$粉末　（b）$ZrO_2$粉末

（c）$CeO_2$粉末　（d）TiN粉末

图 5-10　Bonding 试验中各种氧化物粉末对促进铁素体形核的不同作用

研究发现，第二相粒子粉末本身的特性使粉末与基体界面处元素分布发生了变化，从而促进了界面处铁素体的形核[16]。在本研究所采用的基体材料中，C、Si、Mn 是最主要的合金元素，分析 C、Si、Mn 三个元素对铁素体相变的影响可以为探讨夹杂物促进铁素体形核提供理论依据。利用 Thermo-Calc 软件及其附带的 TCFE6 钢铁材料数据库，分别计算了 0.08%C-0.20%Si-1.50%Mn 体系中 C、Si、Mn 元素对 $A_3$ 温度及其铁素体相变驱动力的影响（图 5-11，图 5-12）。

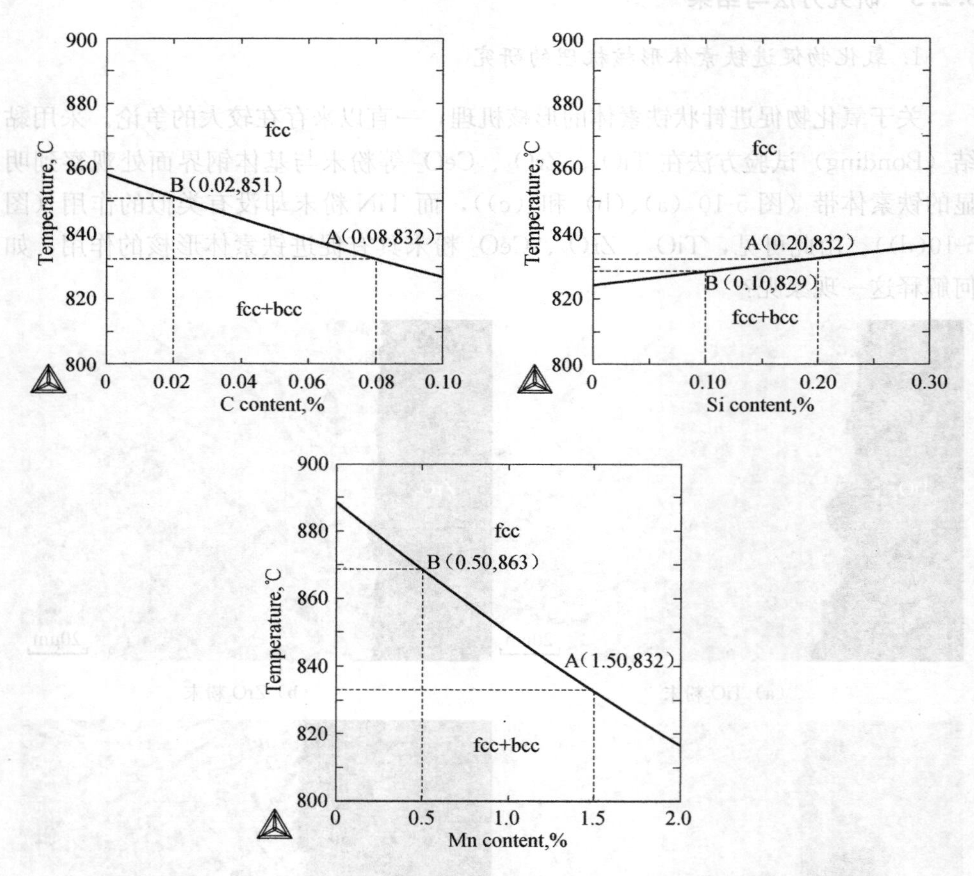


图 5-11　C、Si、Mn 合金元素对 $A_3$ 温度的影响（界面图）

C、Si、Mn 三元素对 $A_3$ 温度和铁素体相变驱动力影响各不相同。其中 C、Mn 都是扩大奥氏体相区元素，降低钢中 C、Mn 元素的含量有利于奥氏体向铁素体发生相变。而 Si 是缩小奥氏体相区的元素，降低钢中 Si 的含量则不利于奥氏体向铁素体发生相变[17]。从 Thermo-Calc 计算结果可以看出，Mn 元素对 $A_3$ 温度及铁素体相变驱动力影响最为显著。钢中 Mn 含量从 1.5%降低到 0.5%时，

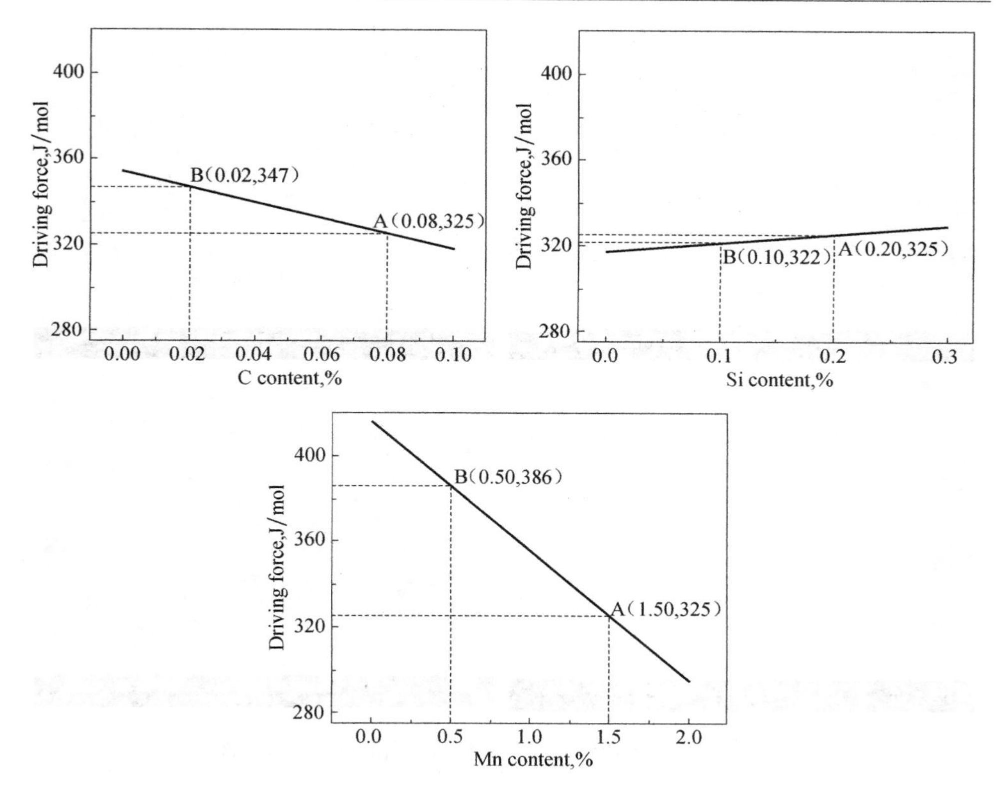


图 5-12　C、Si、Mn 合金元素对铁素体相变驱动力的影响（界面图）

$A_3$ 温度从 832℃ 升高到 863℃，700℃ 铁素体相变驱动力从 325J/mol 提高到 386J/mol。Si 元素对 $A_3$ 温度和铁素体相变驱动力的影响相对较弱，钢中 Si 元素含量从 0.20%降低到 0.10%，$A_3$ 温度仅变化 3℃，700℃铁素体相变驱动力几乎不发生变化。钢中 C 含量变化也对 $A_3$ 温度及相变驱动力存在显著影响。C 元素从 0.08% 下降到 0.02%，$A_3$ 温度从 832℃ 升高到 851℃，相变驱动力从 325J/mol 提高到 347J/mol。由此可以看出，基体材料中 C、Mn 元素的降低能促进铁素体发生相变，其中 Mn 元素影响最为显著。

2. 奥氏体化温度对 $Ti_2O_3$ 粉末促进铁素体形核的影响

黏结奥氏体化温度对 $Ti_2O_3$ 粉末促进生长的铁素体过渡层存在显著影响。试验中发现，随着黏结奥氏体化温度的降低，铁素体过渡层宽度显著降低，当奥氏体化温度降低到 950℃时，氧化物粉末与基体之间的铁素体层基本消失。利用能谱测定了铁素体层距离氧化物粉末不同距离的 Mn 含量，结果示于图 5-13、图5-14。由于 $Ti_2O_3$ 主要依靠吸收邻近基体中的 Mn 形成贫 Mn 区来促进铁素体相变，可以推断奥氏体化温度对铁素体层宽度的影响可能与 Mn 在奥氏体中的扩散有关。

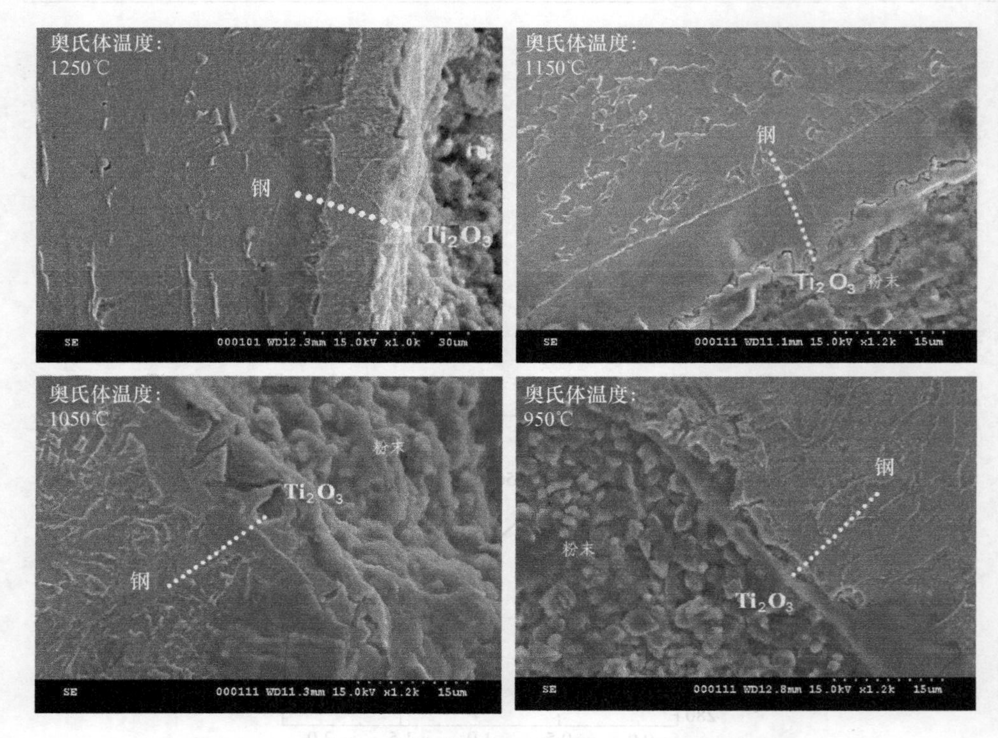


图 5-13　不同奥氏体化温度下黏结界面的电子显微图像

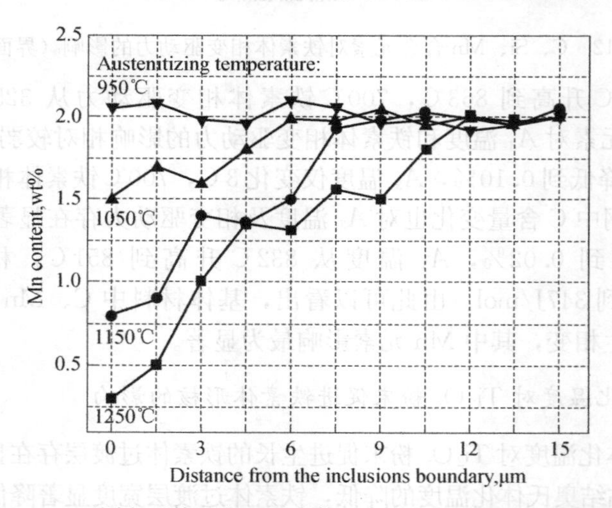


图 5-14　不同奥氏体温度下铁素体层 Mn 含量的测定（界面图）

$Ti_2O_3$ 在高温条件下可以吸收周围基体中 Mn 进入氧化物，而 Mn 也主要是通过扩散的方式从基体中不断扩散到氧化物中的[18]。因此，可以将上述问题简化为如图 5-15 所示模型。

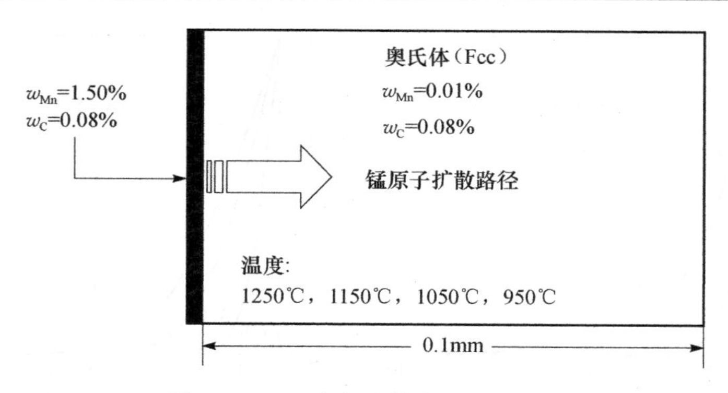


图 5-15　Mn 在奥氏体中的扩散模型

在低 Mn 含量奥氏体基体（$w_{Mn}$=0.01%，$w_C$=0.08%，宽度：0.1mm）的一侧，施加成分固定的成分线载荷（$w_{Mn}$=1.50%，$w_C$=0.08%）。由于线载荷上的 C 和基体中 C 含量相同，而 Mn 含量则远高于基体中 Mn 含量，界面上会发生 Mn 的扩散。利用 DICTRA 动力学模拟软件，可以模拟不同奥氏体温度下（1250℃、1150℃、1050℃、950℃）Mn 的扩散问题。由于试验中黏结时间为 10min，模拟最大扩散时间选取 600s。

DICTRA 模拟结果示于图 5-16。从动力学模拟计算结果可以看出，Mn 在奥氏体中的扩散能力随着奥氏体化温度的降低显著下降。当奥氏体化温度为 1250℃时，Mn 的扩散距离最长，600s 时 Mn 的最大扩散距离大于 18μm。当奥氏体化温度为 950℃时，Mn 的扩散距离小于 1μm，几乎不能扩散。将计算结果中 Mn 的最大扩散距离和试验所测得的铁素体层宽度进行对比（图 5-17）后发现，二者基本一致。由此可见，相同扩散时间条件下奥氏体化温度决定了 Mn 的最大扩散距离，而 Mn 最大的扩散距离又和 Bonding 试验中铁素体层的宽度相关联。因此，奥氏体化温度通过影响 Mn 元素在奥氏体中的扩散，影响了 $Ti_2O_3$ 吸收基体中 Mn 以及由此形成的贫 Mn 区，从而对 $Ti_2O_3$ 促进铁素体相变的能力存在显著影响。

### 3. 钢液中 Al 含量对形成 Ti 氧化物的影响

研究发现，钢液中 Al 含量对 Ti 处理钢中形成的含 Ti 氧化物存在显著影响[19]。首先采用热力学软件 Thermo-Calc 计算了 Al、Ti 处理钢（化学成分见表 5-3）在平衡状态下夹杂物的析出情况。两种试验钢 C、Si、Mn、S、P 以及 Ti 元素的含量基本相同，二者 Al 含量存在显著差异。其中 Ti 处理钢中 Al 含量较低（0.002%），而 Al 处理钢中 Al 含量为 0.015%。计算过程中使用的数据库有 TCFE5、SSOL4、SLAG2、SSUB4、TCMP2，计算过程中考虑的氧化物类型有

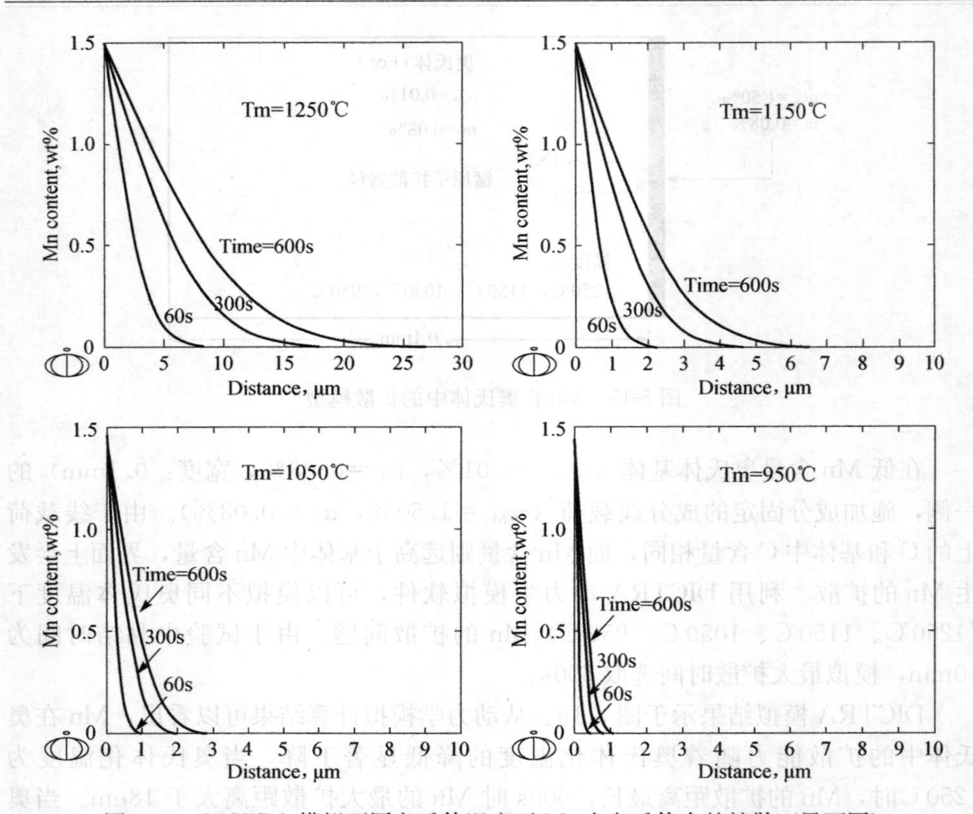


图 5-16　DICTRA 模拟不同奥氏体温度下 Mn 在奥氏体中的扩散（界面图）

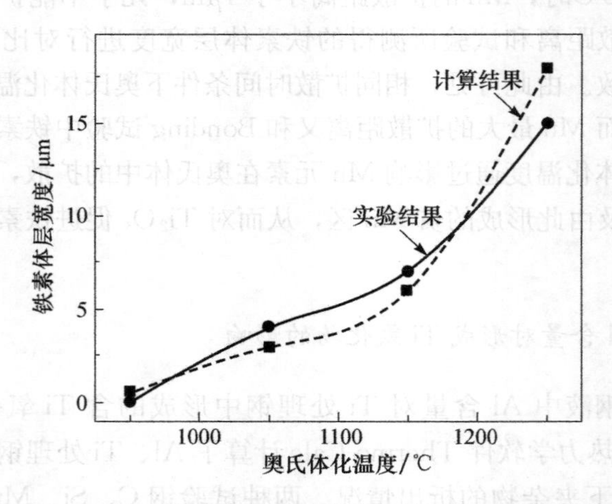


图 5-17　黏结试验铁素体层宽度计算结果与实验结果对比

MnO、$SiO_2$、$MnSiO_3$、$Al_2O_3$、TiO、$TiO_2$、$Ti_2O_3$、$Ti_3O_5$，计算结果如图5-18所示。从图中可以看出，Ti 处理钢在高温下首先开始析出 $Ti_3O_5$，其平衡开始析

出温度约为 1600℃。随着温度的降低，$Ti_3O_5$ 逐渐转化为 $Ti_2O_3$，转化温度约为 1430℃，其次析出的是 TiN 和 MnS，其平衡开始析出温度约为 1350℃（图 5-18(a)）。在 Ti 处理钢平衡析出物中，没有 TiO 或者 $TiO_2$，由此可以看出，TiO 和 $TiO_2$ 都不能稳定存在钢液中。Al 处理钢中首先析出的 $Al_2O_3$，其平衡开始析出温度为 1680℃，其次是在奥氏体中析出的 TiN，其平衡开始析出温度为 1420℃，最后析出的是 MnS，其平衡开始析出温度为 1350℃（图 5-18（b））。由此可见，Ti、Al 的氧化物都是在液态钢水中形成的，TiN 和 MnS 是在奥氏体冷却中形成的，Al 的氧化物平衡开始析出温度高于 Ti 的氧化物平衡析出温度，Al 处理钢中 TiN 的平衡开始析出温度要高于 Ti 处理钢中 TiN 的平衡析出温度。

**表 5-3 Al、Ti 处理钢的化学成分** （质量分数/%）

| 编号 | C | Si | Mn | S | P | Ti | Al | O | N |
|---|---|---|---|---|---|---|---|---|---|
| Ti 处理钢 | <0.15 | <0.40 | <1.50 | 0.002 | <0.005 | 0.011 | 0.0020 | 0.0020 | 0.0019 |
| Al 处理钢 | | | | 0.002 | <0.005 | 0.012 | 0.0150 | 0.0016 | 0.0028 |

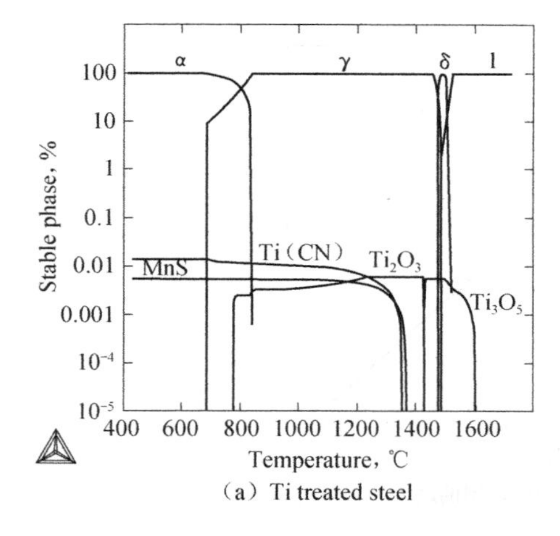

(a) Ti treated steel

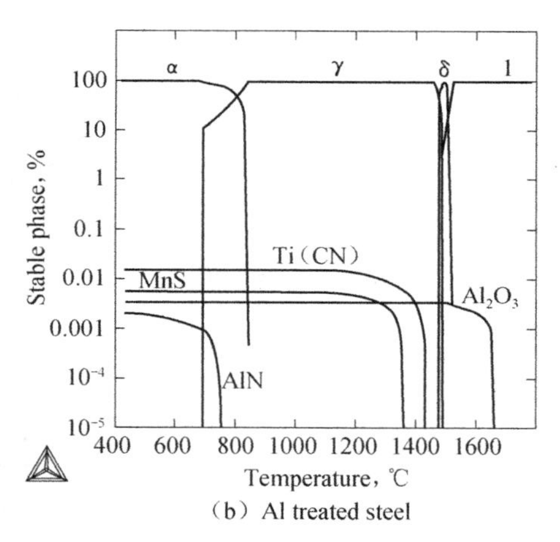

(b) Al treated steel

图 5-18 Al、Ti 处理钢平衡析出的热力学计算结果（界面图）

由上面的研究可以看出，Al 含量的差异造成了钢液中夹杂物类型的显著差异。那么 Al 含量是如何影响钢中夹杂物类型的呢？为得到 Ti 氧化物，炼钢时应如何控制钢液中的 Al 含量呢？需要从热力学的角度再次对这个问题加以解释。利用 Thermo-Calc 软件计算了 1700K 时 Al 含量对 Fe-0.08%C-0.20%Si-1.50%Mn-0.02%Ti-0.0030%O-$x$Al 体系中形成氧化物类型的影响（图 5-19(a)、(b)），计算结果表明，当钢中 Al 含量小于 73ppm 时才能有效避免形成 Al 的氧化物。同时还计算了上述体系中不同 O 含量时为避免形成 $Al_2O_3$ 的最大 Al 含量（图 5-19(c)），由计算结果可知，如果控制钢液中 O 含量在 20～40ppm，则钢液中最大 Al 含量必须低于 62ppm。本研究中试验钢（表 5-3 中 Ti 处理钢）中的 Al 含量为 20ppm，因此将不会有 Al 的氧化物生成。

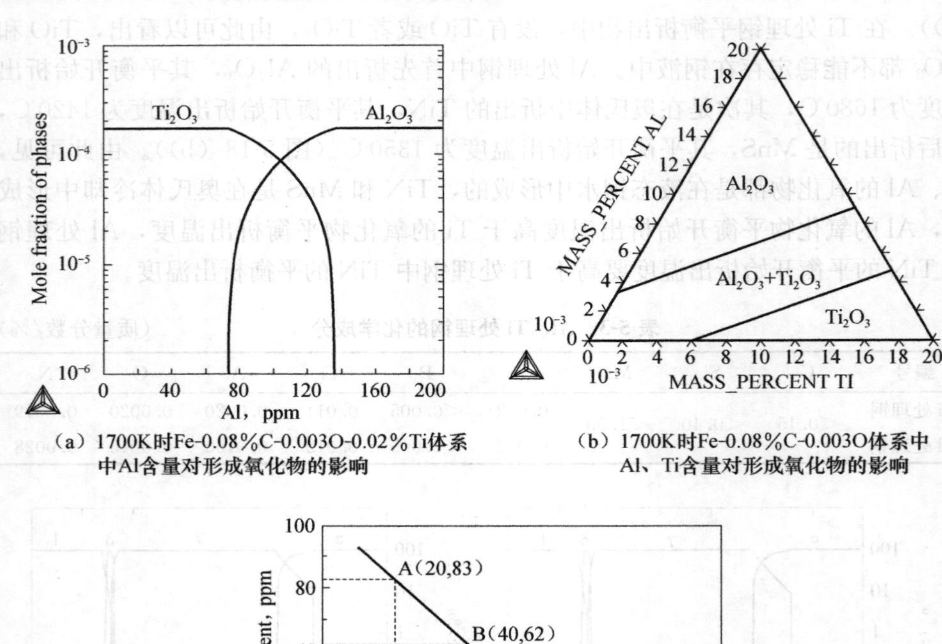


（a）1700K 时 Fe-0.08%C-0.003O-0.02%Ti 体系中 Al 含量对形成氧化物的影响

（b）1700K 时 Fe-0.08%C-0.003O 体系中 Al、Ti 含量对形成氧化物的影响

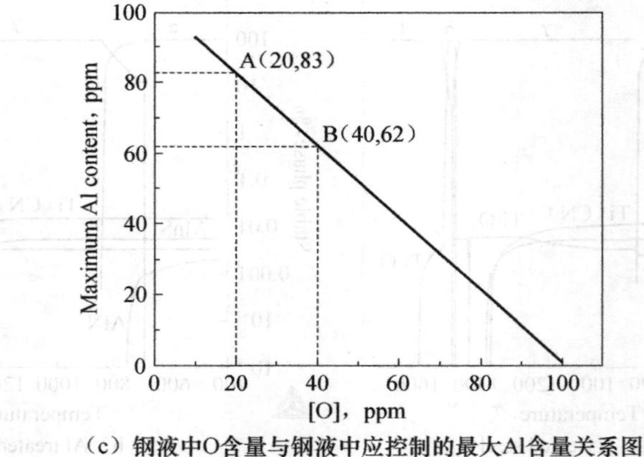


（c）钢液中 O 含量与钢液中应控制的最大 Al 含量关系图

图 5-19　Al 含量对 Ti 处理钢中形成氧化物类型影响的热力学计算结果（界面图）

4. 钢液中 Mg 含量对形成 Ti 氧化物的影响

有研究提出，微量 Mg 添加到 Ti 脱氧钢中能显著改善含 Ti 氧化物的形态[20]。微量 Mg 添加到钢中，形成大量 Mg、Ti 复合氧化物夹杂，显著改善大热输入焊接时焊接热影响区的韧性[21]。但是钢中如何添加微量 Mg 合金元素、应该添加多少含量的 Mg 以及微量 Mg 对钢中氧化物夹杂形态、成分、粒度、分布影响的机理目前仍然没有弄清楚。研究者在 Ti 处理钢的研究基础上，在钢中添加了不同含量的 Mg 元素，结合热力学软件 Thermo-Calc 计算了钢中第二相夹

杂物形成热力学条件，研究了微量 Mg 对 Ti 处理钢中氧化物夹杂形成的影响。

在 Ti 处理钢中，只形成单独的 Ti 的氧化物，Mg 加入到 Ti 处理钢中会形成不同类型的 Mg-Ti-O 复合氧化物。由此可见，微量 Mg 加入到钢中会改变钢中第二相粒子的类型、成分、粒度及分布状态。利用热力学计算软件 Thermo-Calc 及其附带的铁材料数据库 TCFE5、SLAG2、SSUB4 计算了 Mg、Ti 复合处理钢中第二相粒子的形成。在计算中考虑可能形成的氧化物主要有：TiO-alfa、TiO-Beta、$TiO_2$、$Ti_2O_3$、$Ti_3O_5$、$Mg_2TiO_4$、$MgTiO_3$、$MgTi_2O_5$、MgO 以及各种 Fe 的合金氧化物。图 5-20（a）计算了 Fe-0.08%C-0.20%Si-1.50%Mn-0.02%Ti-0.0030%O-0.0040%N 合金体系 1700K 时形成氧化物的摩尔数和钢中加入 Mg 含量的关系。从计算结果可以看出，当钢中 Mg 含量较低时（$w_{Mg}<23ppm$），主要形成 $Mg_2TiO_4$ 和 $Ti_2O_3$ 两种类型的氧化物。其中 Mg 含量约为 12ppm 时形成 $Mg_2TiO_4$ 和 $Ti_2O_3$ 的摩尔数相等。当钢中 Mg 含量大于 23ppm 时，钢中开始形成单独 Mg 的氧化物夹杂（MgO），此时单独 $Ti_2O_3$ 的夹杂物消失。当钢中 Mg 含量大于 85ppm 时，此时钢中只有 MgO 夹杂，不形成任何含 Ti 的氧化物夹杂。由文献［22］可知，Ti 及富 Ti 的氧化物夹杂是目前发现的最有效的针状铁素体形核核心，MgO 不是有效的针状铁素体形核核心，因此在 Mg-Ti 复合处理钢中，要避免单独 MgO 的形成。当钢中 Ti 含量为 80～200ppm 时，钢中的 Mg 含量则必须控制低于 23ppm（图 5-20（b））才可以有效避免形成单独的 MgO 夹杂。为精确测定钢中夹杂物的具体类型，采用化学萃取的方法将第二相粒子（氧化物夹杂）提取出来后进行 X 射线衍射，衍射结果示于图 5-21 和表 5-4。从相分析结果可以看出，M1 钢中主要形成 $Mg_2TiO_4$ 和 $Ti_2O_3$ 两种氧化物夹杂。由此可见，上述计算结果和试验数据基本吻合。

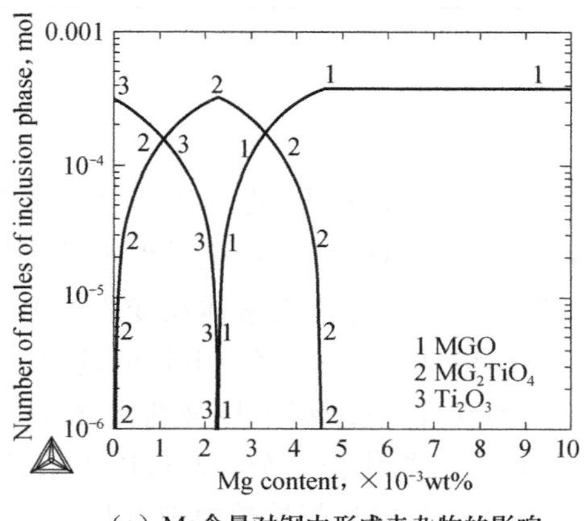


（a）Mg含量对钢中形成夹杂物的影响

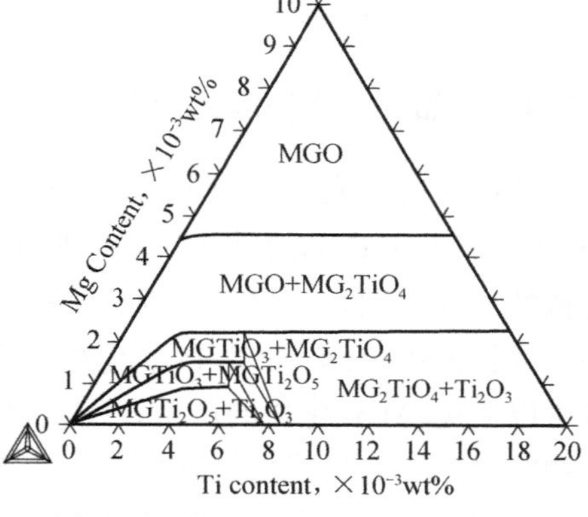


（b）Fe-0.20%Si-1.50%Mn-0.030%O-Mg-Ti 合金体系1700K等温截面相图

图 5-20　热力学计算不同 Mg 含量的 Ti 处理钢中夹杂物的演变（界面图）

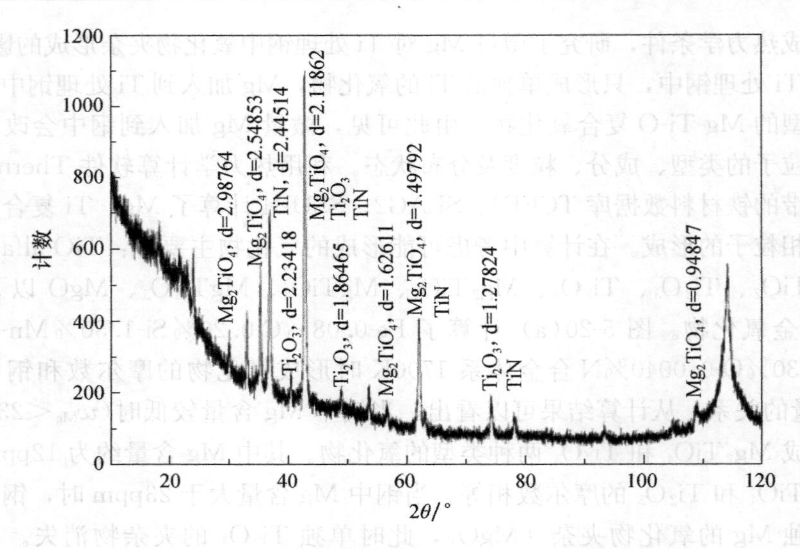


图 5-21　M1 钢中萃取夹杂物的 X 射线分析结果

**表 5-4　M1 钢中第二相粒子相分析结果**

| 钢种 | 析出相类型 | 晶系 | 点阵常数/nm |
|---|---|---|---|
| M1 | $Fe_3C$ | 正交晶系 | $a_0$=0.4523～0.4530 |
| | TiN | 面心立方 | $a_0$=0.423～0.424 |
| | MnS | 立方晶系 | $a_0$=0.5224 |
| | $Mg_2TiO_4$ | 面心立方 | $a_0$=0.844～0.846 |
| | $Ti_2O_3$ | 三角晶系 | $a_0$=0.5139 |
| | $MnTiO_3$ | 六角晶系 | $a_0$=0.5137 |

注：$Ti_2O_3$ 与 $MnTiO_3$ 的 X 射线衍射数据极为相似，两者都可能存在。

### 5.2.4　产品（技术）应用情况

从以上的研究中主要提供给我们以下信息：①钢中 Ti 的氧化物（主要为 $Ti_2O_3$）具有促进晶内针状铁素体形核的能力；②贫 Mn 区的产生是促进铁素体形核的主要原因，这主要与 Mn 含量对 $A_3$ 温度及奥氏体向铁素体相变驱动力有关；③钢液中 Al 含量对 Ti 氧化物类型存在显著影响，控制钢液中较低的 Al 含量可以避免 Al 氧化物的产生；④微量 Mg 添加到 Ti 处理钢中显著细化含 Ti 氧化物的尺寸，并形成大量弥散分布的 Mg-Ti-O 复合氧化物夹杂。通过以上信息，实验室冶炼了不同合金处理的试验钢，并进行了大线能量焊接热模拟试验。

试验钢的合金处理方式分别为：Al 处理（C-Mn 钢）、Ti 处理、Zr 处理、Ti-Mg 处理（不同 Mg 含量）、Ti-Zr 处理。对不同处理的试验钢分别进行 20～

200kJ/cm 焊接线能量的热模拟试验（峰值温度 $T_m$＝1350℃），并对热模拟试验进行低温冲击试验，结果示于图 5-22。如图所示，Al 处理的普通 C-Mn 钢焊接热影响区低温韧性最低，Ti、Ti-Zr 及 Ti-Mg 处理的试验钢均具有较高的大线能量焊接热影响区低温韧性。其中 Ti-Mg 复合处理（低 Mg）的试验钢焊接粗晶区在 200kJ/cm 线能量焊接时仍然具有高达 300J 以上的低温冲击功。从焊接粗晶区的显微组织可以看出（图 5-23），Al 处理钢中除粗大的先共析铁素体外，原始奥氏体晶内主要为平行排列的侧板条铁素体为主。而 Ti-Mg 处理钢焊接粗晶区奥氏体晶内主要为交错排列的针状铁素体组织。经研究发现，细小的含 Ti 氧化物具有促进铁素体形核的能力（图 5-24）。目前该技术已经成功应用于实际船板钢的生产工艺流程上。

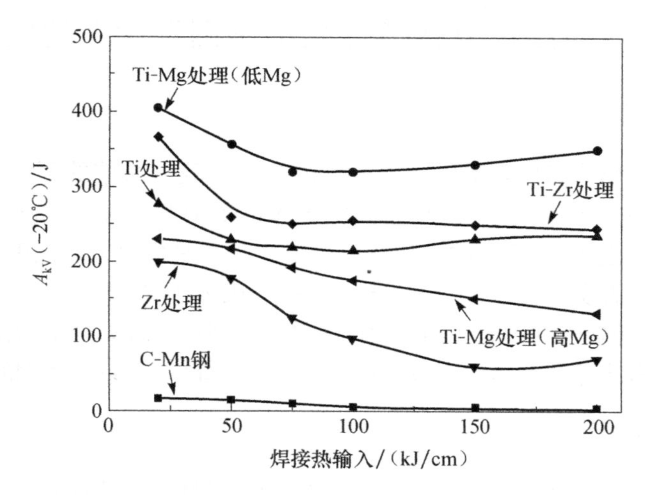


图 5-22　焊接线能量对不同合金处理方式试验钢韧性影响（$T_m$＝1350℃）

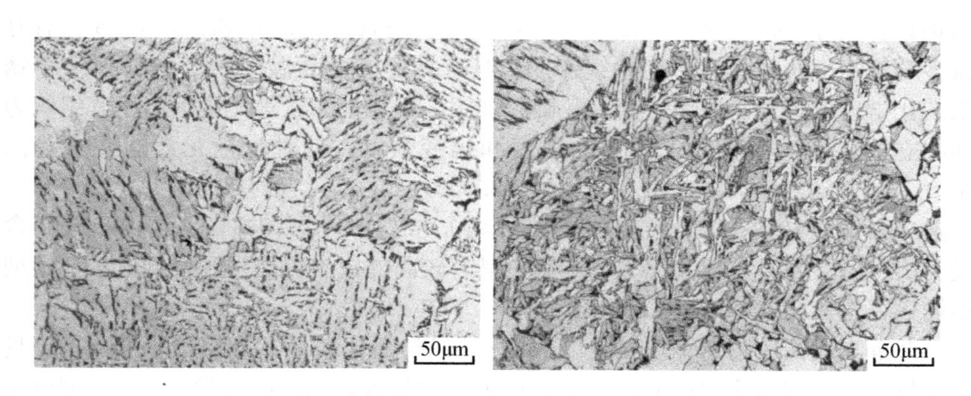


图 5-23　Al 处理钢和 Ti-Mg 处理钢焊接粗晶区的显微组织

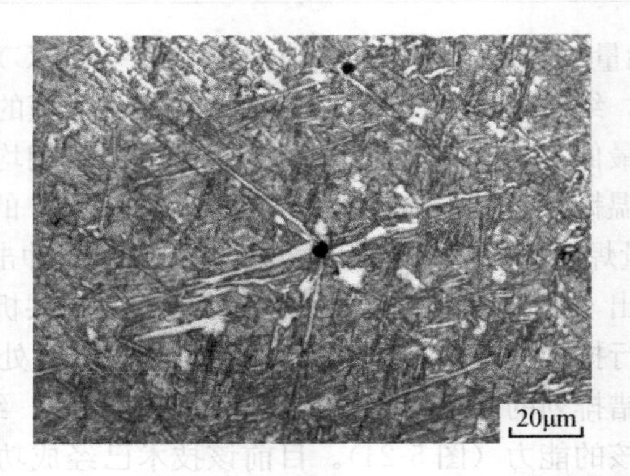


图 5-24 晶内针状铁素体在含 Ti 氧化物上的形核

## 5.3 相图计算在节镍型不锈钢设计上的应用

### 5.3.1 项目背景

全世界不锈钢产量中，奥氏体不锈钢占 75%。我国目前的不锈钢也主要以奥氏体不锈钢为主，包括 200 和 300 系。奥氏体不锈钢的巨大用量刺激了对金属 Ni 的需求，导致了近年来 Ni 价的持续高涨。2007 年 4 月份以来，伦敦金属交易所的镍价一度突破 5 万美元/吨，导致传统 300 系奥氏体不锈钢的生产成本显著增加。我国是个 Ni 资源缺乏的国家，随着我国不锈钢产量的增加，Ni 的供需矛盾将日益凸显，唯一的解决办法就是生产节镍型的不锈钢，降低 Ni 系不锈钢的比例[23,24]。

### 5.3.2 研究对象

传统不锈钢主要为高 Ni 含量的奥氏体不锈钢，如国标 0Cr25Ni20 及 2Cr25Ni20 等。其中 0Cr25Ni20 对应的是美标 310S 不锈钢，310S 奥氏体铬镍不锈钢具有很好的抗氧化性、耐腐蚀性，因为较高百分比的铬和镍，310S 拥有好得多蠕变强度，在高温下能持续作业，具有良好的耐高温性[25]。奥氏体型不锈钢的化学成分特性是以铬、镍为基础添加钼、钨、铌和钛等元素，由于其组织为面心立方结构，在高温下有高的强度和蠕变强度。其对合金元素的要求范围是[26]：$w_c \leqslant 0.08\%$，$19.0\% < w_{Ni} < 22.0\%$，$24.0\% < w_{Cr} < 26.0\%$，$2.0\% < w_{Mo} < 3.0\%$，$w_{Mn} \leqslant 2.0$，$w_{Si} \leqslant 1.0$，$w_S \leqslant 0.030$，$w_P \leqslant 0.035$。但是由于较高含量 Ni 合金元素，造成传统 310S 不锈钢具有较高的成本，必须开发低成本节镍型不锈钢替代传统 310S 高镍不锈钢。

节镍型奥氏体不锈钢主要是以 Mn、N 代替部分 Ni，可以降低生产成本，具有良好的强度和耐腐蚀性能，由于 Mn 和 N 的加入，其性能与常规 Cr-Ni 型奥氏体不锈钢相比具有一定的差异，尤其是合金元素对合金相图的影响也存在显著差异[27,28]。20 世纪 50 年代中期，肖纪美院士在美国开展了 650℃以上温度工作的节镍不锈耐热钢的研制，通过系统研究相图与相变，寻求代镍的合金元素——锰、碳、氮，找出能形成稳定奥氏体相组织的区域，确定成分的浓度范围；并且进一步研究了加入不同强化合金元素：钒、钨、钼、铌、硅、硼对相界和相变的影响。他通过一系列的研究发现，可以用锰、氮部分或全部代替奥氏体不锈钢中的镍，肖纪美首次提出节镍奥氏体不锈钢基本成分设计和力学性能计算的方法和计算图。该钢种要形成完全奥氏体组织所需的最低碳、氮含量可通过下列公式计算：$w_C+w_N=0.078(w_{Cr}-12.5\%)$。因此，结合相关文献研究，采用 Thermo-Calc 热力学软件计算了高 N 节镍型不锈钢的相图以及合金元素对奥氏体不锈钢相区的影响。

### 5.3.3　研究方法与结果

首先，采用 Thermo-Calc 软件及其附带的 TCFE6 数据库计算了传统 310S 不锈钢相图（图 5-25）。310S 不锈钢的基体成分为 Fe-0.03%C-0.20%Si-1.3%Mn-25%Cr-20%Ni-0.03%Mo-0.0050%N。从传统 310S 不锈钢相图上可以看出，在低 Ni 端存在四种类型的含铁素体（BCC）相区：BCC、L+BCC、FCC+BCC、L+FCC+BCC。因此，要想在较宽的温度区域下形成单一的 FCC 相，则钢中 Ni 含量必须大于 18%，此时传统 310S 不锈钢中 Mn、N 含量均相对较低。较高的 Ni 含量是形成奥氏体不锈钢的必要条件。

目前节镍不锈钢的合金设计主要采用高 Mn、高 N 设计。首先从合金设计上研究不采用 Ni 时是否可以获得奥氏体不锈钢。在 Fe-0.03%C-0.20%Si-9%Mn-25%Cr-0.03%Mo-0%Ni-$x$N 合金系基础上计算多元合金相图，结果示于图 5-26。如图所示，在上述合金系基础上，通过增 N 取代 Ni 获得奥氏体不锈钢

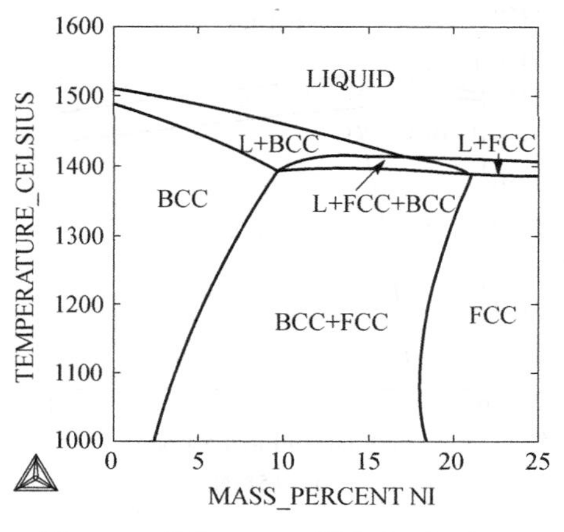


图 5-25　传统 310S 不锈钢相图（界面图）

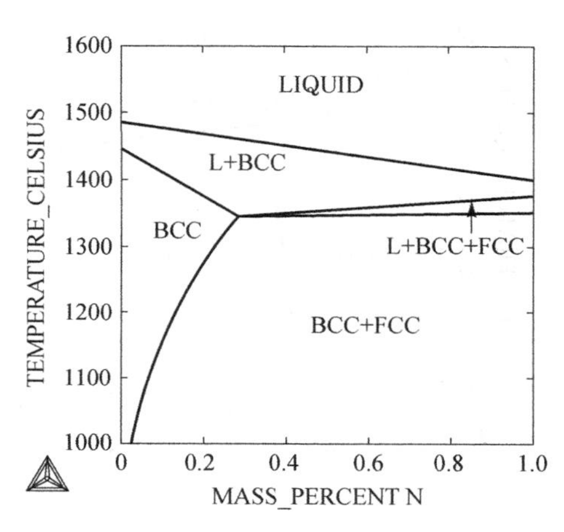


图 5-26　无 Ni 不锈钢相图（界面图）

是行不通的。即使在N含量高达1%时在整个温度范围内仍然无法获得单一的奥氏体相区。由此可见，必须在合理的调整N-Ni比例，在低Ni的基础上采用高N成分设计获得节镍型奥氏体不锈钢。

分别计算了N含量为0.0050%、0.1%、0.3%、0.5%时Fe-0.03%C-0.20%Si-9%Mn-25%Cr-0.03%Mo-N-Ni系多元合金相图，结果示于图5-27。图5-27(a)为0.005%N含量（钢中残余N）时多元合金相图，如图所示，1000℃时获得单一奥氏体相区的临界Ni含量为25%，此时和传统310S不锈钢的合金设计成分类似。图5-27(b)为0.1%的N含量多元合金相图，1000℃时获得单一奥氏体相区的临界Ni含量为20.9%，增加N时获得单一奥氏体相区的临界Ni含量显著下降。进一步增加N含量到0.3%和0.5%时（图5-27(c)、(d)），1000℃获得单一奥氏体相区的临界Ni含量分别为12.4%和5.6%。钢中

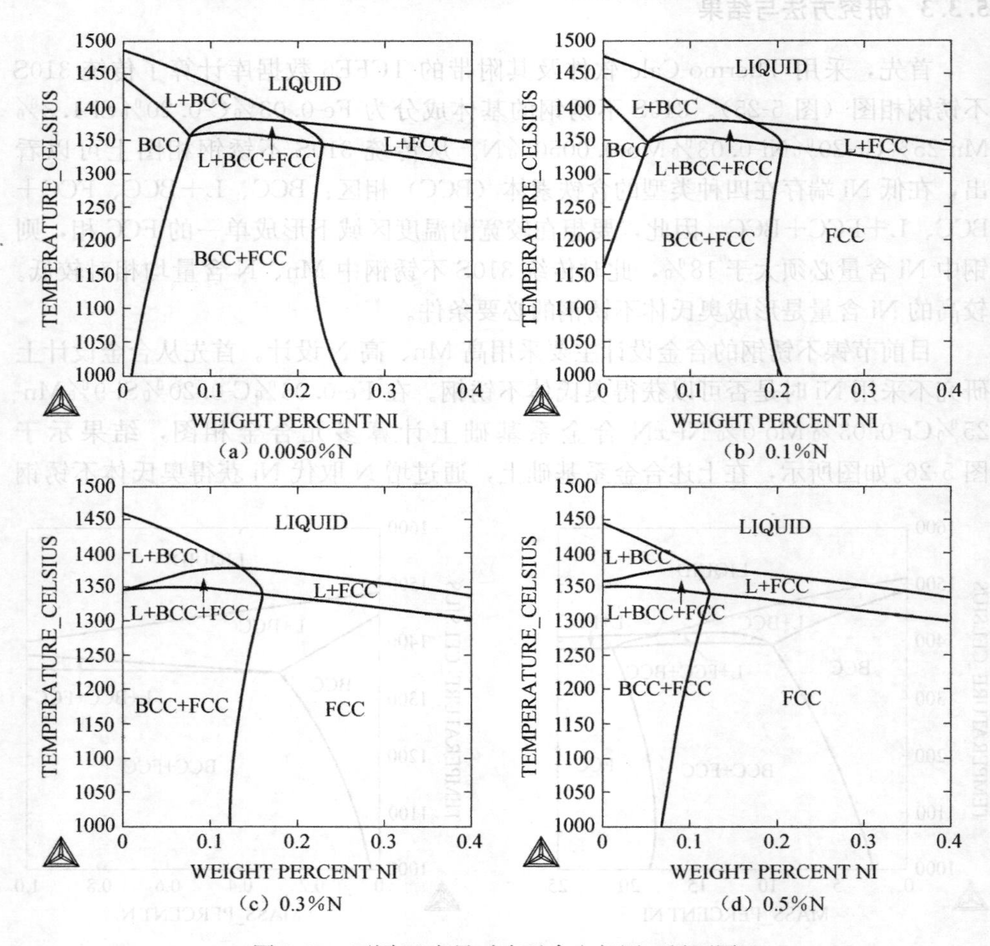


图5-27 不同N含量时多元合金相图（界面图）

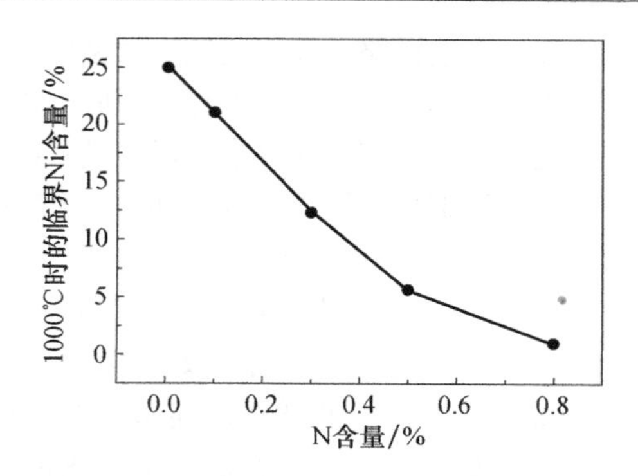


图5-28 钢中N含量和获得单一奥氏体相区临界Ni含量的关系

N含量和1000℃时获得单一奥氏体区的临界Ni含量的关系示于图5-28。由图可见，通过大幅度增加钢中N含量，获得奥氏体不锈钢的最低Ni含量可以节省50%以上。

### 5.3.4 产品（技术）应用情况

通过以上的研究，从热力学上弄清了钢中如何利用廉价的N取代Ni元素，并获得了节镍型奥氏体不锈钢的成分设计。目前，国内已经开发出各类节镍型不锈钢，如1Cr17Mn9Ni4N，化学成分中的部分Ni被Mn、N代替。与Cr-Ni奥氏体不锈钢相比，其冷作硬化到相同强度（1200MPa）时，1Cr17Mn9Ni4N钢的伸长率可达到21%～28%，而传统1Cr18Ni9Ti的伸长率只有6%。根据以上研究设计的典型1Cr17Mn9Ni4N节Ni型不锈钢的成分示于表5-5[29]。

**表5-5 典型1Cr17Mn9Ni4N节Ni型不锈钢的化学成分** （质量分数/%）

| | C | Si | Mn | S | P | Cr | Ni | N |
|---|---|---|---|---|---|---|---|---|
| 要求 | ≤0.12 | ≤0.8 | 8.0～10.5 | ≤0.015 | ≤0.035 | 16.0～18.0 | 3.5～4.5 | 0.15～0.25 |
| 实测 | 0.05 | 0.3 | 9.0 | 0.002 | 0.010 | 17.0 | 4.3 | 0.22 |

经研究发现，1Cr17Mn9Ni4N节Ni型不锈钢在900～1075℃固溶处理时，其随着温度的提高强度略有下降，但塑性显著提高。综合考虑其显微组织随固溶温度的变化规律，其固溶处理应在1000℃以上。其次，该钢在低温下变形时发生相变诱发塑性效应，使得该钢具有优异的低温性能。

## 5.4 海洋平台用高强度特厚钢板的合金设计

### 5.4.1 项目背景

随着我国国民经济的迅速发展，对高品质特厚板的需求也迅速增加。海洋工程、核电、军工、水电工程、高速铁路、高层建筑、大型模具等领域的发展都迫切需要各种高性能的特厚钢板。特厚钢板是指厚度超过 80mm 以上的钢板，这类材料在冶金、轧钢、热处理工艺上往往都有特殊要求。以自升式海洋平台桩腿用大厚度齿条钢为例，要求调质热处理后钢板的屈服强度达到 690MPa 以上，韧性要求考核 −40℃、−60℃甚至−80℃的低温冲击。齿条钢特厚板在研制和生产方面最大的难点在于，如何保证在整个厚度截面方向获得淬透的显微组织，从而达到较为均匀的力学性能。由于热传导速率的限制，特厚钢板的心部在淬火过程获得的冷速最低，如图 5-29 所示，从而不易获得淬透组织，易形成大面积的粒状贝氏体[30]，导致钢板心部的冲击韧性显著下降。总之，对于超大厚度的高强度钢板，提高钢板心部的淬透性成为该产品研制的一大难点[31]。

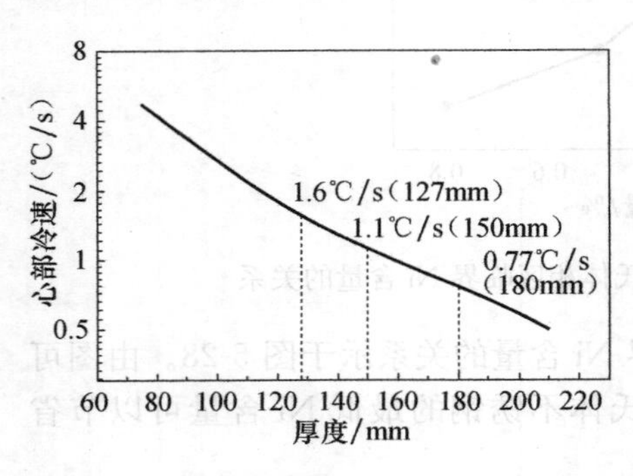


图 5-29　辊压式淬火条件下特厚钢板心部的平均冷速与厚度的关系

## 5.4.2　研究对象

特厚钢板的合金成分设计是提高钢板淬透性的关键因素。复合合金化是显著提高钢的淬透性的常见方法，C、Si、Mn、Cr、Ni、Mo、V、Cu 等合金元素均在不同程度加强钢板的淬透性，复合添加使这种淬透效果进一步优化。然而，考虑到特厚钢板的心部冷速非常低，仍然需要最大程度的改善淬透性，因此加入微量 B 元素。微量 B 固溶于奥氏体中，在冷却过程中在奥氏体晶界偏聚，抑制晶界铁素体的形核，从而提高钢的淬透性，尤其使低冷速条件下的淬透性大大提高[32]。但是钢中存在一定含量的 N 元素，B 属活泼元素，易与 N 在较高温度形成稳定的 BN。一旦形成稳定的 BN 析出物，奥氏体中固溶的有效 B 含量减少，就会降低元素 B 对淬透性的提高作用。因此，改善 B 对提高淬透性的有效作用，重点在于如何阻止 B 在奥氏体中析出 BN 的化合物、保持 B 在奥氏体中固溶。

而阻止 N 元素与 B 的结合，则需要在钢中添加各种强固 N 元素，使 N 元素优先与其他固 N 元素结合，使钢中的 B 元素游离出来，保持固溶。钢中常见的固 N 元素有 Ti、V、Nb、Al、B 等[33,34]，采用 Thermo-Calc 热力学软件计算了各种固 N 元素对保持钢中 B 固溶的影响，并进行了一系列实验进行验证。

1. 成分体系

为尽可能改善特厚齿条钢板的淬透性，应充分发挥各个合金元素的作用，采用复合添加 C、Si、Mn、Ni、Cr、Mo、V、Cu、B 等，构成齿条钢的基本合金设计体系 C-Si-Mn-Ni-Cr-Mo-V-Cu-B。各个元素含量参照国外某特厚钢板的成分设计，如表 5-6 所示。

**表 5-6　特厚钢板的合金成分体系**　　（质量分数/%）

| C | Si | Mn | Ni，Cr，Mo，V，Cu | B | DI* /cm |
|---|---|---|---|---|---|
| 0.18 | 0.40 | 0.80 | 适量 | 0.0010 | 17.8 |

* 不考虑 B 的作用时的理想淬透直径

为考察各个固 N 元素对 B 固溶的影响，假定钢中 N 含量为 40ppm，B 含量为 10ppm。若钢中没有其他固 N 元素，根据计算和实验结果，钢中的 B 元素几乎全部形成 BN，基本无法固溶于奥氏体中。在计算过程中，分别改变 Ti、V、Al 等元素的含量，如表 5-7 所示，研究了含量变化对 B 元素固溶的影响。

**表 5-7　在计算过程中采用的固 N 元素及含量**

| 序　号 | 固 N 元素 | 质量分数/% | 其他元素/% |
|---|---|---|---|
| 1 | Ti | 0.02 | Al：0.02 |
| 2 | V | 0.10 | Al：0.02 |
| 3 | Al | 0～0.10 | N：0.0040 |
| 4 | Al | 0～0.10 | N：0.0100～0.0130 |

2. 环境条件

特厚齿条钢板采用淬火＋回火处理，一般淬火温度为 900℃左右，因此，考查淬火温度附近的析出相的状态及各析出相中的成分变化有重要意义。因此，在计算过程中，当温度不作为变量时，一般设定温度为 900℃；当温度作为变量时，则重点考察 900℃附近，或 800～1000℃的情况。

### 5.4.3　研究方法与结果

1. V 的固 N 作用

考察 V 元素对固 N 效果的影响，如图 5-30 所示。假定 V 含量为 0.10%。从图中可以看出，在 V-Al-B 齿条钢合金体系中，BN 的析出驱动力最大，在 1200℃左右即开始析出，而 AlN 比 BN 的析出开始温度低 100℃，而 V（CN）则比 BN 的析出开始温度低 300～400℃。V 元素无法起到固定 N 元素、阻止 BN 析出的作用。因此，V 不适合单独作为特厚齿条钢板的固 N 元素。

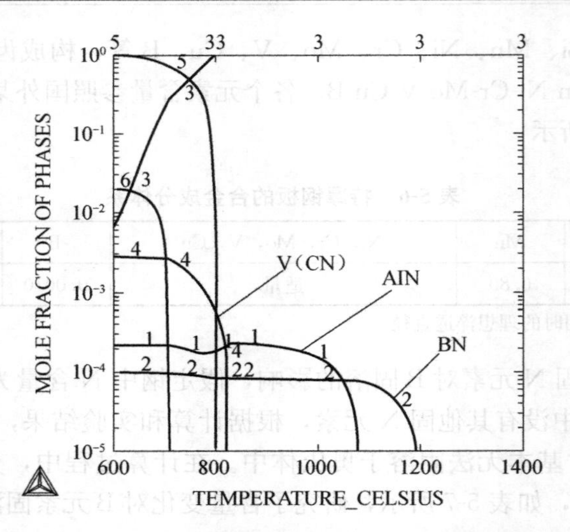


图 5-30 含 V 齿条钢的相随温度的变化（界面图）

2. Ti 的固 N 作用

考虑 Ti 元素对固 N 效果的影响，如图 5-31 所示。一般微 Ti 处理的 Ti 含量为 0.01%～0.02%左右。从图 5-31(a) 可以看出，在齿条钢合金体系中加入 0.015%的 Ti 元素，钢中的 N 将优先析出 TiN 或 Ti（CN），析出开始温度高达 1460℃，远远高出 BN 的析出开始温度，说明 Ti 元素可有效固定钢中的 N 元素、阻止 BN 的形成。图 5-31(b) 则显示，TiN 中固定 N 的比例随温度的降低（TiN 的析出量增加）而升高，到 1050℃ TiN 中固定的 N 即达到约 90%，此后比例有所降低，因为在此温度以下开始析出 AlN，夺走部分 N。总之，微 Ti 处理

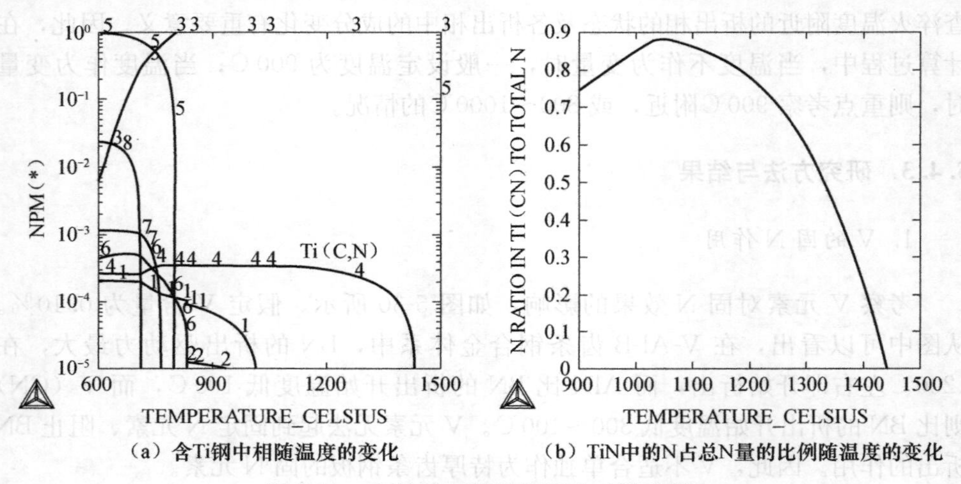


（a）含Ti钢中相随温度的变化　（b）TiN中的N占总N量的比例随温度的变化

图 5-31 Ti 对固 N 效果的影响（界面图）

可固定钢中大部分N，使B保持固溶。图5-32的计算结果显示，为了使齿条钢在900℃完全不析出BN，则需要在钢中加入Ti约0.02%左右。

3. Al的固N作用

研究Al元素对固N效果的影响。首先常规Al含量（$w_{Al}$=0.02%）的情况，如图5-33所示。图中可以看出，BN的析出开始温度约1200℃，AlN在1070℃左右析出，低于BN的析出开始温度，BN的析出基本上不受AlN析出的影响。至900℃时，B以BN的形式析出了80%以上，保持固溶的B量较低。计算结果说明，正常含量的Al元素添加无法阻止B的析出，起不到较好的固N作用。若需要提高固N效果，应提高Al含量[35]。下面考虑了不同的Al含量对固N的影响。

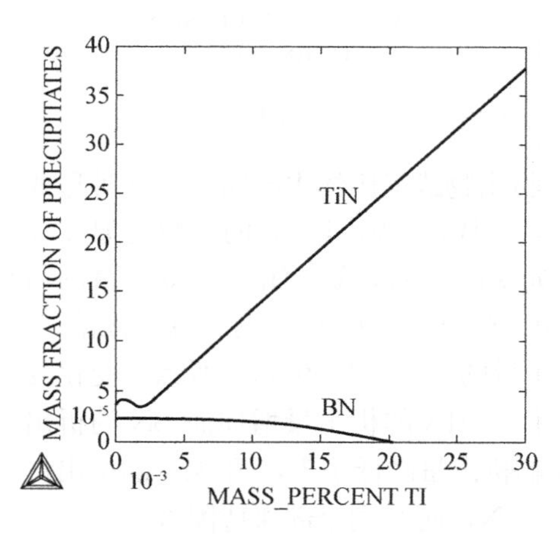


图5-32 TiN和BN的析出随Ti含量的变化（900℃；界面图）

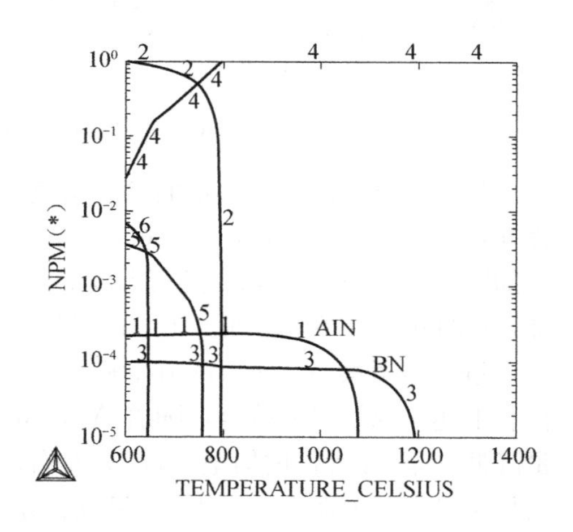


图5-33 含Al齿条钢的相随温度的变化（$w_{Al}$=0.02%；界面图）

0～0.10%含量的Al对AlN和BN析出的影响如图5-34所示。图5-34（a）显示，随着Al含量的增加，AlN的开始析出温度增加，析出总量也增加，表明Al的固N作用增强。Al的析出开始温度为1070℃左右，至800℃时平衡析出AlN为86ppm。而当Al含量提高至0.06%时，AlN的开始析出温度提高了100℃，达到1170℃，至800℃时平衡析出AlN为104ppm（相当于固N量为35ppm，固N效率达到约90%）。而当Al含量提高至0.10%时，AlN的开始析出温度提高至1240℃，甚至高于BN的析出开始温度。且AlN的析出几乎固定了钢中100%的自由N，使B完全游离出来。图5-34(b）也有类似的结果，若完全没有Al元素，则钢中的B几乎全部以BN的形式析出。随着Al含量的增加，BN最终的析出数量降低。Al含量增加至0.08%时，BN的析出量降低了90%以上。而当 Al 含量达到 0.10％时，就完全没有 BN 析出了。从计算结果可以看出，通过加入稍过量的 Al 含量，可使 BN 的析出量大大降低。

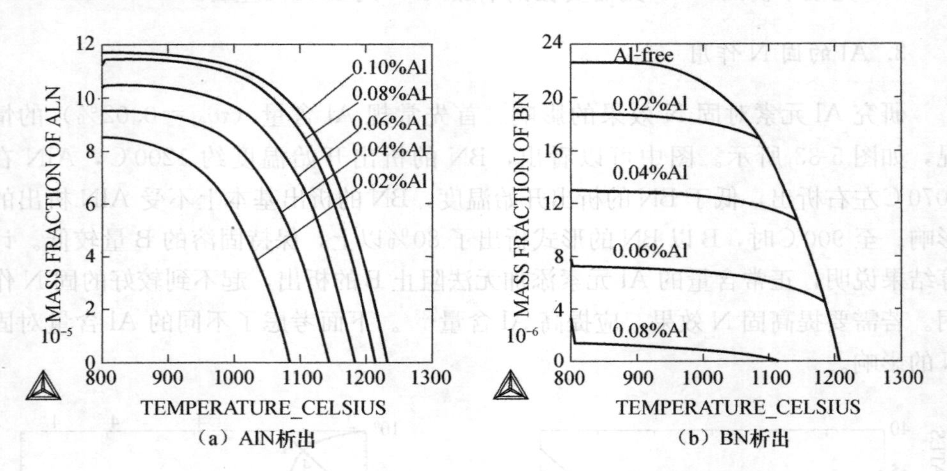


图 5-34 不同 Al 含量对 AlN 和 BN 析出的影响（界面图）

假定在高温阶段，微量的 B 元素仅以 BN 析出物或奥氏体中的固溶 B 两种形式存在，则存在如下等式：$w_B(sol)=w_B(Tot)-w_B(BN)$。则固溶 B 的分数与温度存在如图 5-35 所示的关系。随着温度的降低，固溶 B 分数降低。而随着 Al 含量的增加，B 的固溶量显著增加。至 Al 含量增加至 0.08％时，90％以上的 B 保持固溶。

进一步考察 AlN 和 BN 在 900℃时随 Al 含量的变化，如图 5-36 所示。变化规律和上述研究结果相符合，随着 Al 含量的增加，AlN 的析出量增加而 BN 的析出量降低。至 Al 含量增加至 0.085％左右，BN 的析出量降低至零，而 AlN 的析出量增加至最大，说明自由 N 均被 Al 所固定形成 AlN，而 B 则全部保持固溶。

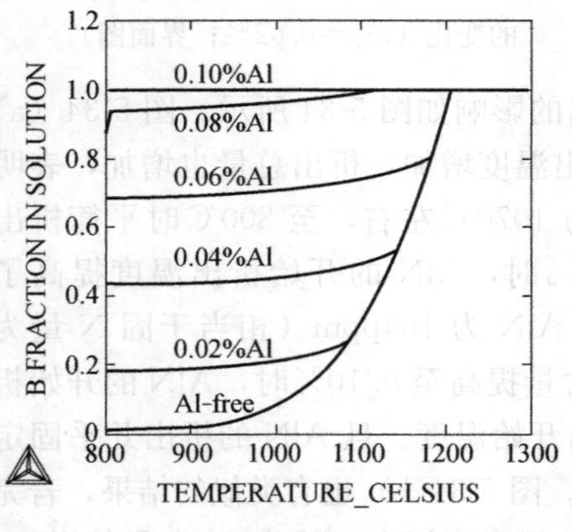


图 5-35 固溶 B 分数随温度及 Al 含量的变化（界面图）

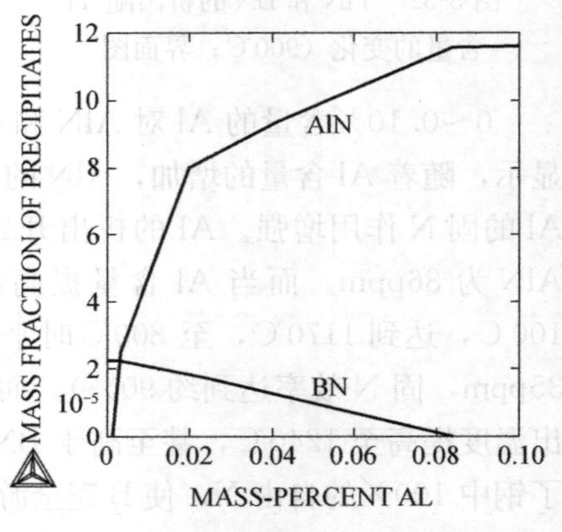


图 5-36 AlN 和 BN 随 Al 含量的变化（900℃；界面图）

从上述结果可以看出，当钢中存在 40ppm 左右的 N 含量时，增加 Al 含量至 0.06%以上可以阻止 BN 的大量析出，使大部分 B 保持固溶。而 Al 含量增加至 0.085%以上，B 几乎全部可以固溶于奥氏体中。由此显示了过量 Al 对固 N 的良好效果。

4. N 含量的影响

钢中 40ppm 的 N 含量属转炉冶炼的较高质量水平，我国仍然存在较多的电炉冶炼方法、冶炼脱气水平较低等因素，可能造成钢中的 N 含量达到 80ppm、100ppm 甚至更高。因此，应该考虑更高的 N 含量对于 BN 析出及固溶 B 的影响。图 5-37 显示了 100ppm N 的情况下 BN 析出和固溶 B 分数的变化情况。

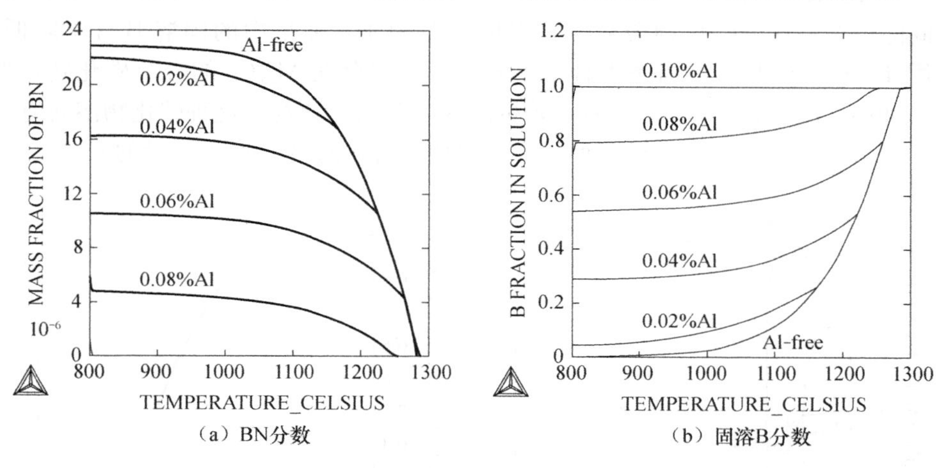


图 5-37　BN 和固溶 B 分数与温度及 Al 含量的关系（界面图）

图 5-37 中 100ppm N 含量的计算结果与图 5-34 和图 5-35 中 40ppm N 含量的结果相类似。只是由于 N 含量增加了，在相同的条件下 B 的析出开始温度增加了，固溶 B 分数降低了。而增加 Al 含量对固 N 的效果仍然非常明显，即随着 Al 含量的增加，固 N 效果显著增加，B 的固溶分数增加。进一步分析，在不同 N 含量水平条件下，固溶 B 分数与 Al 含量关系（900℃）如图 5-38 所示。当钢中加入 0.07%左右 Al 含量时，40ppm N 含量可使钢中

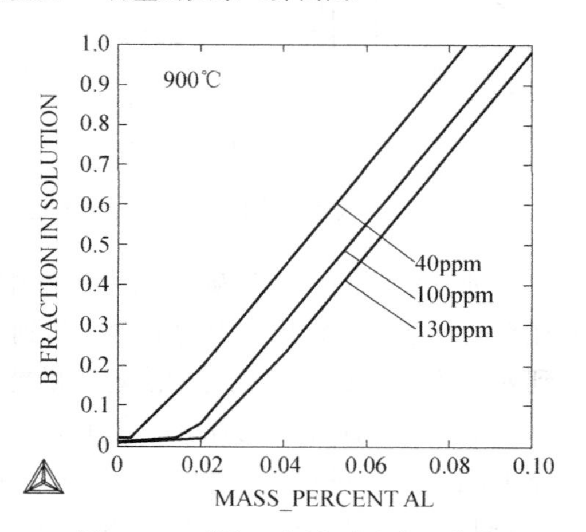


图 5-38　不同 N 含量下固溶 B 分数与 Al 含量的关系（900℃；界面图）

固溶 B 分数达到 80%，而 100ppm 和 130ppm N 含量时固溶 B 分数也能分别保持在 65%和 55%左右的较好水平。结果显示，即使 N 含量出现较大波动或增加，只要保持钢中较高的 Al 含量，仍然可以使 B 保持固溶。

综上所述，当齿条钢中含有稍过量的 Al 含量（0.06%或 0.07%以上）时，可阻止钢中的 B 析出 BN、使之大部分保持固溶，为随后的淬火处理做好成分准备。Al 的这种固 N 作用随钢中 N 含量的波动较小，即使 N 含量增加至 100ppm 仍然可以使较多的 B 保持在固溶状态。

5. 碳化物析出的影响

根据文献及实验的情况，在齿条钢中易出现一种 $M_{23}C_6$ 的合金碳化物，在 C 的间隙位置，这种碳化物会溶解一定量的 B 原子，使钢中的固溶 B 含量降低。采用 Thermo-Calc 计算齿条钢合金体系中，确实存在 $M_{23}C_6$ 的合金碳化物，如图 5-39(a) 所示，在 825℃左右开始析出 $M_{23}C_6$ 的碳化物。这种碳化物溶解有一定量的 B 原子，如图 5-39(b) 所示，碳化物中溶解的 B 达到总 B 量的 90%。

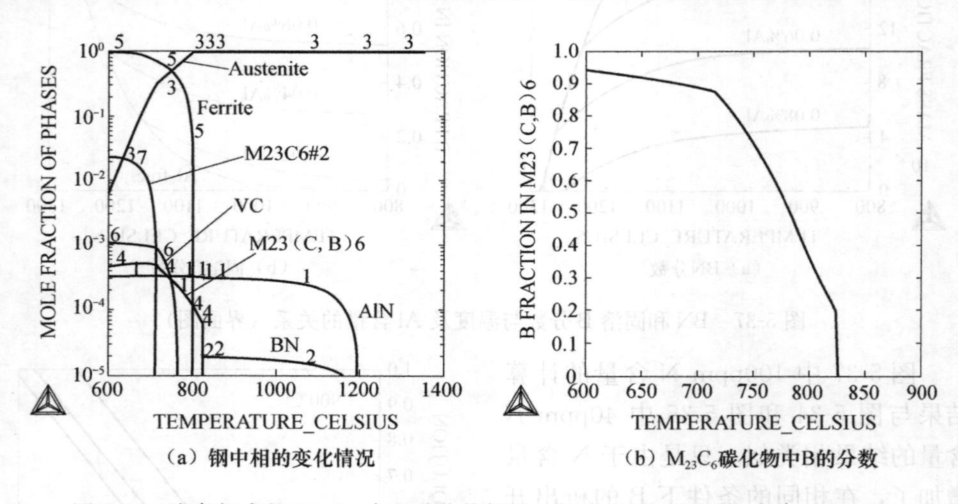

（a）钢中相的变化情况　　（b）$M_{23}C_6$碳化物中B的分数

图 5-39　齿条钢中的 $M_{23}C_6$ 合金碳化物情况（钢中 Al 含量为 0.07%；界面图）

进一步分析 $M_{23}C_6$ 碳化物中的精细结构，如图 5-40 所示。计算结果显示，在平衡状态下，碳化物中的 B 含量达到 4%，而 B 在间隙位置的占位分数更是达到 80%左右，说明碳化物中溶解 B 的能力较强。

由于在奥氏体中也有可能存在少量的未溶 $M_{23}C_6$ 碳化物，其吸收一定量的 B 原子，固溶 B 量应进行修正，由下式决定：$w_B(\text{sol}) = w_B(\text{Tot}) - w_B(\text{BN}) - w_B(M_{23}C_6)$。计算在不同温度下奥氏体中固溶 B 的量，如图 5-41 所示。结果说明，只要保持奥氏体温度在 800℃，钢中的固溶 B 量即可保持在较高水平（60%以上）。

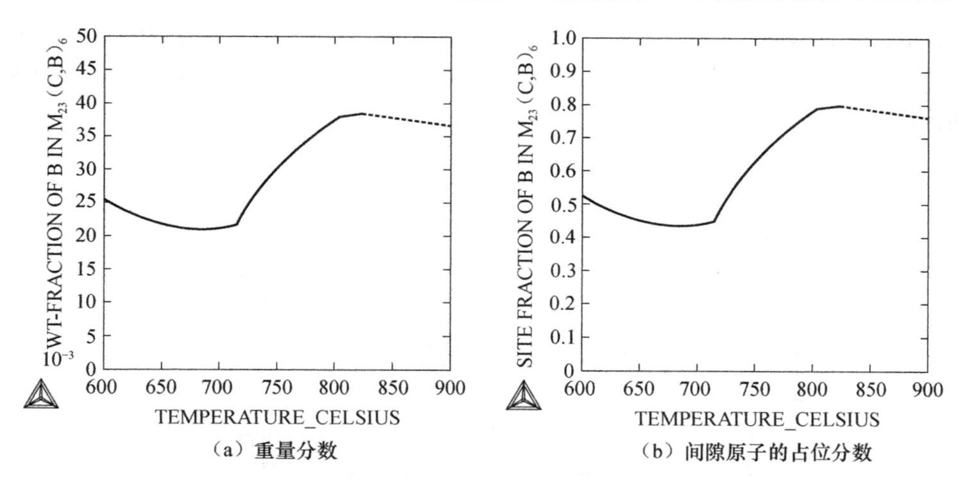

（a）重量分数　（b）间隙原子的占位分数

图 5-40　$M_{23}C_6$ 碳化物中的 B 分布情况（界面图）

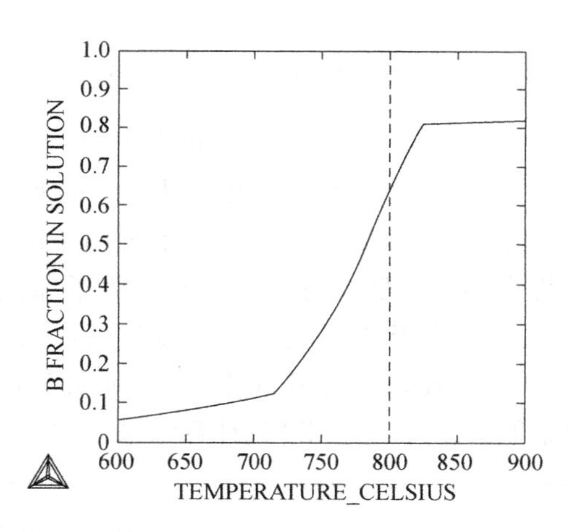


图 5-41　钢中固溶 B 分数随温度的变化情况（考虑 $M_{23}C_6$ 碳化物；界面图）

Watanabe 等[36]的实验结果显示，在 850～880℃的淬火温度下，与 $M_{23}C_6$ 碳化物保持固溶的平衡固溶 B 量为 3～6ppm。考虑动力学因素，本计算结果与 Watanabe 的实验结果吻合得比较好。

6. 实验验证

针对上述计算结果进行实验验证。图 5-42 的相分析结果表明，0.07%Al-0.0007%B 的高 Al 合金体系中，全部 7ppm 的 B 元素中，有 4.3ppm 的 B 保持固溶，说明高 Al 含量可阻止 BN 的析出，使更多的 B 保持固溶于奥氏体中，固溶量达到 60%以上。而中等 Al 含量（$w_{Al}=0.042\%$）的合金体系中，尽管有

9ppm 的总 B 含量，但保持固溶的 B 仅为 2.5ppm，仅为总 B 量的 30%左右。而 0.015%Ti 对固 N 的效果也非常显著，固定了大部分 N 元素。这一实验结果和前面的计算结果相吻合。

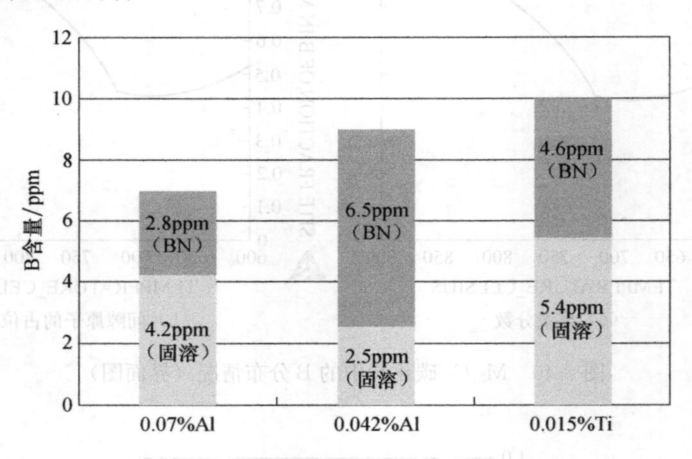


图 5-42　特厚钢板的相分析结果（B 元素）

进一步分析上述钢种的淬透性。把钢进行正火处理，然后加工成标准顶端淬火试样，在 910℃保温 40min，进行喷水淬火。图 5-43 的实验结果显示，高 Al-B 和 Ti-B 钢获得了较高的淬透性。而无 B 钢（无论是加 Cr 钢还是加 V 钢）和加 B（中）低 Al 钢的淬透性则相对较低。对于加 B 钢，为了保证 B 的固溶，可采取用 Ti 和 Al 固 N 两种方法，由于 TiN 的形成温度较高，只要钢中的 Ti/N 比保持 TiN 的化学配比即可达到效果，而用 Al 固 N，则应使用过量的 Al，以保证 Al 对 N 形成 AlN 的竞争力。这一点和理论计算结果相吻合。

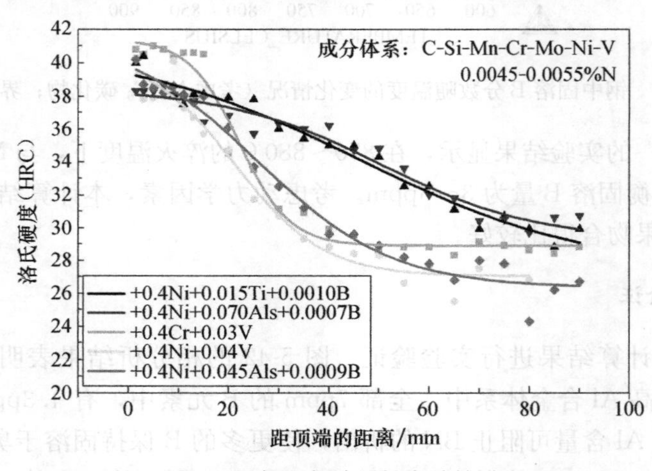


图 5-43　加 B 钢淬透性实验结果

### 5.4.4 产品（技术）应用情况

根据上述计算结果，采用 C-Si-Mn-Cr-Mo-Ni 的特厚钢板合金体系，对该基本成分进行各种（微）合金化，以对基本合金体系进行淬透性补充，成分见表 5-8。共冶炼五种钢，1# 钢和 2# 钢为无 B 钢，1# 钢在基本成分的基础上加入 0.4% 的 Cr，2# 钢加入 0.06% 的 V，以补充淬透性。3～5# 钢为加 B 钢，其中 3# 和 4# 钢均为 Al-B 系列，5# 钢为 Ti-B 系列。而 3# 钢加入中等 Al 含量（$w_{Al}$=0.042%），4# 钢加入较高 Al 含量（$w_{Al}$=0.070%）。

**表 5-8 淬透性补充成分** （质量分数/%）

| S. N. | Cr | V | Al | Ti | B | 备注 |
|---|---|---|---|---|---|---|
| 1 | +0.4 | | | | | +Cr |
| 2 | | +0.06 | | | | +V |
| 3 | | | 0.042 | | 0.0009 | 中 Al+B |
| 4 | | | 0.070 | | 0.0007 | 高 Al+B |
| 5 | | | | 0.015 | 0.0010 | Ti+B |

实验钢低温冲击韧性与淬火冷却速率的关系如图 5-44 所示。实验结果显示，在 10℃/s 的淬火冷却速率下低温冲击功最高，随着淬火冷速的降低，低温冲击功也呈降低趋势。但是，随冷速降低，各实验钢种的冲击功降低的幅度也各不相同。对于两种无 B 钢，随淬火冷速的降低，低温冲击功的下降幅度较大。当冷速从 10℃/s 降低至 0.85℃/s 时，“+Cr”钢的低温冲击功从 129J 降低至 15J，“+V”钢的低温冲击功从 96J 降低至 12J，降低的幅度达到 80%左右。而对于两

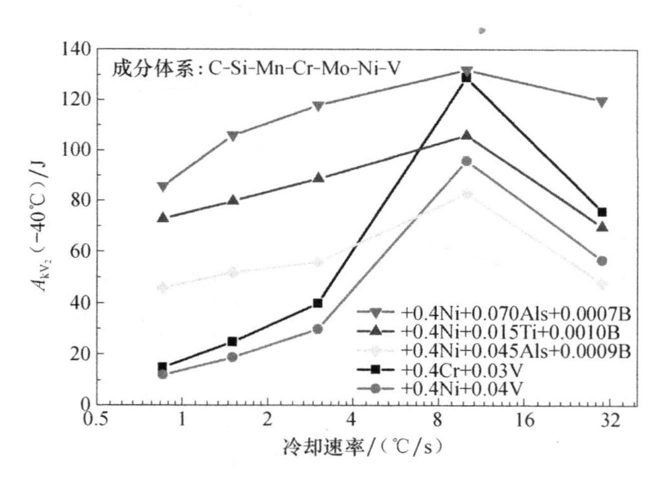


图 5-44 特厚钢板的冲击性能与冷却速率的关系

种含 B 钢（“Ti-B”钢和“高 Al-B”钢），当冷速从 10℃/s 降低至 0.85℃/s 时，“高 Al-B”钢低温冲击功从 132J 降低至 86J，“Ti-B”钢低温冲击功从 106J 降低至 73J，降低幅度仅为 30%左右。而对于中等 Al 含量的含 B 钢，冲击功从 83J 降低至 46J，下降的幅度高于前两种含 B 钢，但也远低于两种无 B 钢。

从图 5-45 可以看出，各种实验钢在 10℃/s 的冷速下获得了最高的屈服强度，并且冷速为 30℃/s 时的强度和这一强度基本相当。可以判断，在这个高的冷却速率下，基本获得马氏体或马氏体＋下贝氏体的淬透组织。而随着冷却速率的降低，钢的屈服强度也逐渐降低。直至冷却速率降低至 1℃/s 左右，各实验钢的屈服强度均有较明显的降低。但是，可以看出，各钢中的屈服强度降低的幅度有所不同，这和各实验钢不同的成分设计有较大关系。在低冷速端，高 Al-B 钢和 Ti-B 钢强度的降低幅度最小，而其他钢种则均有较大幅度的强度下降。

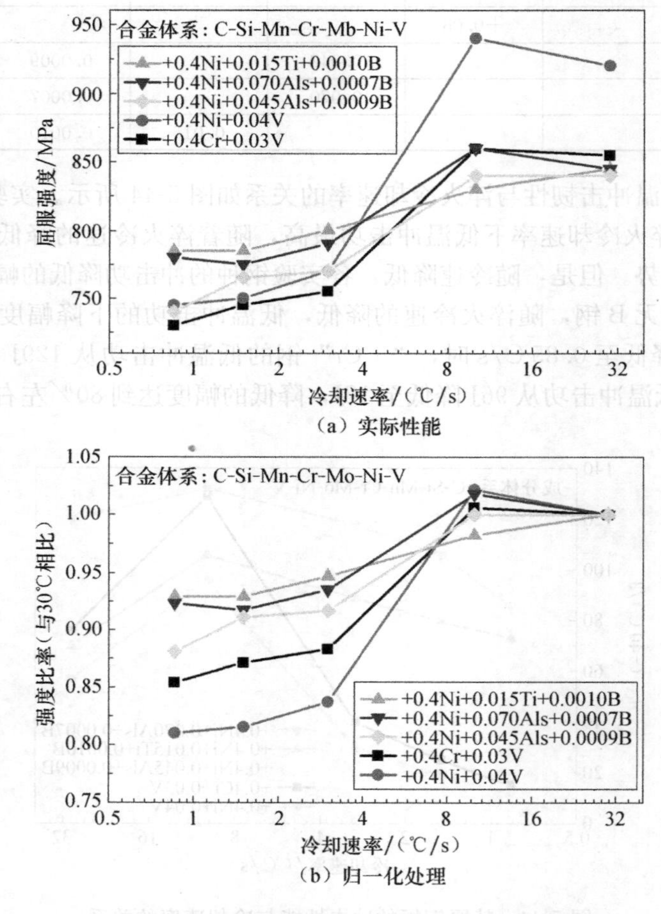


（a）实际性能

（b）归一化处理

图 5-45 特厚钢板的拉伸性能与冷却速率的关系

考察两种 Al 含量下的含 B 钢在低冷速条件（3℃/s）下的显微组织和结构，如图 5-46 和图 5-47 所示。图 5-46 的金相结果显示，中等 Al 含量的微 B 处理钢在低冷速条件下获得数量较多的大块马氏体/奥氏体岛状组织，或称之为粒状贝氏体，而当 Al 含量较高时粒状贝氏体的数量和尺寸相对减少。图 5-47 的透射电镜照片表明，高 Al 的 B 处理钢有较多的下贝氏体出现，而中 Al 的 B 处理钢则有不少马氏体/奥氏体岛，说明高 Al 钢的淬透性高于中 Al 钢，从一定意义上也反映了较高的 Al 含量有助于使 B 固溶而发挥其提高淬透性的作用。

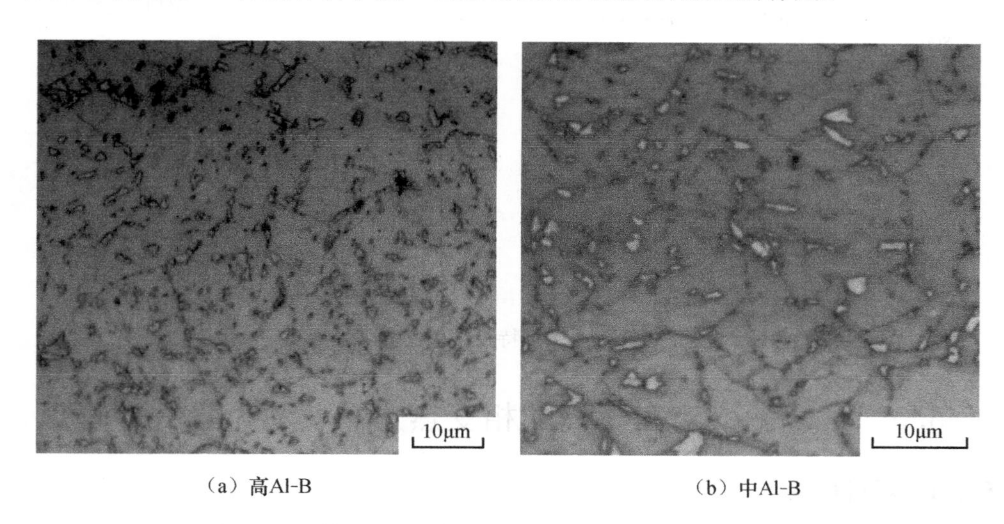


（a）高Al-B　　（b）中Al-B

图 5-46 特厚钢板心部组织的金相照片（冷速：3℃/s）

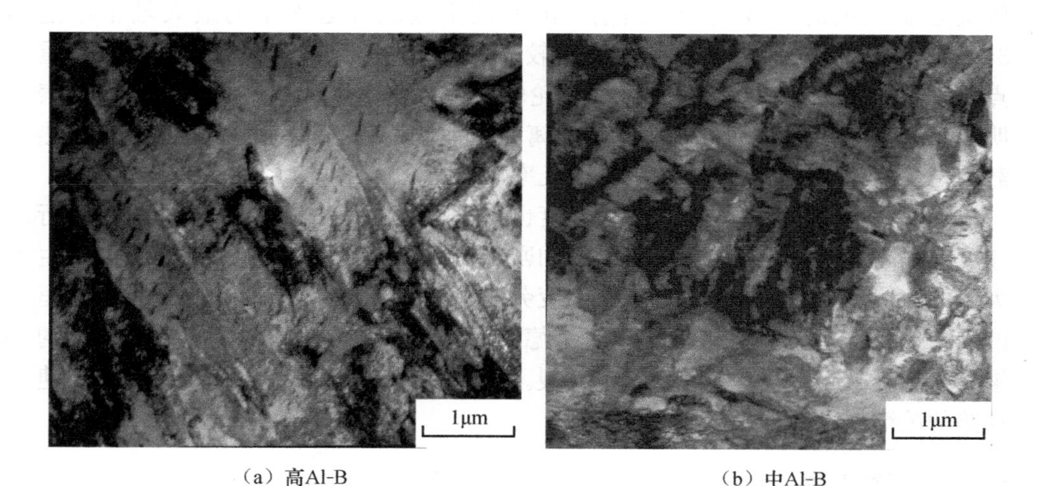


（a）高Al-B　　（b）中Al-B

图 5-47 特厚钢板心部组织的透射电子显微照片（冷速：3℃/s）

从上述实验现象可以看出，在钢中加入 B 元素，提高淬透性，有助于提高齿条钢心部的拉伸和低温冲击性能。而加 Ti 和加 Al 均能实现固定 N 元素、使 B 固溶提高淬透性的作用，但是 Al 含量必须达到一定的量。在上述技术思路的指导下，进行 150mm 特厚钢板的工业试制，图 5-48 是工业试板的力学性能。从结果来看，无论是强度还是低温冲击功，均实现了截面方向的表面、1/4 处和心部位置力学性能的均匀性，达到良好的综合性能水平。

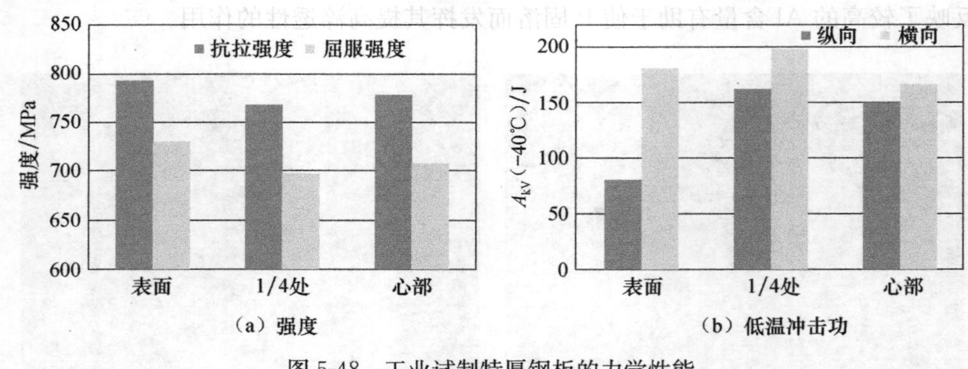


图 5-48　工业试制特厚钢板的力学性能

## 5.5　合金元素对车轮钢的相变热力学及动力学的影响

### 5.5.1　项目背景

国外实践证明[37]，增大货车轴重，实现重载运输，是提高铁路运输能力、解决运能不足的有效途径。当前，国外铁路重载货运列车的最大轴重已达 35.7t，而我国货运列车的设计差距还较大。发展铁路重载运输技术的难点和重点之一是如何保证在重载运输条件下轮轨的使用安全和使用寿命。研究结果表明[38]，随着车辆轴重的加大，制动距离的增加，车轮在制动时将承受更大的热载荷，从而使车轮热损伤缺陷的发生几率增大。

对于客车车轮来说，提高运行速度也带来了材料应用的风险。随着列车运行速度的提高，车轮与钢轨之间的磨损加剧，并且在高速列车的制动过程中，产生大量的摩擦热，加剧了车轮和钢轨因疲劳、剥离等引发的失效问题，给高速列车的安全运行带来极大的隐患。1998 年德国高速列车出轨，造成 100 多人死亡的惨重事故，其起因就是车轮的疲劳断裂。因此，高速车轮材料的研究是发展高速铁路的关键技术之一。

### 5.5.2　研究对象

对于轮/轨式列车来说，随着车轮钢的冶金质量大幅度提高，车轮的多种失效形式中，踏面损伤问题上升为主要矛盾。摩擦热来源于轮/轨间的滑动或滚滑摩擦，车轮踏面受到的热影响较普通列车剧烈、集中。踏面冷热疲劳剥离是高速车轮最主要的损伤形式之一（图 5-49），目前仍缺乏深入了解和有效控制手段。

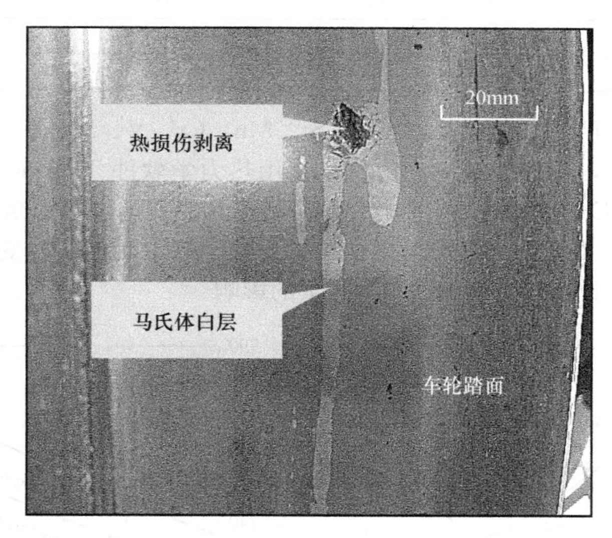


图 5-49　列车车轮踏面因滑动产生的马氏体白层和剥离现象

研究表明，车轮踏面冷热疲劳剥离的原因在于马氏体组织的产生[39]。在滑动摩擦剧烈时，踏面局部温升可达到接近 1000℃，随后踏面金属重新淬火形成脆硬的马氏体组织，成为踏面剥离缺陷产生的根源。马氏体层越浅，脆性越小，剥离损伤程度也越轻。马氏体层的产生和厚度受钢的成分、淬透性、相变温度和冷速等多种因素制约。理论和实验证明[40]，马氏体层的厚度直接由相变温度决定，材料的相变温度越高，形成的马氏体层越浅。对于滑动剥离的失效，提高车轮钢发生奥氏体化的相变温度是提高抗剥离性能的有效途径之一[41]。而提高相变温度的本质途径就是改善和优化车轮材料的合金设计体系。本节利用 Thermo-Calc 热力学计算软件，对车轮钢平衡相变点进行计算，并实验测量实验钢的动态相变温度，证明采用本书的合金设计方案，可较大程度提高车轮钢的抗剥离性能。同时，对合金设计方案的珠光体组织结构进行 Dictra 动力学计算，表明合金设计也有利于车轮钢的显微组织细化，提高钢的综合力学性能。

### 5.5.3　研究方法和结果

1. 热力学相图计算

根据国内外文献及实际运行车轮材料的情况，进行热力学、动力学计算，并采用 C-Si-Mn-Cr 的合金成分体系，如表 5-9 所示。在车轮钢基本成分体系的情况下，研究各种合金元素对车轮钢相图的影响。如改变 C、Si、Mn、Cr 等元素的含量，观测平衡相变点 $Ae_1$ 和 $Ae_3$ 的变化。

**表 5-9　车轮钢的基本合金成分体系**　（质量分数/%）

| C | Si | Mn | Cr |
|---|---|---|---|
| 0.6 | 0.2 | 0.8 | 0.25 |

车轮钢中常用的合金元素包括 C、Si、Mn、Cr、V、Mo 等。为获得提高相变点的合金设计，用理论计算的方法，使用热力学软件 Thermo-Calc 计算了合金元素 C、Si、Cr、Mn 对现有车轮钢成分体系相变点的影响，结果如图 5-50 和表 5-10 所示。V 和 Mo 为钢中的微量添加元素，基本对钢的相变点不会产生较大的变化，理论计算没有考虑这两种元素的影响。

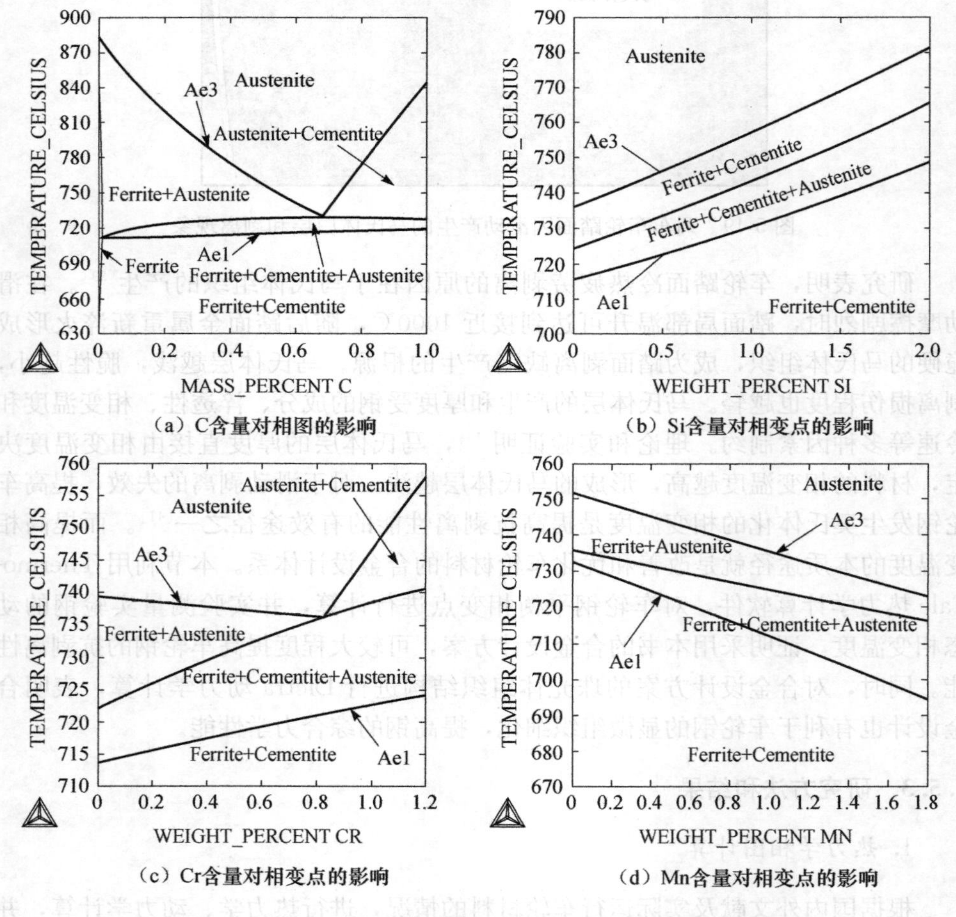


图 5-50　车轮钢中各合金元素含量对相变点的影响（界面图）

从计算结果可以看出，车轮钢中减少 C 含量，显著提高 $Ae_3$ 点，而对 $Ae_1$ 点影响不大。C 含量从 0.7%减少至 0.4%，$Ae_3$ 点升高 53℃，而 $Ae_1$ 点略有下降。在钢中增加 Si 含量，可以显著提高钢的相变点。Si 含量从 0.2%增加至 0.8%，$Ae_1$ 和 $Ae_3$ 点分别增加 11℃和 14℃；继续增加至 1.2%，$Ae_1$ 和 $Ae_3$ 点则分别增加 15℃和 20℃。国外[42]为了改善车轮钢的抗剥离性能，曾在实验中把 Si 含量增加至 1.8%，$Ae_1$ 和 $Ae_3$ 点分别增加了 27℃和 38℃，不考虑对钢的韧塑性的影响，这种 Si 含量无疑对车轮钢抗剥离性能有较大的好处。而 Cr 元素在不超过 0.83%的范围内的含量变化，都不会对车轮钢的相变点产生较大的影响。增加 Mn 含量带来 $Ae_1$ 和 $Ae_3$ 点的降低。

**表 5-10　合金元素含量变化对 $Ae_1$ 和 $Ae_3$ 点的影响**

| 合金元素 | 原始含量（质量分数）/% | 含量变化量/% | $\Delta Ae_1$/℃ | $\Delta Ae_3$/℃ |
|---|---|---|---|---|
| C | 0.7 | −0.2 | −4 | +35 |
| | | −0.3 | −5 | +53 |
| Si | 0.2 | +0.6 | +11 | +14 |
| | | +1.0 | +15 | +20 |
| | | +1.6 | +27 | +38 |
| Cr | 0.25 | +0.55 | +5 | −2 |
| Mn | 0.8 | +0.6 | −13 | −9 |
| | | −0.6 | +12 | +10 |

对于提高车轮钢的抗剥离性能，从合金设计的角度，主要有提高 Si 含量和降低 C 含量两种途径。进一步采用 Thermo-Calc 软件计算 C 和 Si 含量对车轮钢相变点 $Ae_1$ 和 $Ae_3$ 的复合影响，图 5-51 显示了计算的车轮钢 C-Si-(Fe-Mn-Cr)

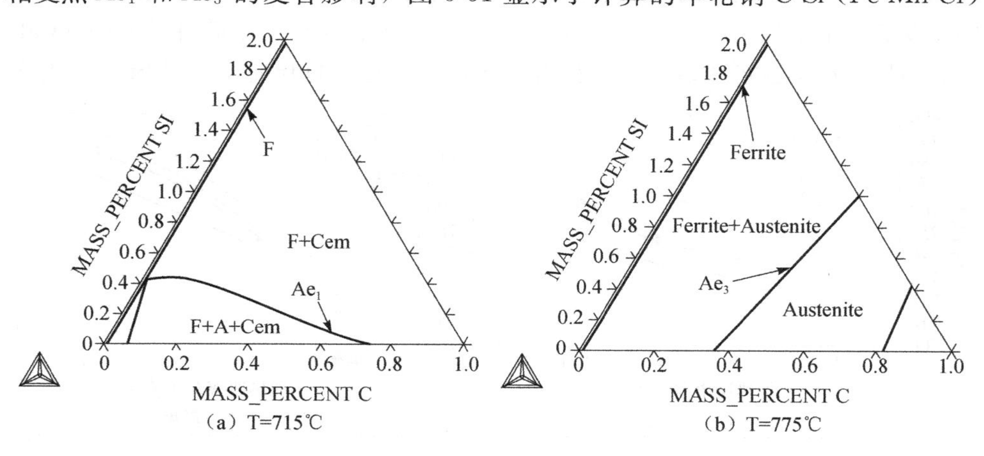


图 5-51　车轮钢 C-Si-（Fe-Mn-Cr）的等温截面相图（界面图）

的三元等温截面相图。从计算相图可以看出，若考虑将车轮钢发生部分相变的开始温度 $Ae_1$ 限定为 715℃，则 C 含量为 0.6%时，仅须加入 0.12%左右的 Si；若 C 含量降低至 0.4%，铁素体稳定元素 Si 的含量须达到 0.3%。而从图 5-51(b) 分析，在常规 Si 含量（0.2%～0.4%）下，完全奥氏体化温度 $Ae_3$ 不低于 775℃ 的条件是 C 含量必须降低至 0.4%左右。

为验证上述热力学计算结果，采用 Gleeble3500 试验机测定了三种不同 C 含量（0.40%、0.50%和 0.70%）试验钢的物理参数，见表 5-11。可以看到，随着碳含量的降低，试验钢的相变临界点升高，C 含量分别为 0.5%和 0.4%的试验钢 $Ac_3$ 分别比 C 含量为 0.7%的试验钢升高了 15℃和 45℃，$Ac_1$ 也有所升高，较高的奥氏体化温度有助于减小相变区的形成范围，限制了马氏体区的形成范围。对于计算平衡点 $Ae_1$ 或 $Ae_3$，与 $Ac_1$ 和 $Ac_3$ 相差 20～30℃左右，这种差异是升温相变的动力学过热度（$Ac_3$～$Ae_3$ 或 $Ac_1$～$Ae_1$）造成的，说明计算和实验吻合得比较好。

**表 5-11 三种不同 C 含量车轮钢的相变点**

| 钢种特点 | 化学成分/% | | | | | 实验相变点/℃ | | 计算相变点/℃ | |
|---|---|---|---|---|---|---|---|---|---|
| | C | Si | Mn | Cr | V | $Ac_1$ | $Ac_3$ | $Ae_1$ | $Ae_3$ |
| 0.7%C | 0.69 | 0.31 | 0.84 | — | — | 730 | 765 | 715 | 732 |
| 0.5%C | 0.52 | 0.32 | 0.73 | 0.24 | — | 735 | 780 | 721 | 758 |
| 0.4%C | 0.41 | 0.50 | 1.04 | — | 0.13 | 745 | 810 | 709 | 784 |

车轮由于滑动造成的踏面升温非常快，速率可达到 100～1000℃/s。根据材料学原理可知，金属的加热速率越快，相变点越高（动力学过热度）。一旦在车轮滚滑发生后，温度超过其 $A_1$ 和 $A_3$ 相变点，车轮表面发生马氏体相变（部分或全部）将不可避免。实验室采用膨胀法测量了不同 Si 含量在不同加热速率下的相变点，结果如图 5-52 所示。其中，平衡相变点为热力学软件 Thermo-Calc 计算结果。从实验研究结果可以看出，随着加热速率的升高，不同 Si 含量的车

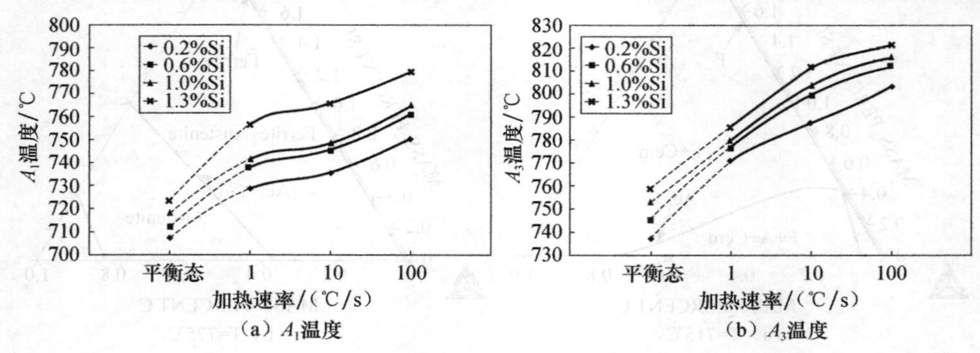


图 5-52 不同 Si 含量条件下相变点随加热温度的变化

轮钢相变点均升高，而平衡态的相变点相对最低。Si含量从0.2%升高至1.3%，对于平衡态，$A_1$点增加16℃，$A_3$点增加22℃；对于升温速率100℃/s时，$A_1$点增加30℃，$A_3$点增加18℃。所有的实验测量结果与计算吻合得比较好。

2. 动力学计算

高速车轮材料采用不同的合金成分设计，需要关心的除了车轮钢的相图及相变点，也需注意材料发生珠光体相变的动力学因素的变化，如珠光体的形核和长大速率等。采用DICTRA动力学计算软件计算高速车轮材料的珠光体片层间距随C、Si、Mn等合金元素含量的变化情况，并计算了珠光体长大的速率等，结果如图5-53～图5-55所示。

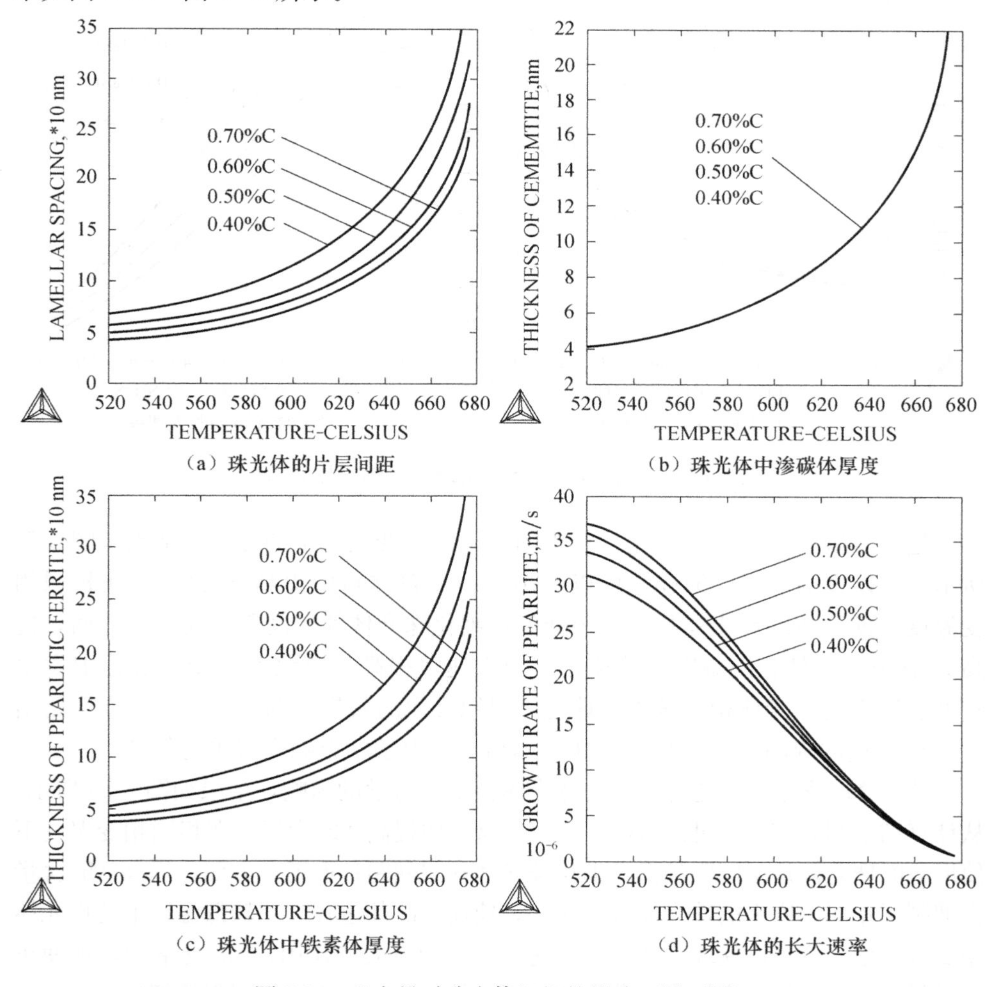

（a）珠光体的片层间距　（b）珠光体中渗碳体厚度

（c）珠光体中铁素体厚度　（d）珠光体的长大速率

图5-53　C含量对珠光体组织的影响（界面图）

从结果图 5-53(a) 可以看出，在相同的相变温度条件下，随着 C 含量的降低，珠光体片层间距有所增加。进一步分析珠光体片层的组成可以发现，改变 C 含量并不改变珠光体中的渗碳体层的厚度（图 5-53(b)），而改变珠光体中铁素体层的厚度（图 5-53(c)）。降低 C 含量，使珠光体“稀释”，珠光体中铁素体的百分含量增加，从而使珠光体片层增厚。再考察 C 含量对珠光体长大速率的影响（图 5-53(d)），可知 C 含量对较高的相变温度（600℃以上）条件下珠光体的长大速率影响不大，而在较低的相变温度（600℃以下）时，随 C 含量的增加，珠光体的长大速率略有增加。

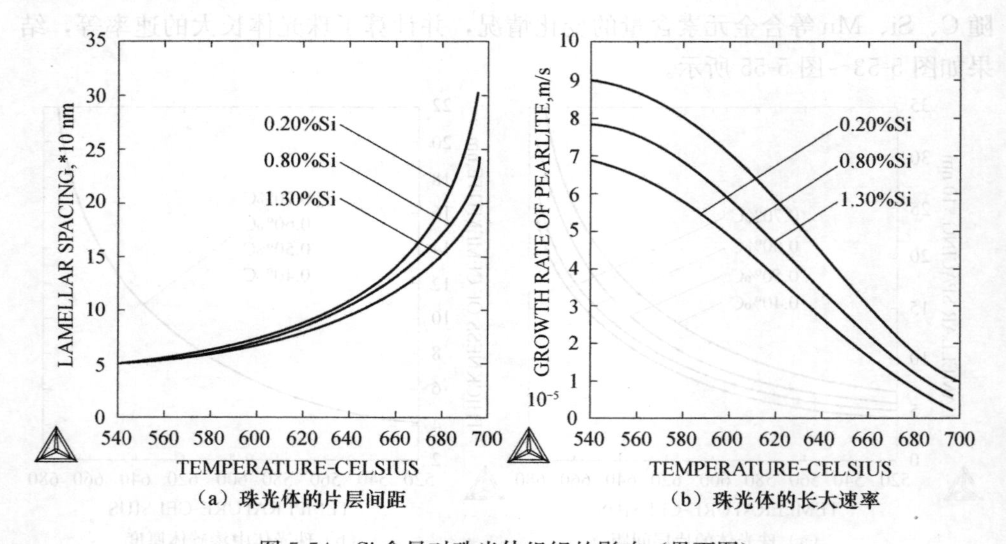

(a) 珠光体的片层间距　　(b) 珠光体的长大速率

图 5-54　Si 含量对珠光体组织的影响（界面图）

进一步研究 Si 含量对车轮材料中的珠光体相变动力学的影响，结果如图 5-54 所示。从计算结果图 5-54(a) 可以看出，在车轮材料中提高 Si 含量，在相同相变温度下使形成的珠光体片层间距降低，细化珠光体片层间距；而另一方面，提高 Si 含量，也使相同温度下的珠光体长大速率提高，导致连续冷却过程中发生较低温度下的珠光体相变减少，珠光体组织细化的效果减弱。二者综合作用的结果，Si 含量的提高对车轮材料的珠光体相变动力学的影响变得更为复杂。

研究 Mn 含量对车轮材料中的珠光体相变动力学的影响，结果如图 5-55 所示。从计算结果图 5-55(a) 可以看出，在车轮材料中提高 Mn 含量，在相同相变温度下使形成的珠光体片层间距降低，细化珠光体片层间距；而另一方面，提高 Mn 含量也抑制了相同温度下的珠光体长大速率，使连续冷却过程中在较低温度下的珠光体相变分数增加，进而使珠光体组织细化。综合两方面的作用，Mn 含量的增加使车轮材料中的珠光体相变动力学获得较大程度的优化，珠光体组织强烈细化。

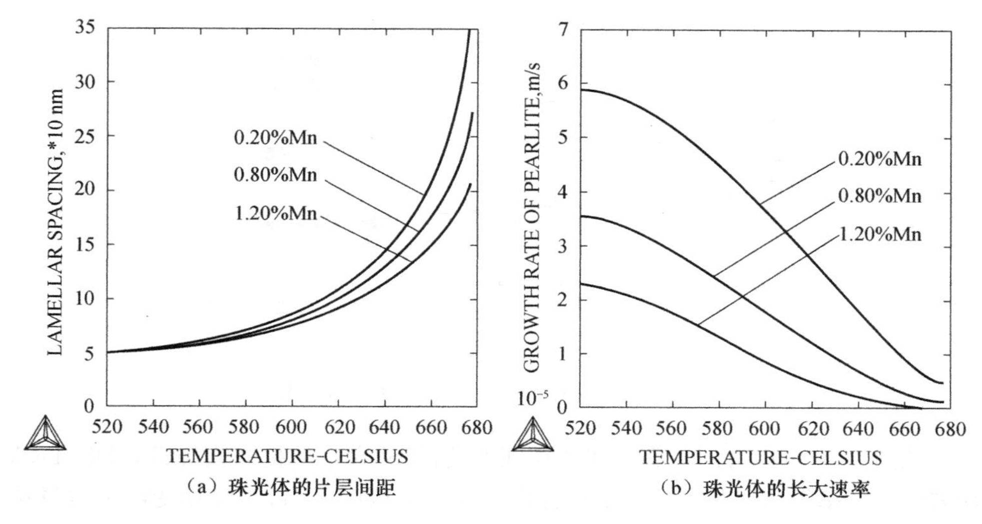


（a）珠光体的片层间距　（b）珠光体的长大速率

图 5-55　Mn 含量对珠光体组织的影响（界面图）

对于以珠光体相为主要组织的车轮钢，珠光体的片层间距也是影响力学性能的重要因素。因此，实验研究 Si 合金元素对珠光体片层间距的影响对计算结果进行验证具有非常重要的意义。对于车轮钢，从奥氏体向铁素体珠光体的转变温度区间以 600～650℃为主，研究在 650℃和 600℃两个温度发生等温相变的珠光体片层间距的特征。实验在 Gleeble1500D 热力模拟实验机上进行。实验钢种先升温至 860℃，保温 10min，然后以大于 30℃/s 的冷却速率快速冷却至 650℃和 600℃，分别保温 10min 和 3min，以保证实验钢发生完全的铁素体-珠光体相变。然后取样，在扫描电子显微镜下，随机抽取数十个 10k 倍数的视场进行观察，保证有 100 个以上的珠光体晶团的片层间距数据被统计记录。然后对统计的片层间距取代数平均，获得了在该等温温度条件下的平均片层间距。

需要指出的是，由于珠光体片层平面与观测面存在各种不同的交角 $\alpha$（理论上 0～90°的角度都是可能的），在目前的实验条件下所测量的片层间距为表观片层间距。表观间距 $d_A$ 与实际间距 $d_0$ 的关系如下式：

$$d_A = d_0/\sin\alpha \tag{5-1}$$

假定在等温相变下的片层间距基本保持一致，采取大样本统计的方法测量平均表观间距 $\overline{d}_A$ 与实际间距 $d_0$ 的关系则有如下关系：

$$\overline{d}_A = \frac{\pi}{2}d_0 \tag{5-2}$$

该推导方程式与沈逢祥等的研究结果[43]一致。在本研究中采用该关系式，可推算出在等温条件下的实际片层间距，并与前面 DICTRA 动力学计算结果进行比较，结果如图 5-56 所示。

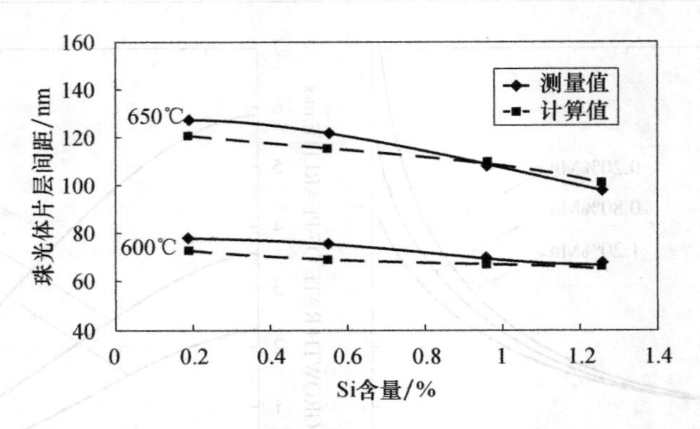


图 5-56 等温相变珠光体片层间距与 Si 含量的关系

从图 5-56 可以看出，珠光体片层间距均随 Si 含量的提高而降低，DICTRA 动力学计算结果与实验测量结果吻合得较好。在 650℃进行等温相变，Si 含量从 0.2%增加至 1.3%，实际测量的珠光体片层间距从 127nm 降低至 98nm，降低了 22%左右，而计算结果则从 121nm 降低至 101nm，降低了 17%左右，两者结果相差不大。而在 600℃进行等温相变，Si 含量从 0.2%增加至 1.3%，珠光体片层间距值降低了 10%～15%，实测值和计算值基本相吻合。上述结果说明，通过 DICTRA 动力学软件获得的计算结果已通过实验验证，即在等温相变条件下，提高 Si 含量可降低珠光体片层间距，细化珠光体组织，从而提高车轮材料的综合性能水平。

### 5.5.4 产品（技术）应用情况

1. 高速列车用车轮钢

奥氏体化临界点 $Ac_1$ 和 $Ac_3$ 是控制踏面马氏体层产生及分布范围的主要因素。由于临界点的不同，导致车轮表面在摩擦加热过程中奥氏体化区的范围不同，因此，形成的马氏体层最大厚度和最大宽度也不同。在 3 种不同合金成分的试验车轮钢中，影响奥氏体化临界点的主要成分因素是碳含量。由于完全奥氏体化区快速冷却后将全部形成马氏体层，根据不同车轮钢的相变温度可以估算出其马氏体层的不同分布，图 5-57 显示了不同 C 含量的奥氏体化层深度与厚度的计算过程。图 5-58 显示了 3 种车轮钢马氏体层厚度和宽度的计算结果。可以看到，随着碳含量从 0.7%降低到 0.4%，完全奥氏体化区形成的马氏体层厚度从 0.7mm 减小到 0.5mm，减薄 30%，宽度由 7mm 减少到 5.4mm，马氏体层截面积减小了 45%左右，表明奥氏体化临界点的提高，对抑制马氏体的形成具有重要作用。

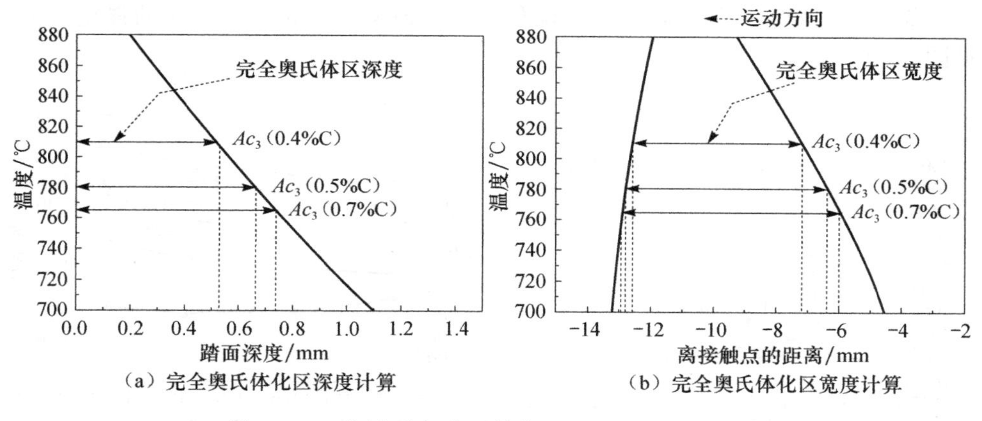


(a) 完全奥氏体化区深度计算

(b) 完全奥氏体化区宽度计算

图 5-57 不同车轮钢奥氏体化区的深度、宽度计算

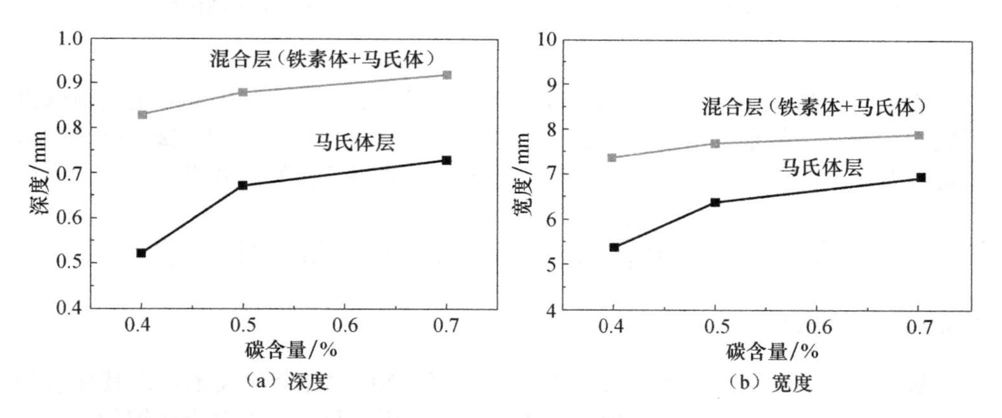


(a) 深度

(b) 宽度

图 5-58 车轮踏面马氏体层的厚度和宽度随碳含量的变化

本项工作为高速车轮的研发提供了关键的理论指导和实验数据。采用上述理论基础，进行降C微合金化的技术改进，所研制的高速列车用车轮材料装车试运行50余万公里，运行最高时速达到321公里/小时，未发生车轮剥离失效等故障。

2. 重载货车用车轮钢

Si元素对抗滑动剥离性能也有显著的改善作用。根据苏航等的工作[41]，若假定滑行接触区最高温度为922℃，则Si含量从0.2%增加至1.3%，奥氏体化区域的厚度从0.83mm降低至0.68mm，减小20%；宽度从7.3mm减小至6.3mm，截面积减小30%以上，如图5-59所示。计算结果还显示，若考虑滑行区最高温度为850℃，则Si含量从0.2%增加至1.3%可使奥氏体化区域的截面积减小45%。可见Si含量的增加，对奥氏体的形成和扩大有较好的抑制作用。

除了对相变温度的影响，还发现合金元素 Si 对车轮钢产生显著的强化效果，见图 5-60[44]。

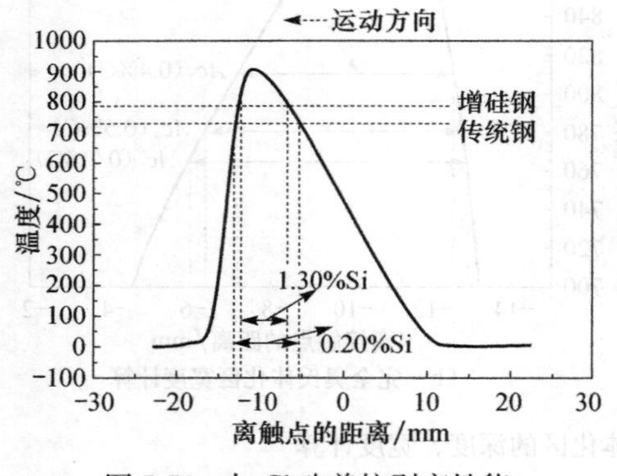


图 5-59　加 Si 改善抗剥离性能示意图（沿踏面切线方向）

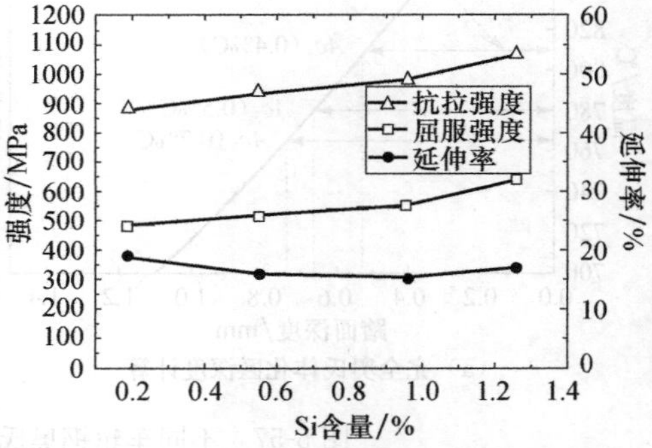

图 5-60　Si 元素对车轮钢拉伸性能的影响

通过采用高 Si 含量控制方法重载货车用车轮钢的研究开发和工业试制取得了成功。所试制的重载车轮装车已经应用于大秦货运专线 2 万吨重载货运列车，供货数万件，并出口至北美和澳大利亚等市场，取得了良好的效果。

## 5.6　V-N 微合金化技术与 Thermo-Calc 热力学计算

### 5.6.1　项目背景

从 20 世纪 60 年代开始发展起来的 Ti、V、Nb 微合金化技术，以其显著的技术、经济优势，在世界范围内获得了广泛的应用。目前，微合金化钢的总产量约占世界钢产量的 10%～15%（即每年 8000 万到 1.2 亿吨），这一产量比率还有很大的发展空间。随着钢铁产品对成本效益要求的不断提高，微合金化钢将会以其经济上的优势获得更广泛的应用。

随着近些年的研发，V-N 复合微合金化技术得到了充分的发展。在含钒钢中增氮提高了碳氮化钒的析出温度，并增加了其析出的驱动力，因此采用钒氮微合金化，不需要添加其他贵重的合金元素，热轧条件下可以获得屈服强度为 450～600MPa 的高强度钢。由于钒氮微合金化技术显著的技术、经济优势，它在高强度钢筋、非调质钢、高强度板带、薄板坯连铸连轧产品、高强度厚板和厚壁 H 型钢、无缝钢管等产品的开发中获得了广泛的应用。本节介绍 V-N 微合金化技术的热力学、动力学原理。

### 5.6.2　研究对象

V-N 微合金化技术可广泛适用于低碳、中碳乃至高碳等各类钢铁产品中。

在各种碳含量的含钒钢中增加N含量，均使钢的相图发生变化，如图5-61所示。从图中可以看出，在较宽的碳含量范围内，碳含量的变化对V（CN）析出温度的影响较小，而改变N含量则使V（CN）在奥氏体中的平衡析出温度显著升高。例如，在N含量为40ppm时，C含量从0.2%增加至0.7%，V（CN）的开始析出温度仅变化15～20℃；而当N含量从40ppm增加至200ppm时，V（CN）的开始析出温度增加了100℃，显示了N含量对V析出的巨大影响。正是N对V（CN）析出的影响，改变N含量对V在钢中的溶解与析出、形核与长大等第二相行为有着重要作用。

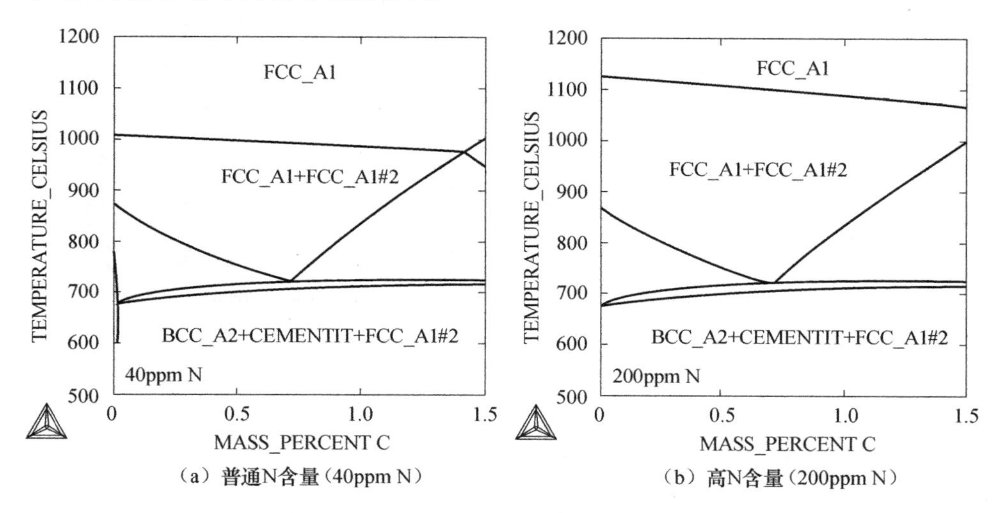


（a）普通N含量（40ppm N）　（b）高N含量（200ppm N）

图5-61　加N的V微合金化钢的相图（0.4Si-1.4Mn-0.08V；界面图）

N含量对V（CN）析出热力学上的重要影响可从V（CN）析出驱动力方面加以解释，如图5-62所示。以V在铁素体中析出的典型温度$T=923$K（650℃）为例加以说明。从图5-62可看出，C含量发生0.5%左右的变化，V（CN）析出的驱动力仅变化0.1～0.2J/mol，而N含量从40ppm增加至120ppm，驱动力即增加0.4J/mol；N含量增加至200ppm，驱动力继续增加。

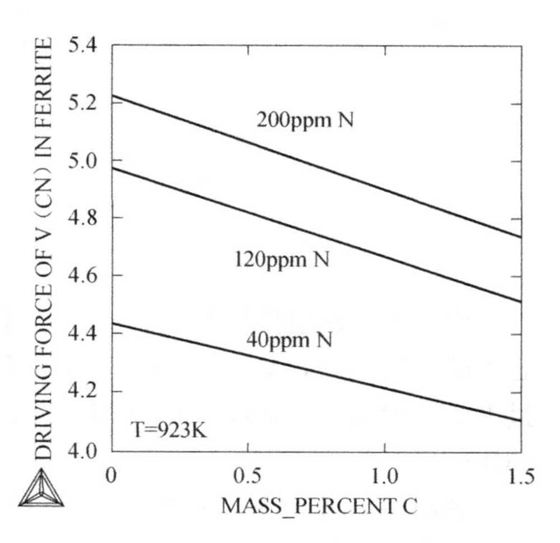


图5-62　不同N含量的V钢中V（CN）析出的驱动力（界面图）

含钒钢中增氮提高了碳氮化钒的析出温度，并增加了其析出的驱动力。

随氮含量的增加，析出相中碳氮组分明显变化。低氮的情况下，析出相以碳化钒为主，随氮含量增加，逐渐转变成以氮化钒为主的析出相。当钢中氮含量增加到200ppm时，在整个析出温度范围，均是析出VN或富氮的V（C，N），促进了V（C，N）的析出。从图5-63可以清楚地看出，随钢中氮含量增加，$w_V$＝0.13％的钢中V（C，N）析出相数量增加、颗粒尺寸和间距明显减小[45]。

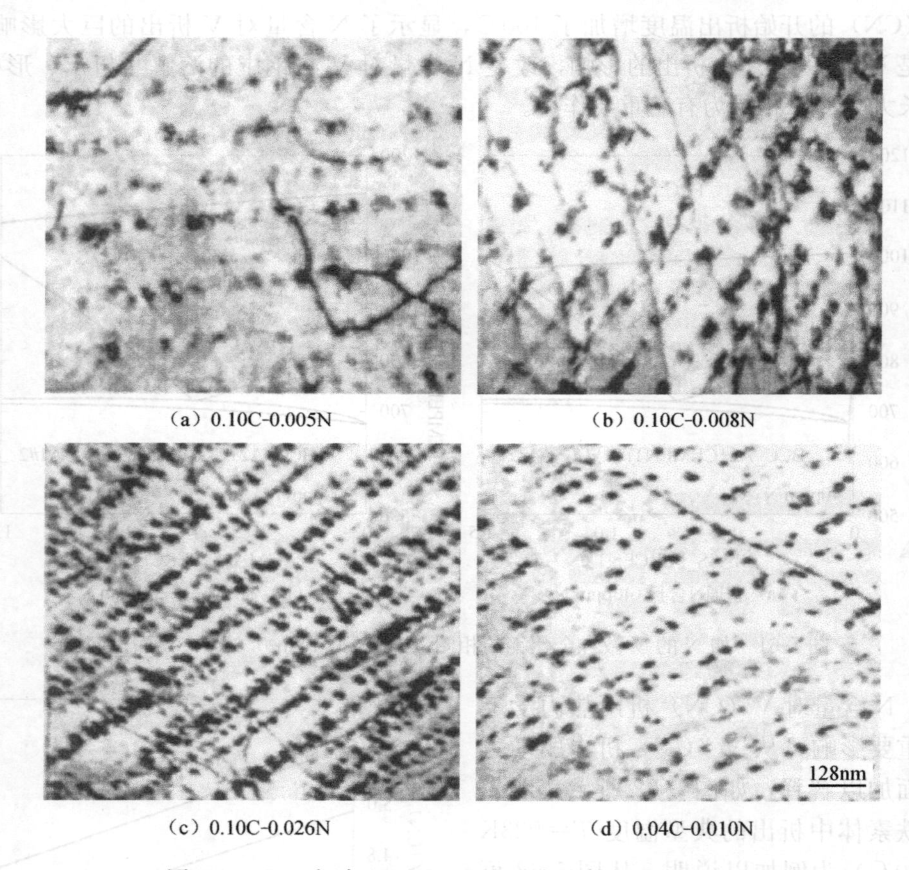


（a）0.10C-0.005N （b）0.10C-0.008N

（c）0.10C-0.026N （d）0.04C-0.010N

图5-63 V-N钢中V（C，N）析出相电镜照片（0.12V）

由于氮在钢中优化V的析出，显著提高了其沉淀强化效果。如图5-64所示，各种碳含量钢中，V（C，N）的沉淀强化效果随氮含量的增加出现线性递增，最大的强度增量能够达到300MPa。含钒钢中每增加10ppm的氮可提高强度6MPa以上[46]。

利用Thermo-Calc热力学计算软件，可以优化含V结构钢的合金设计水平，为实验室研究和工业试制奠定理论基础和技术方向。本节以低碳钢、中碳钢和高碳三个不同碳含量的品种为例，采用Thermo-Calc软件进行计算，为研究和开发提供指导。

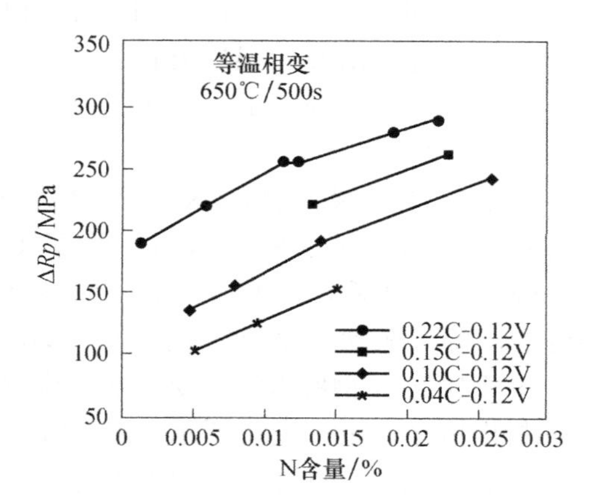


图 5-64　氮对钒钢沉淀强化作用的影响

### 5.6.3　研究方法和结果

1. 低碳钢品种

低碳钢中加入不同含量的 V 元素（和 N 元素），将显著影响 V（CN）粒子在钢中的析出温度和析出量。本节计算了 V 微合金化低碳钢的合金体系相图，如图 5-65 所示。结果显示，在低碳钢体系中，钢中增加 N 含量基本不影响钢的

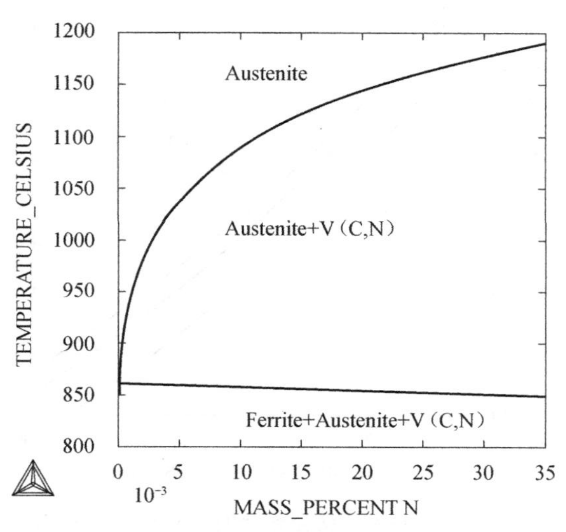


图 5-65　V 微合金薄板坯连铸连轧带钢合金体系相图（0.05C-0.2Si-1.5Mn-0.1V；界面图）

$A_3$ 温度，但强烈影响 V 的析出开始温度。当 N 含量增加时，V 的析出开始温度显著增加。当 N 含量为普通的 50ppm 左右，V 的析出开始温度仅为 1020℃左右，N 含量增加到 200ppm 时析出开始温度升高为 1130℃，继续增加 N 含量为 300ppm 时，析出开始温度为 1150℃以上。说明 N 含量的增加显著提高 V 的析出温度。

为比较不同 N 含量带来的效果，假定 N 元素分为 50ppm、150ppm 和 250ppm 三种低、中、高含量。计算了三种 N 含量下的 V（C，N）在铁素体中析出的驱动力，如图 5-66 所示。可看出，增加 N 含量明显提高 V（C，N）的析出驱动力。在相同温度下，高 N 驱动力比低 N 高 0.6～0.8 J/mol。而为了获得相同的析出驱动力，高 N 钢比低 N 钢所需的相变温度高约 60～70℃。进一步热力学计算低碳钢中 V 的析出情况，如图 5-67 所示。图 5-67(a) 为 V（C，N）析出量与温度的关系，结果显示，高 N 钢开始析出温度比低 N 钢高 130℃，且高 N 钢在高温的析出趋势远高于低 N 钢，析出总量也略高于低 N 钢。图 5-67(b) 为 V（C，N）析出物中 N 的占位分数，可以看出，在较高温度下，由于析出不充分，低 N 钢和高 N 钢中 V（C，N）析出物中 N 元素的占位分数基本相同，而当温度降低至典型的铁素体析出温度区间时，低 N 钢显示较低的 N 占位分数而高 N 钢则依然保持较高 N 占位分数（0.9 左右）。V（C，N）析出物中 N 占位分数越高（即 VN 的比重越大），析出物越稳定，析出效果越高，沉淀强化效果越明显。

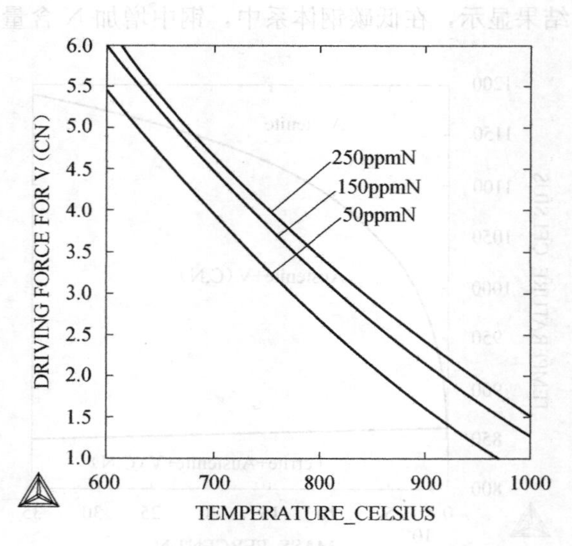


图 5-66　薄板坯连铸连轧带钢中 V（C，N）的析出驱动力随温度的变化（界面图）

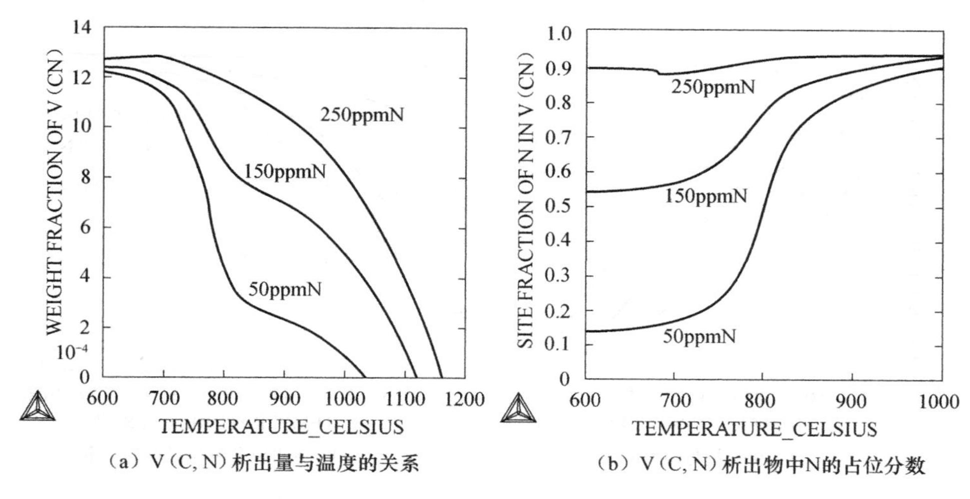

(a) V (C, N) 析出量与温度的关系　(b) V (C, N) 析出物中N的占位分数

图 5-67　低碳钢的 V 析出情况（界面图）

2. 中碳钢品种

中碳钢中加入不同含量的 V 和 N 元素，与低碳钢有所不同。图 5-68（a）为不同 N 含量的中碳钢中 V（C，N）析出量与温度的关系。N 含量的不同不仅导致钢中 V（C，N）析出物开始析出温度的不同（N 含量越高，析出温度越高），而且使中碳钢中 750℃ V（C，N）析出总量的显著差异。在 750℃，N 含量为 40ppm 时，V（C，N）的析出总量为 0.037%左右，有不少 V 保持固溶于基体中；而 N 含量为 120ppm 时，析出量则达到 0.05%左右，固溶 V 量较少。另一方面，为了达到高 N 钢的 V 析出量水平，在 N 含量为 40ppm 的条件下，V 含量需增加至 0.055%。即使析出量保持相当的情况下，低 N 钢由于析出物中 N 分数较低（图 5-68（b）），稳定性低于高 N 钢，析出效率不够优化。因而为保持相同的强化效果，V 含量还应高于 0.055%。因此，在相同 V 含量的情况下，提高中碳钢中的 N 含量，可优化 V 的析出效率，提高钢筋的性能；在相同的性能水平下，提高钢筋中的 N 含量可大大节约 V 用量，在计算中至少可节约 V 含量 30%以上。

将增 N 前后析出相的粒度分布结果对计算结果加以验证，如图 5-69 所示。钒钢中尺寸小于 10nm 的细小颗粒分数仅为 21.1%，而钒氮钢中的这一分数增加到 32.2%。相分析的结果清楚地表明，钢筋中增氮不仅促进了 V（C，N）的析出，还减小了 V（C，N）颗粒的平均尺寸，大大增加了颗粒尺寸低于 10nm 的细小析出相的百分数。细小弥散 V（C，N）析出相数量的增加是钒氮钢强度升高的主要原因。从而验证了含 V 中碳钢增 N 的热力学计算结果。

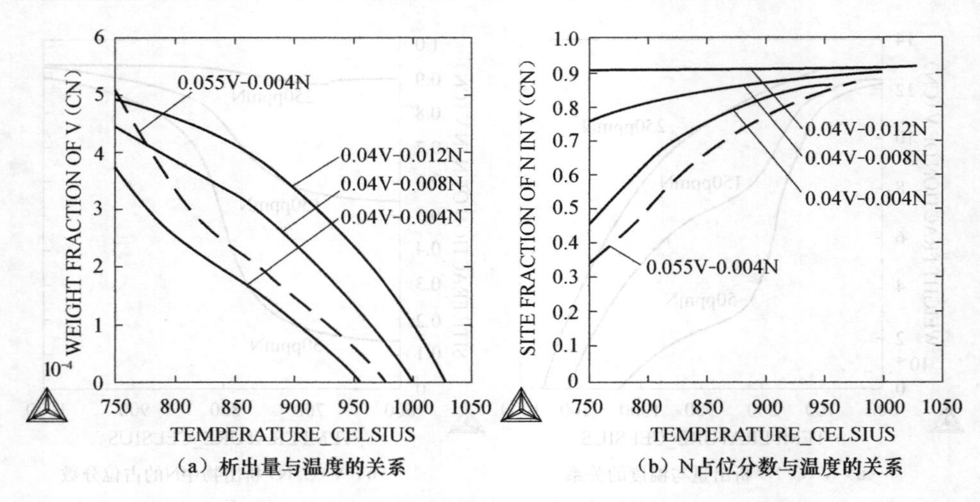


（a）析出量与温度的关系　（b）N占位分数与温度的关系

图 5-68　高强度钢筋的析出情况（0.25C-0.40Si-1.40Mn；界面图）

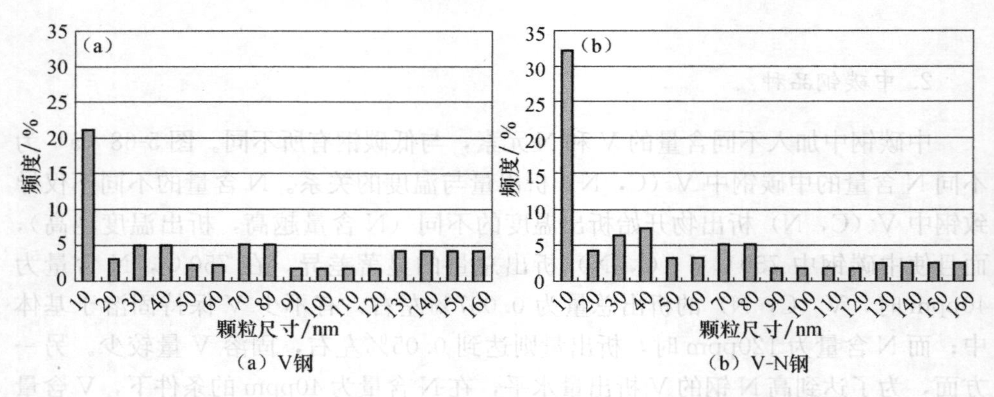


（a）V钢　（b）V-N钢

图 5-69　中碳钢中 V（C，N）析出相的粒度分布结果（界面图）

3. 高碳钢品种

常见的高碳钢，如硬线钢、钢轨钢等均以珠光体组织为主。一般情况下，碳化物形成元素均与碳结合形成渗碳体。钒元素也是强碳化物形成元素，易析出形成合金渗碳体，使以 V（C，N）形式析出的 V 的数量减少。发挥钒的析出强化作用就需要大部分 V 以 V（C，N）的形式析出，并阻止 V 以 $M_3C$ 的形式析出。在钢中增 N，提高 V（C，N）析出的驱动力，有可能提高 MC 相 V 的比例。本例计算了高碳共析钢中随着 N 含量的增加，V 的析出情况。

在 700℃时，V 在各种相中的分布情况见图 5-70。结果显示，当钢中 N 含量缺乏（小于 50ppm）时，以 $Fe_3C$ 形式存在的 V 比例达到 40%以上，加上铁素体中固溶 V 含量，总量达到 45%以上，这部分 V 对于析出强化起不到任何作用，可以说是 V 的一种浪费。随着钢中 N 含量的升高，铁素体和渗碳体中溶解的 V 量降低，而以 V（C，N）形式析出的 V 量升高。当 N 含量提高至 150ppm 时，V 以 V（C，N）形式析出的比例达到 80%以上，优化 V 的析出效率。N 对 V 析出的促进作用也可通过图 5-71 中 V（CN）析出驱动力与 N 含量的关系看出。

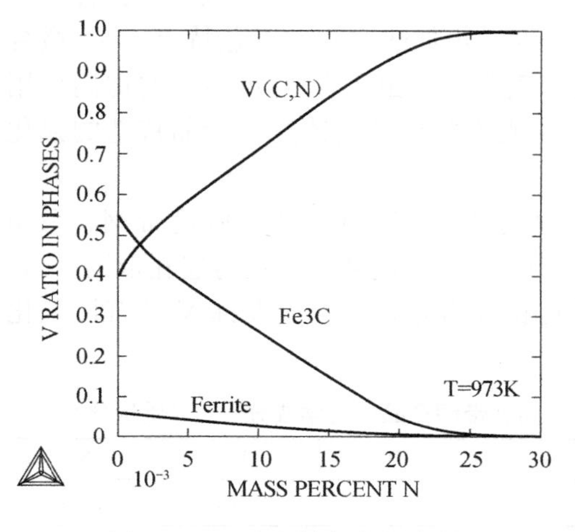


图 5-70　V 在硬线钢各相中的分布情况（界面图）

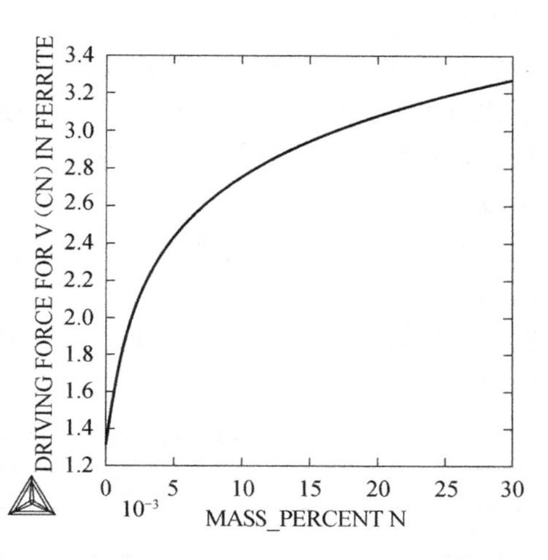


图 5-71　硬线钢 V（C，N）粒子析出的驱动力与 N 含量的关系（700℃；界面图）

在实验室研究中采用了上述高碳钢体系进行实验验证，N 含量分别取 30ppm 和 170ppm，取样进行相分析，相分析结果见表 5-12，并与计算值进行比较。从实验结果看，当 N 含量为 30ppm 时，只有约一半（51%）的 V 以 V（C，N）的形式析出，而当 N 含量增加至 170ppm 是，大部分 V（81%）均以 V（C，N）的形式析出，发挥了较好沉淀析出效果。计算值与实验结果吻合的较好。

**表 5-12　低 N 和高 N 含 V 高碳钢的相分析结果**

| N 含量/ppm | 相结构 | V 析出量/% | 析出比例/% | 计算值/% |
|---|---|---|---|---|
| 30 | $(V_{0.802}Ti_{0.136}Cr_{0.062})(C_{0.881}N_{0.109})$ | 0.0412 | 51 | 48 |
| 170 | $(V_{0.852}Ti_{0.114}Cr_{0.038})(C_{0.393}N_{0.607})$ | 0.0782 | 81 | 83 |

### 5.6.4　产品（技术）应用情况

基于各种理论和实验研究结果，V-N 微合金化技术在建筑用高等级钢筋、薄板坯连铸连轧产品、非调质钢、无缝管、高强度厚板、铁道用钢、高碳硬线钢等方面均获得了广泛应用。

1. *薄板坯连铸连轧带钢*

薄板坯连铸连轧工艺以其技术、经济上的突出优势，成为近年来钢铁装备发展的热点。我国已经装备了二十多条薄板坯连铸连轧生产线，面对激烈的竞争，越来越多的企业把目光投向高附加值产品的开发。一般来说，薄板坯连铸连轧高强度钢均采用了低碳含量设计，($w_C < 0.07\%$) 碳含量的降低对改善焊接性、成型性和韧性都十分有利，但由于低加热温度、短加热时间的工艺特点，Nb 微合金化技术不太适用于短流程生产高强度带钢产品。由于 V 对再结晶的抑制作用较小，具有沉淀强化作用[47]，V 微合金化成为薄板坯连铸连轧产品首选的强化手段。

实际工业生产采用见表 5-13 的化学成分生产 550MPa 级高强度带钢。采用高 N 含量设计（>200ppm）生产的 550MPa 级高强度薄板坯连铸连轧带钢产品，取得了良好的效果。实际工业试板采用上限 N 含量，以充分发挥 V 的沉淀强化效果[48]。

**表 5-13 高强度薄板坯连铸连轧带钢产品的化学成分** （质量分数/%）

| C | Si | Mn | S | P | V | N |
|---|---|---|---|---|---|---|
| 0.05 | 0.2 | 1.5 | 0.005 | 0.01 | 0.10 | 0.020 |

产品的实物性能见表 5-14。所有厚度的钢带产品均达到 550MPa 的屈服强度级别，且有较大富余量。钢带的低温冲击韧性也有较大余量。

**表 5-14 V-N 微合金化薄板坯连铸连轧带钢的力学性能**

| 厚度/mm | UTS/MPa | YS/MPa | EL/% | 冷弯 ($d=2a$，180°) | $A_{KV2}$/J (−20℃) | 备注 |
|---|---|---|---|---|---|---|
| 1.8 | 685 | 620 | 29 | 合格 | | |
| 2.5 | 675 | 600 | 29 | 合格 | | |
| 3.2 | 665 | 600 | 30 | 合格 | | |
| 6.3 | 675 | 610 | 28 | 合格 | 70 | 5mm 试样 |

进一步显微组织分析发现，薄板坯连铸连轧带钢产品获得了超细的显微组织结构，钢带的铁素体平均晶粒尺寸为 3～4$\mu$m，即使 6.3mm 产品的晶粒尺寸也仅为 3.8$\mu$m，全部产品晶粒尺寸均小于 4$\mu$m，如图 5-72 所示。

V-N 微合金化薄板坯连铸连轧带钢获得的良好强韧性能匹配和超细显微组织，与钢中 V（CN）粒子的析出行为有直接的关系。高 N 含量设计，使薄板坯连铸连轧带钢在奥氏体阶段即有部分 V 析出，阻止奥氏体晶粒长大，并在随后的冷却过程成为铁素体形核核心，细化铁素体组织。同时，大部分 V 仍然保留在基体中，与钢中的较高 N 含量共同作用，提高 V（C，N）粒子析出的驱动力，使 V 在铁素体中弥散析出，提高钢的沉淀强化效果。

(a) 1.8m产品(平均晶粒尺寸: 3.4μm)

(b) 6.3mm产品(平均晶粒尺寸: 3.8μm)

图 5-72　V-N 微合金化高强度薄板坯连铸连轧带钢的显微组织

2. 钢筋

建筑用热轧钢筋占到了我国钢材总量的 1/5，当前的消耗量达到了 1.2 亿吨。建筑用钢的升级换代对我国钢铁品种的结构调整起到了举足轻重的作用。长期以来，我国建筑用钢品种单一，应用水平低。以建筑钢筋为例，一直由屈服强度 335MPa 的 20MnSi 低强度钢筋占统治地位。近年来由于 V-N 微合金化技术在钢筋中的推广和应用，到目前为止 V-N 微合金化高强度钢筋（400MPa 及以上）的年产量达 4000 万吨，与 335MPa 钢筋相比，节约钢材用量达 600 万吨，同时节约贵重的 V 资源达数千吨，创造了巨大的经济效益和社会效益。

增氮大幅度提高了含钒钢筋的强度，而在相同强度要求的条件下，增氮可以节约钒的含量，如图 5-73 所示。400MPa 级的钢筋，钒氮钢中钒的加入量为 0.02%～0.04%，而钒钢中钒的加入量为 0.05%～0.09%；500MPa 级的钢筋，

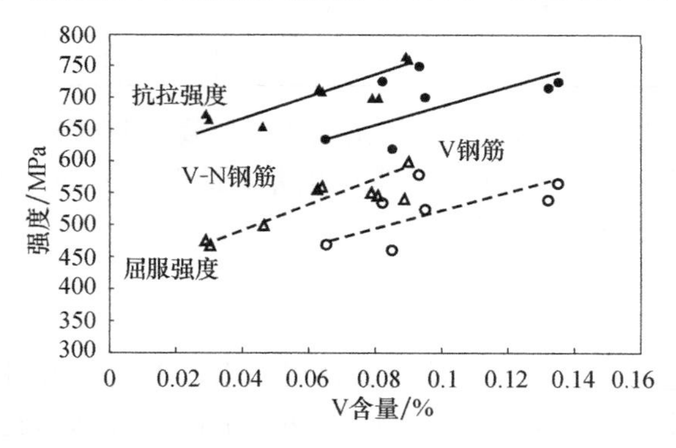


图 5-73　V-N 微合金化技术对钢筋中 V 的节约效果

钒氮钢中钒的加入量为 0.04%～0.05%，而钒钢中钒的加入量为 0.07%～0.12%。可以看出，增氮显著提高钒的利用效率，钒的消耗量节约了 50%，达到了节约资源、降低成本的目的[49]。

图 5-74 给出了钒氮微合金化 HRB400、HRB500 工业生产钢筋的强度和延伸性。与 20MnSi 钢筋对比，钒氮微合金化 HRB400、HRB500 钢筋不仅获得了高强度水平，同时延伸率也明显提高。钒氮微合金化高强度钢筋实现了高强度、高延伸率的配合，是在保证高延性条件下达到的高强度水平。

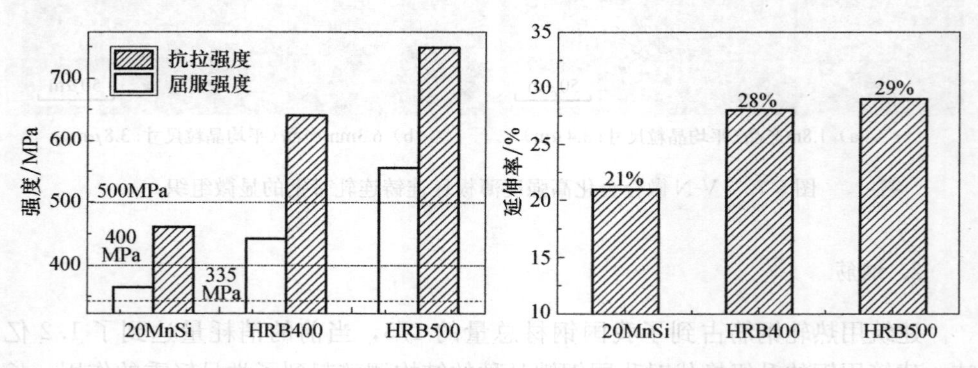


图 5-74 钒氮微合金化 HRB400、HRB500 钢筋的强度和延伸性

3. H 型钢

基于钒氮微合金化设计，通过利用 VN 奥氏体析出诱导晶内铁素体的晶粒细化技术以及钒氮促进碳氮化钒析出强化的技术，厚壁 H 型钢热轧状态下铁素体组织得到了有效的细化，钢的综合性能优良，在确保高强度要求的前提下，钢的低温韧性明显提高，0℃冲击功高达 170～214J，钢的低温韧性裕量大[50]，见表 5-15。

**表 5-15 厚壁 H 型钢成品力学性能统计**

| 规格 | $\sigma_s$/MPa | $\sigma_b$/MPa | $\delta_{200}$/% | $A_{kV2}$，0℃/J |
|---|---|---|---|---|
| 305×305×223 | 420～435/468 | 590～625/605 | 27～30/25 | 170～214/192 |

V-N 微合金化厚壁 H 型钢一个突出的优点是截面不同部位的力学性能均匀。腹板、翼缘、R 角处的抗拉强度、屈服强度差异最大 15MPa。和传统 S355 H 型钢相比，截面性能的均匀性显著提高（图 5-75）。

4. 角钢

为满足国家电力行业输变电铁塔的发展需求，本项目采用钒氮微合金化技术，开发屈服强度为 345MPa、420MPa、460MPa、质量等级达到 B 级和 C 级、最大厚度 32mm、最大规格 24# 的高强度铁塔角钢。

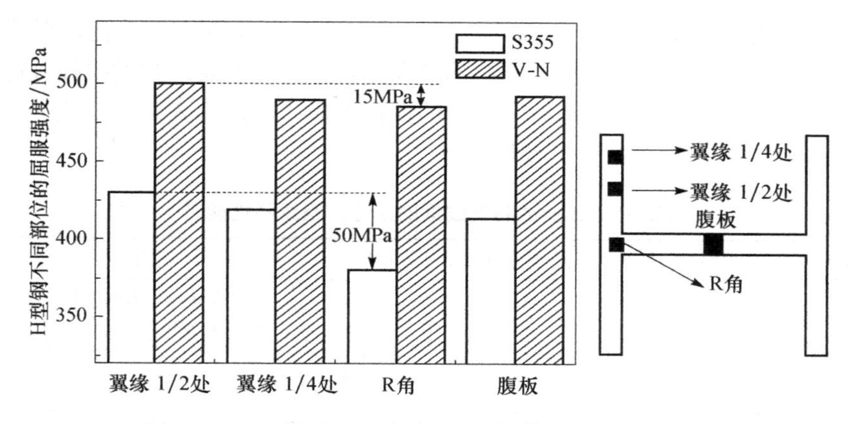


图 5-75　VN 厚壁 H 型钢与 S355 钢截面均匀性能对比

在钒氮合金设计的基础上，研究了不同 V、N 含量对角钢拉伸强度的影响规律（图 5-76）。结果表明，随着 V、N 的增加，角钢的屈服强度/抗拉强度显著上升。在 C-Mn 钢基础上添加约 0.04%以上的 V 可以满足 Q420 角钢的强度设计要求，添加约 0.06%以上的 V 则可以满足 Q460 角钢的强度设计要求。从图5-77 可以看出，随着钒、氮含量的增加，铁素体晶粒尺寸越来越细小。钒氮微合金设计显著细化了角钢的铁素体组织，提高了钢的强度。

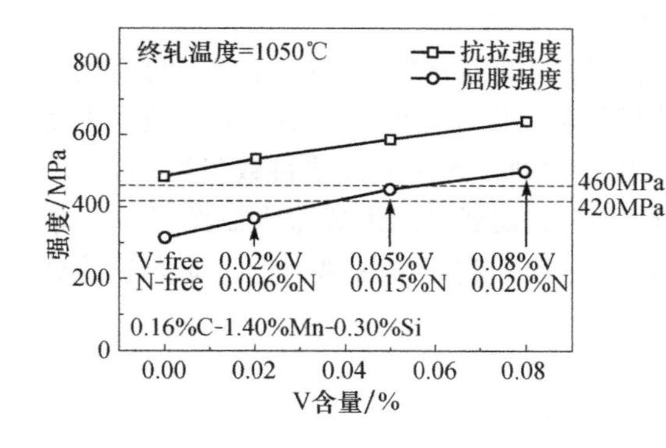


图 5-76　V、N 含量对角钢拉伸强度影响

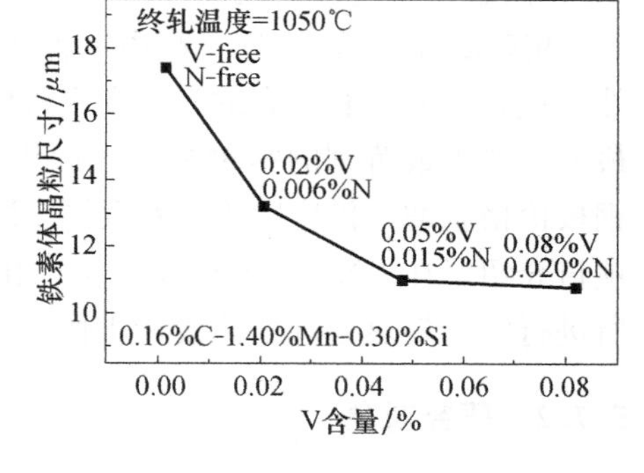


图 5-77　V、N 含量对角钢铁素体晶粒尺寸的影响

5. 高碳硬线

随着建筑业对预应力钢材规格和强度指标要求的提高，2000MPa 以上超高强度钢绞线及镀锌钢丝的需求量在逐渐增加，这就要求预应力线材用硬线盘条具有更高的强度和韧性。增加碳含量以提高钢的强度和硬度，这是提高强度性能指标最经济的途径。但是碳的增加导致连铸钢的中心碳偏析，尤其当钢的平均碳含

量超过共析成分（0.77%和0.82%）后，碳在中心的偏析程度加剧，形成网状碳化物或在连续冷却过程容易淬成心部马氏体，显著降低硬线钢的拉拔性能，从而降低合格率。钒微合金化是一个常用的强化手段。通过加入微合金化元素来提高硬线钢的强度等级，如表5-16所示。

表5-16　工业试制硬线钢的成分、组织和性能[51]

| 钢种 | 规格 | 化学成分（质量分数）/% | | | | | 组织 | | 性能 |
|---|---|---|---|---|---|---|---|---|---|
| | mm | C | Si | Mn | V | Cr | 中心晶粒尺寸/μm | 表面晶粒尺寸/μm | 抗拉强度/MPa |
| 基准钢1 | 13 | 0.808 | 0.257 | 0.75 | 0.002 | 0.28 | 32 | 27 | 1154 |
| 基准钢2 | 13 | 0.8 | 0.276 | 0.77 | 0.002 | 0.27 | 38 | 27 | 1165 |
| 基准钢+V（1） | 13 | 0.809 | 0.258 | 0.78 | 0.055 | 0.25 | 21 | 13 | 1239 |
| 基准钢+V（2） | 15.5 | 0.804 | 0.25 | 0.77 | 0.054 | 0.25 | 32 | 27 | 1169 |

# 5.7　LNG储罐用9Ni低温钢的精细组织结构研究

## 5.7.1　项目背景

我国液化天然气（Liquefied Natural Gas，LNG）工业近年来发展迅速。LNG储罐用关键材料是在−163℃下使用的9Ni钢板。

9Ni低温钢是LNG工程中一种非常关键的低温材料，直接与冷冻的液化天然气接触，要求有较高的强度和良好的超低温韧性，是民用普钢产品中技术难度最大、要求最苛刻的钢种之一。近年来由于全球LNG工程项目数量剧增，9Ni钢板价格激增，供应困难，对我国LNG工业的发展已经形成很大制约[52,53]。本项目介绍了在LNG用9Ni钢板国产化研制过程中利用材料热力学、动力学计算所进行的材料热处理工艺设计工作。

## 5.7.2　研究对象

9Ni钢的低温韧性水平和逆转变奥氏体含量有较大关系[52,54]。热力学上稳定的逆转变奥氏体含量越多，钢板的低温冲击功越高。而在材料的处理工艺上，采取淬火+回火（Quench-Temper，简称QT）调质热处理工艺，或增加一道次中间临界淬火工艺，形成淬火+临界淬火+回火（Quench-Lamellarize-Temper，简称QLT）热处理工艺均能得到一定量的逆转变奥氏体[55]。但是，与普通的QT工艺相比，QLT工艺获得逆转变奥氏体过程的机理具有明显的不同特征，其合金元素的分布和奥氏体的稳定性也具有显著的差异。

以QLT热处理工艺为例。一次淬火过程中，钢被加热到$Ac_3$以上完全奥氏体化，然后迅速冷却至 $M_s$ 以下，得到高位错密度的板条马氏体组织和少量残余奥氏体。

二次淬火在两相区加热过程中，由于钢中 Ni 等合金元素含量较高，延缓了马氏体的分解与再结晶，板条组织的特征仍然保持。这种组织在两相区温度将首先在板条边界上形成奥氏体，随后沿着板条边界长大形成奥氏体，C 和 Ni 等合金元素扩散到奥氏体中，造成钢中的成分起伏。在随后的二次淬火过程中，奥氏体大部分转变为二次马氏体，只有少量奥氏体保持到室温。而加热过程未转变的板条马氏体组织的 C 已经充分析出，位错密度也大幅度降低，已经转变为铁素体组织。因此，两相区二次淬火后的最终组织为板条结构的二次马氏体+铁素体混合组织。此外，二次淬火后出现孪晶组织，这是由于奥氏体化过程中，C 在奥氏体中的富集，在急冷过程中，容易转变为孪晶马氏体组织。

二次淬火后再进行回火，得到回火马氏体与铁素体组织。由于二次淬火造成钢中的成分起伏，在随后的回火中，部分区域的 $Ac_1$ 将低于回火温度，在钢中形成了逆转变奥氏体[56,57]。

两相区加热时形成的奥氏体很难保持到室温，基本上都形成了二次马氏体，而回火后形成的逆转变奥氏体却能保持到室温，这是由于二者的合金元素富集程度不同造成的。在两相区加热时，C 能够扩散到奥氏体内部，并且在奥氏体中基本能够达到平衡，而 Ni 只能扩散到奥氏体界面附近，很难扩散到奥氏体内部。由于温度相对较高，在两相区加热过程中奥氏体中 C 的富集程度相对较低，因此冷却到室温时形成二次马氏体。而两相区淬火后再进行回火，局部区域形成的逆转变奥氏体中 C、Ni 等元素进一步富集，增加了奥氏体的稳定性，逆转变奥氏体可以一直保持到室温甚至－196℃的低温环境而基本不发生马氏体相变。QLT 热处理工艺精细组织演变示意图如图 5-78 所示。

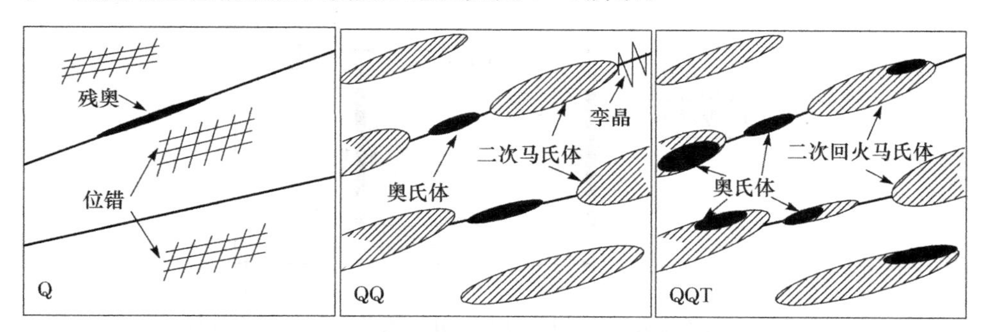


图 5-78　QLT 热处理工艺精细组织演变示意图

但是，QLT 以及普通 QT 工艺中合金元素发生的重新排列现象，很难完全通过实验观察研究来重现。考虑通过 DICTRA 动力学模拟软件来模拟在每一道热处理工序中合金元素的动态分布和界面推移过程。

### 5.7.3 研究方法和结果

1. 计算模型

假设钢的平均成分为 0.06%C，9.0%Ni。9Ni 钢经过一次淬火后，形成板条马氏体结构。经实验观察和统计结果，假设马氏体板条的平均宽度为 500nm。马氏体板条之间的界面存在残余奥氏体，假设其厚度为 1nm，存在轻微的元素富集，0.1%C-9.5%Ni。在 QLT 工艺的二次淬火（Lamellarization，简称 L）保温过程或 QT 的回火（Temper，简称 T）保温过程中，受平衡相图的控制，$\gamma/\alpha$ 界面将向 $\alpha$ 方向移动，C、Ni 等元素则向奥氏体方向富集，该过程的计算模型如图 5-79 所示。

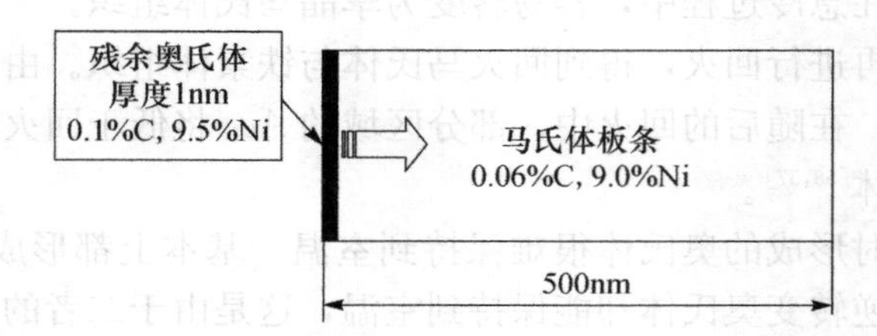


图 5-79 一次淬火后的结构（用于 QLT 的 L 或 QT 的 T 过程的模拟计算）

在上述结构的基础上进行二次淬火的计算模拟，可发现 C、Ni 等元素在马氏体板条结构内发生重排，形成元素富集区和元素贫乏区（详见下文的计算结果）。在元素富集区和贫乏区的界面，Ni 含量达到峰值，在元素富集区的内部（模型的最左端），C 含量接近峰值。因此，假设经二次淬火后，该两处形成残余奥氏体，厚度为 1nm，成分基本依据上一个模型的计算结果。该过程的模型如图 5-80 所示。

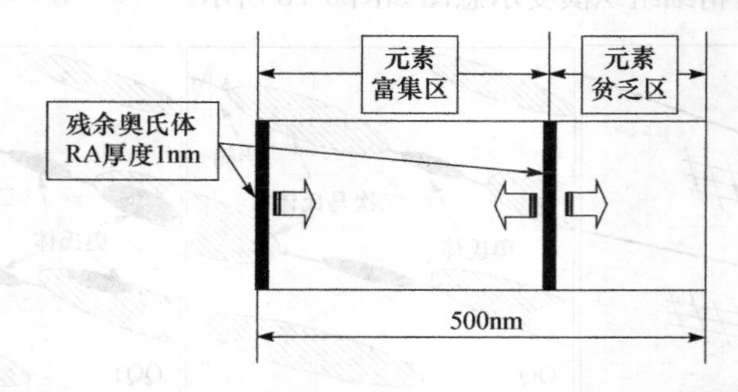


图 5-80 二次淬火后的结构（用于 QLT 的 T 过程的模拟计算）

2. 热力学计算准备

计算过程需依据平衡相图进行，用 Thermo-Calc 计算得到的 9Ni 钢的平衡相图，如图 5-81 所示。通过相图计算，发生完全奥氏体相变的平衡温度（$Ae_3$）为 690℃左右，而相图的 $Ae_1$ 点为 560℃左右。平衡相图为 9Ni 钢 QLT 处理工艺的 L 温度选择提供热力学依据。

9Ni 钢获得良好力学性能的关键是在室温下保留一定量的热力学稳定的奥氏体，这种奥氏体具有富集的合金元素含量，是在 QLT 热处理工序中保温阶段界面推移和元素重排形成的。为了研究各个不同保温过程形成稳定的单一奥氏体的能力，计算了不同温度条件下等温截面相图，如图 5-82 所示。

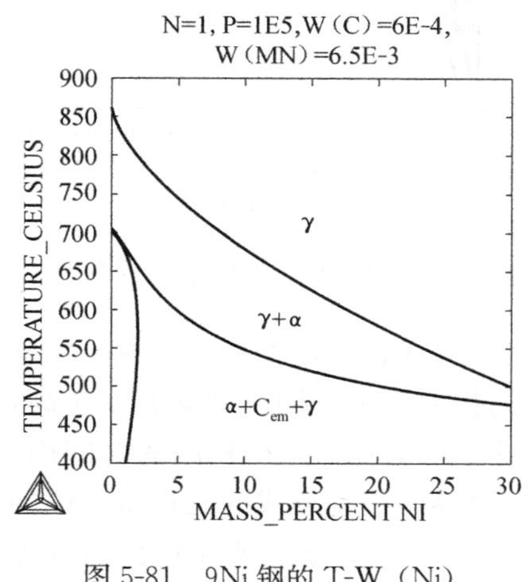


图 5-81　9Ni 钢的 T-W（Ni）相图（界面图）

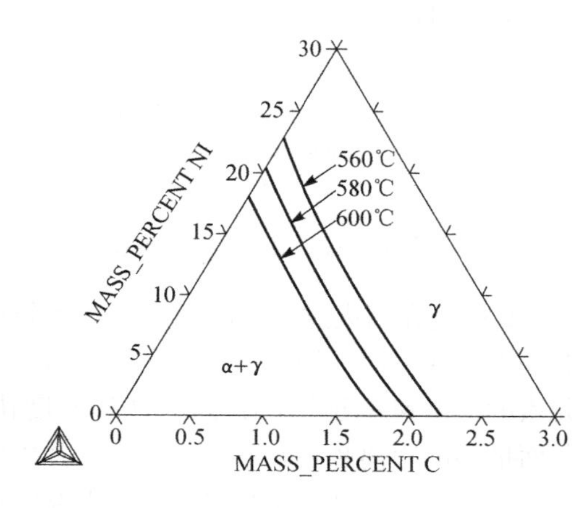


图 5-82　9Ni 钢的等温截面图（界面图）

### 3. QT 工艺参数的影响

考虑 QT 工艺下工艺参数对 9Ni 钢板条内部浓度梯度分布的影响。

1）回火温度

考察 QT 工艺下不同回火温度的影响，模拟计算结果如图 5-83 所示。图 5-83 结果显示，淬火后在一定温度下进行回火，C、Ni 等合金元素迅速向残余奥氏体中扩散、聚集，由于 Ni 的扩散速率远低于 C，Ni 扩散主要集中于 γ/α 相界面处，并且 Ni 在相界面处的浓度达到最高。而 C 元素则因为其快速扩散的特性，同时 Ni 是非碳化物形成元素，提高 C 的扩散系数，使 C 在高 Ni 浓度的相界面附近扩散加快，可以向奥氏体内部轻松扩散，奥氏体内部的 C 浓度较高。对于不同回火温度，产生的元素浓度梯度和峰值也各不相同。随着回火温度的升高，C 元素的浓度峰值显著降低，从 540℃的 1.06％降至 560℃的 0.81％，至 580℃的 0.60％，而 Ni 元素的浓度峰值则略有下降，基本保持在 16.5％～15.7％之间的水平。

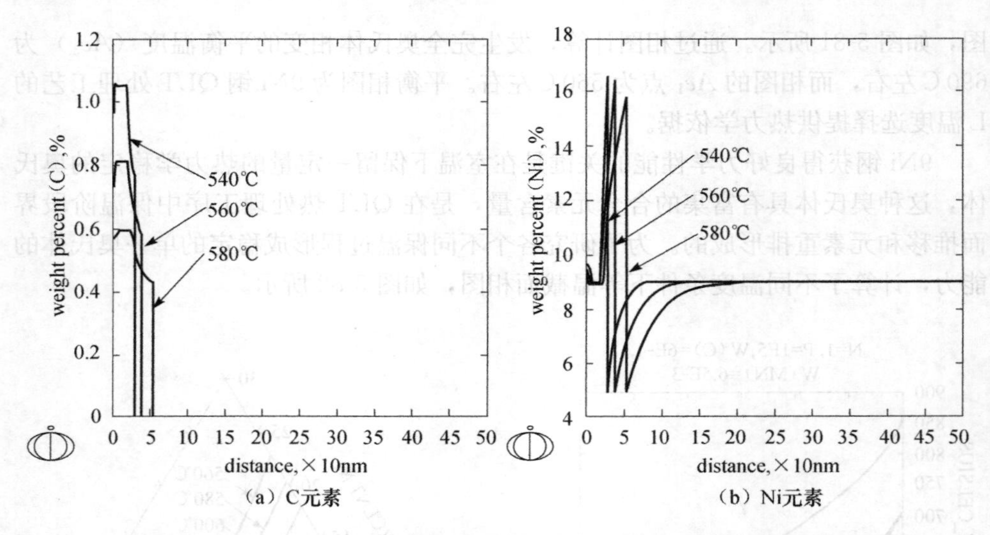


图 5-83　QT 工艺下回火温度对元素浓度分布的影响（回火 2h；界面图）

9Ni 钢在回火过程中的元素迁移和分布情况与界面移动速度和界面瞬时位置有关系。在不同的回火温度下，C、Ni 等元素的扩散速率不同；回火温度越高，元素的扩散速率越快，界面的推移速度快，如图 5-84 所示。在相同的时间内，界面推移的距离越远，如在 540℃回火 2 小时，因界面移动形成的元素富集区的厚度（宽度）为 30nm 左右；当回火温度提高至 560℃时，元素富集区的宽度提高至 40nm，进一步将回火温度升高至 580℃，该宽度则增加至 60nm，如图 5-85 所示。

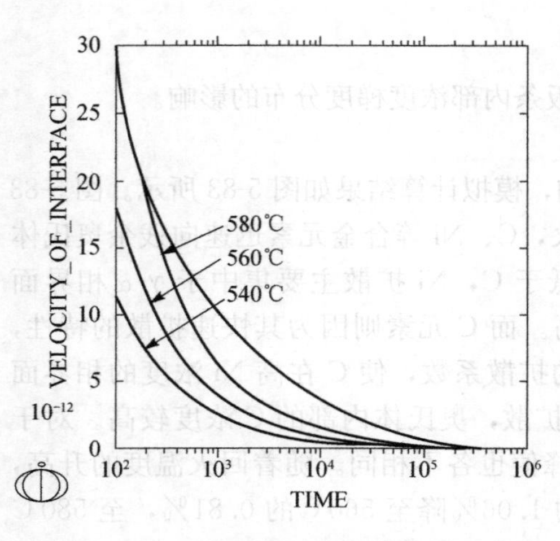


图 5-84　γ/α 界面移动速度随时间的变化情况（QT 工艺；界面图）

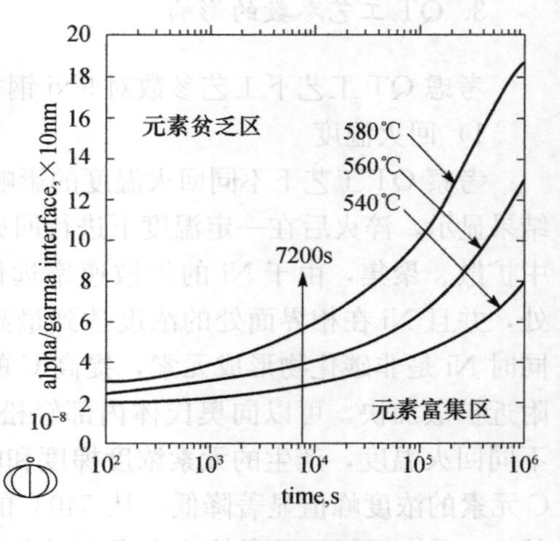


图 5-85　γ/α 界面位置随时间的推移情况（QT 工艺；界面图）

2）回火时间

研究回火时间对 QT 工艺 9Ni 钢的影响，如图 5-86 所示。随着回火时间的延长，界面向 α 相内推移，元素富集区的宽度增大。同时，随着回火时间的延长，C 元素的浓度峰值降低，而 Ni 元素的峰值升高。将回火温度和回火时间对元素浓度梯度的影响进行对比，如图 5-83 和图 5-86 所示，结合界面的移动情况（图 5-85），可以得出如下结论：一方面，提高回火温度和延长回火保温时间具有类似的效果，均使元素富集区的宽度增大，C 元素的峰值温度降低，所不同的是 γ/α 界面处的 Ni 元素浓度略有区别；另一方面，580℃回火，仅需 2 小时即可获得 60nm 厚度的元素富集区，而当 560℃和 540℃回火，达到相同厚度的元素富集区所需的回火时间则分别长达 12 小时和 70 小时，显然，从一定的工程角度讲，回火温度对 9Ni 钢组织调控的作用显著大于回火时间的影响。这个计算结果和热处理工艺的实践经验是基本相符的。

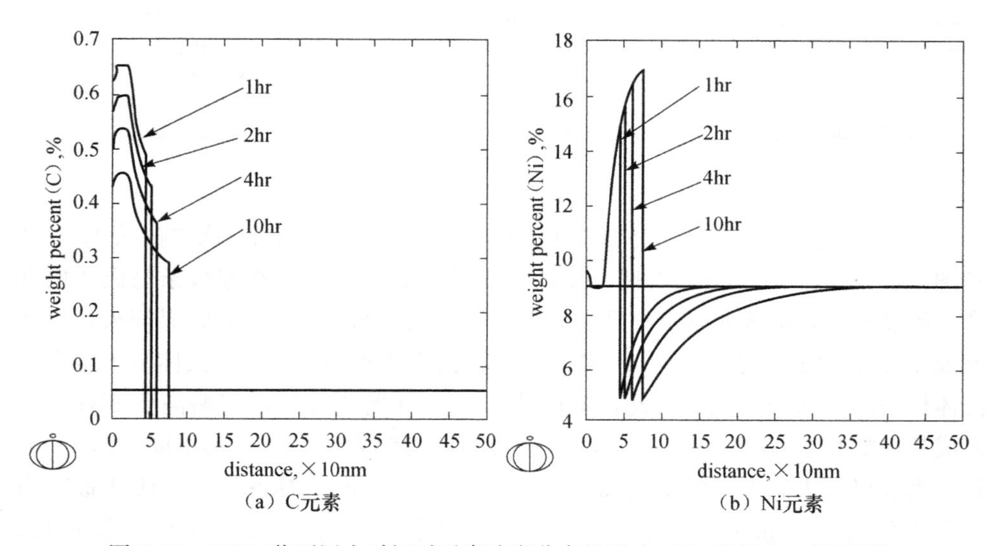


图 5-86 QT 工艺下回火时间对元素浓度分布的影响（580℃回火；界面图）

4. QLT 工艺参数的影响

1）典型的 QLT 工艺

在正常淬火（Q）和回火（T）之间增加一道临界温度淬火（L），对 9Ni 钢的显微组织和精细结构具有显著的影响。采取典型的 QLT 工艺（800℃+660℃×1h+580℃×2h），最终产生的元素浓度梯度分布如图 5-87 所示。图中显示，经过 QLT 工艺后，在原马氏体板条内部，产生多处成分起伏，C 含量的峰值为 0.40%左右，而 Ni 含量的峰值基本均达到 18%，为基体含量的 2 倍。这种多处产生元素富集的情况，对于回火后的冷却过程中奥氏体稳定的保留至室温具有良好的效果，可获得数量较多、分布均匀的逆转变奥氏体。

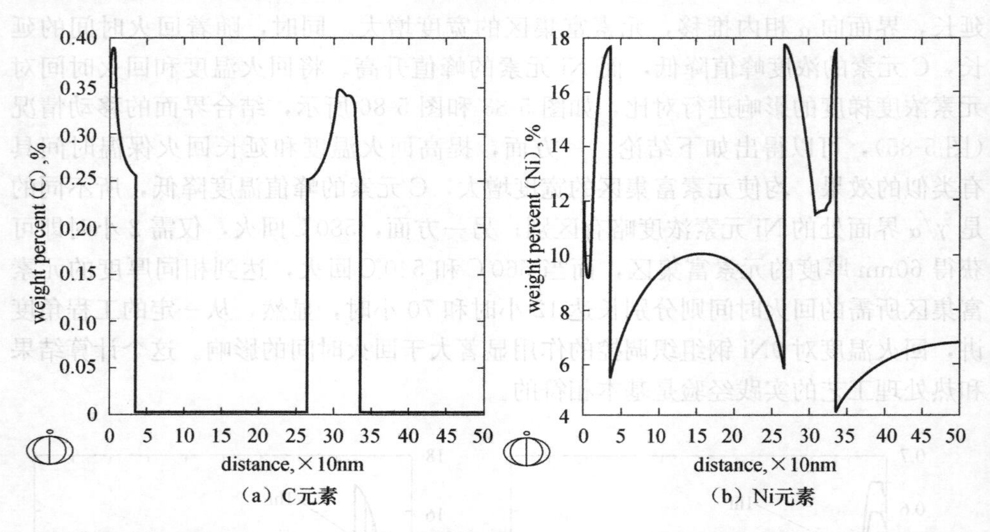


（a）C元素　　（b）Ni元素

图 5-87　典型 QLT 工艺下的元素分布特征（界面图；L：660℃×1h，T：580℃×2h）

2）临界淬火温度的影响

进一步研究临界淬火温度 L 对 QLT 工艺的元素浓度分布的影响，如图 5-88 和图 5-89 所示。计算结果发现，经过临界淬火 L 工艺后，在原板条马氏体内部产生浓度起伏，形成元素富集区和元素贫乏区两部分。在 680℃临界淬火，由于该温度接近 9Ni 钢的 $A_3$ 点（约 690℃），根据平衡相图判断，奥氏体将占整个马氏体板条的大部分区域，因此，奥氏体中 C、Ni 的成分接近但略高于 9Ni 钢平衡成分，如 C 含量约为 0.065%，Ni 的峰值浓度约为 10%，平均浓度为 9.2%左右。当临界淬火温度降低至更加远离 $A_3$ 点的 660℃时，具备在原马氏体板条内部产生更大成分起伏和浓度梯度的热力学条件，经过 1h 的动力学扩散过程，γ/α 界面推进至板条 2/3 的距离，奥氏体内部 C 含量达到约 0.10%左右，而 Ni 的峰值浓度达到 11.7%，γ/α 界面靠近铁素体部位成为贫 Ni 区，最低 Ni 浓度为 5%左右。进一步降低临界淬火温度至 640℃时，在原马氏体板条内部的成分起伏和浓度梯度进一步加大，经 1h 的动力学扩散，奥氏体占据原板条 1/3 的位置，在奥氏体中 C 的最高浓度达到 0.18%，为原始平衡浓度的 3 倍，而峰值 Ni 含量达到 12.6%。上述三种温度下临界淬火的动力学结果，见图 5-88(a) 和图 5-89(b)。

临界淬火带来的浓度梯度为接下来的回火过程产生更大的成分起伏和元素富集创造了便利条件。经不同温度的临界淬火后 580℃回火，原马氏体板条内部的成分分布如图 5-88(b) 和图 5-89(b) 所示。在不同临界淬火过程控制下，QLT

工艺带来的元素富集情况有所不同。680℃临界淬火控制的 QLT 工艺，产生 32nm 和 48nm 左右两个成分富集区，660℃的成分富集区宽度则为 36nm 和 70nm，640℃则为 35nm 和 75nm。可以看出，随着临界淬火温度的降低，单个成分富集区的宽度增加，而两个区域的间距则缩小。从元素浓度峰值的角度，随着临界淬火温度的降低，C 元素的峰值浓度有所降低，而 Ni 元素的峰值浓度则升高。

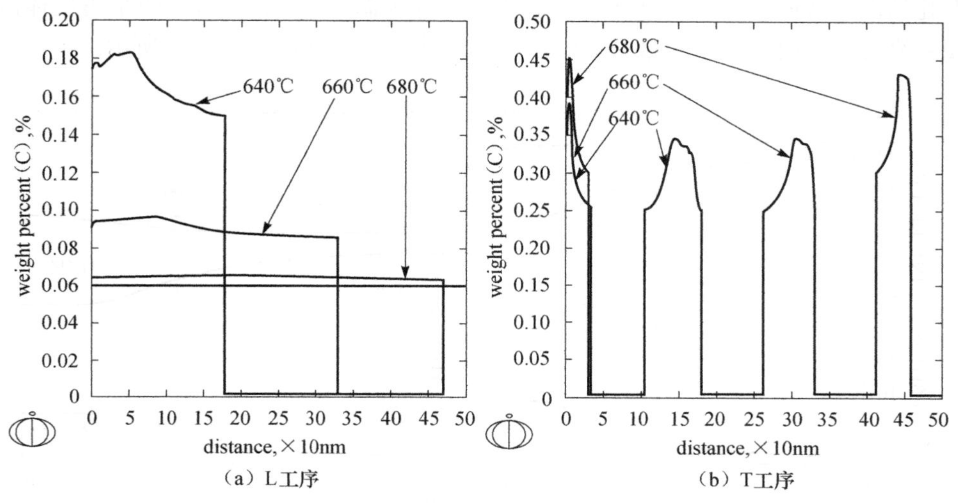


图 5-88　临界淬火温度 L 对 QLT 工艺 C 元素分布的影响（界面图）

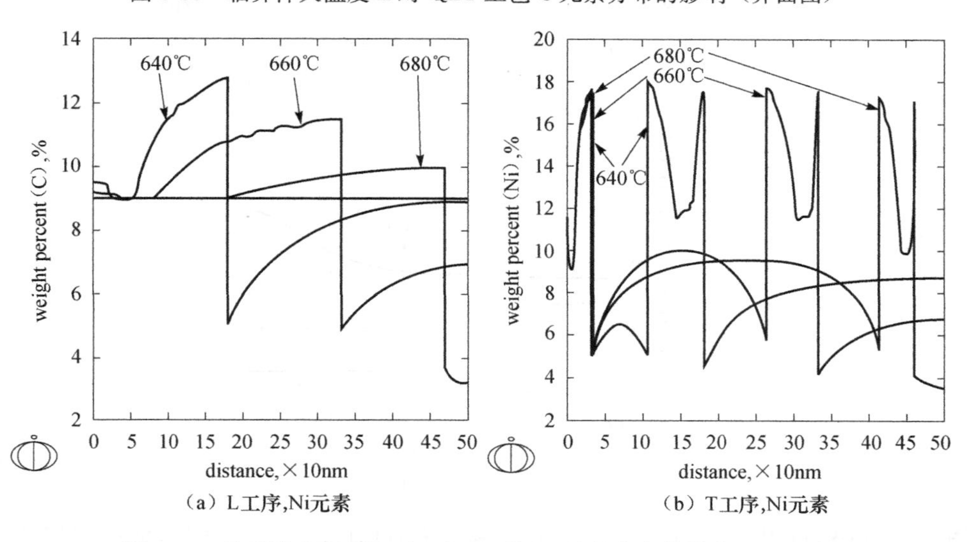


图 5-89　临界淬火温度 L 对 QLT 工艺 Ni 元素分布的影响（界面图）

考虑 QLT 工艺中回火过程的界面移动情况，如图 5-90 所示。QLT 工艺下，在原始马氏体板条内部存在三个 $\gamma/\alpha$ 界面，形成两个 C、Ni 富集的奥氏体区域，按照图 5-80 模型的顺序依次称为左 γ 区和右 γ 区。对于 680℃临界淬火后，由于形成的左右两个奥氏体区间隔较大，他们之间的 C、Ni 元素具有一定的富集程度，因此界面向中间推进的驱动力较大，如图 5-90(a) 所示；降低临界淬火温度至 660℃，两个奥氏体区间隔减小，而右部区域可供向奥氏体区扩散的 C、Ni 原子数量增多，第三 γ/α 相界面（最右相界面）向右推进，界面位置随回火时间的变化情况形成图 5-90(b) 所示形貌；当临界淬火温度为 640℃时，两个奥氏体区相互靠拢，同时右区向右推移的驱动力进一步增大，如图 5-90(c) 所示。

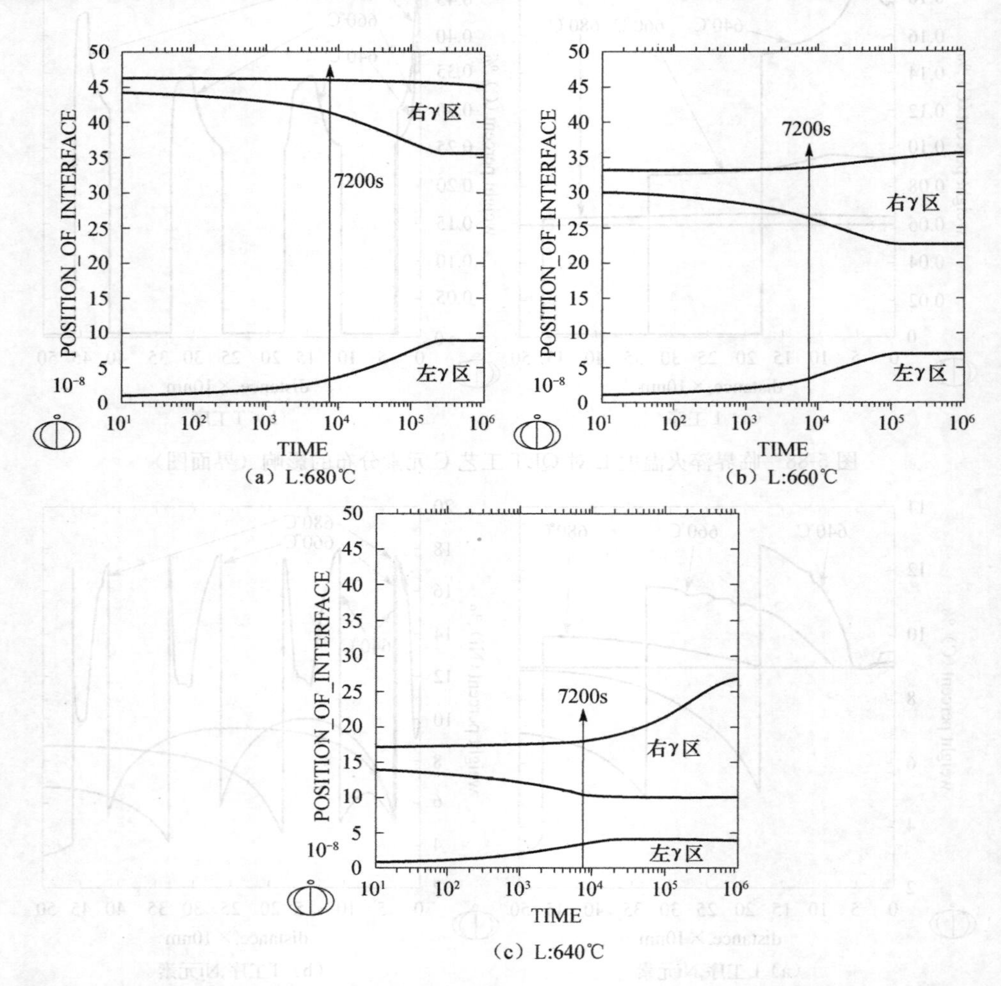


图 5-90 回火过程中 γ/α 界面位置随时间的推移情况（QLT 工艺，回火温度 580℃；界面图）

通过上述分析可以看出，在较低的温度（$A_1$ 点和 $A_3$ 点之间）进行临界淬火，获得的最终组织中元素富集区相对集中，其元素富集程度（包括峰值浓度和富集区宽度等因素）较高，在随后冷却至室温的过程中，该区域具有将大部分奥氏体组织保持下来不发生转变的趋势，因此可获得相对较多逆转变奥氏体；而提高临界淬火温度，在相对有限的回火时间内（如 2～3 小时）元素富集区变得分散（间隔加大），且元素富集程度有所降低，因此在冷却至室温后，能够被保留至室温不发生转变的逆转变奥氏体数量趋向于减少（与 QT 工艺相比仍然为多）。

3）回火温度的影响

继续研究回火温度对 QLT 工艺下元素成分分布的影响，见图 5-91。由图可见，对于回火温度的影响，QLT 工艺具有和 QT 工艺类似的规律。随着回火温度的升高，C 元素的浓度峰值显著降低，从 540℃的 0.82%（括号内为右 γ 区的数值：0.74%）降至 560℃的 0.58%（0.52%），至 580℃的 0.39%（0.35%），而 Ni 元素的浓度峰值则略有下降，基本保持在 17%～20%之间的水平。和 QT 工艺所不同的是，QLT 产生更多的元素富集区，且 Ni 元素的峰值浓度更高，能在回火后获得更多的逆转变奥氏体而已。

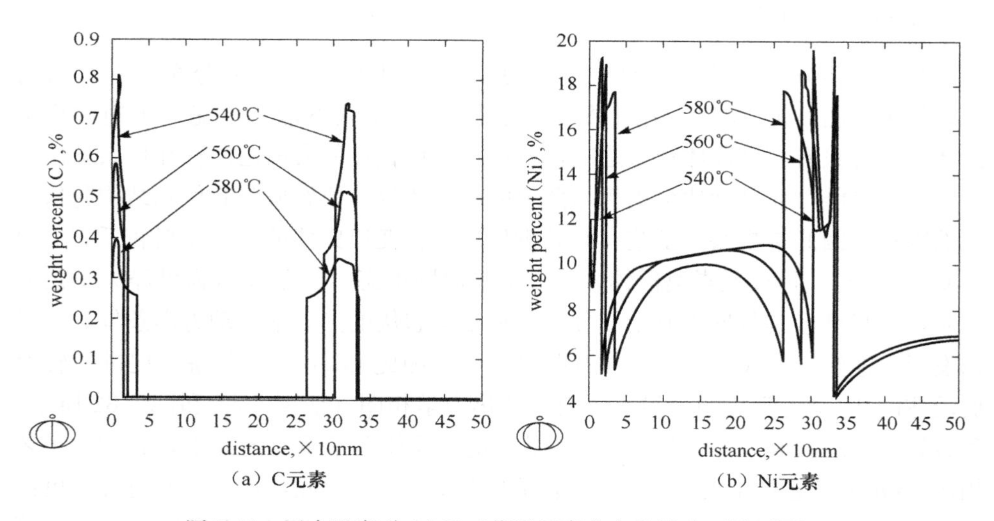

（a）C元素　（b）Ni元素

图 5-91　回火温度对 QLT 工艺下元素分布的影响（界面图）

4）回火时间的影响

对于回火时间的影响，如图 5-92 所示，可以看出，QLT 工艺也具有和 QT 工艺类似的规律。随着回火时间的延长，界面向 α 相内推移，元素富集区的宽度增大。同时，随着回火时间的延长，C 元素的浓度峰值降低，而 Ni 元素的峰值升高。同时可以看出，提高回火温度和延长回火保温时间具有类似的效果，相比较而言，提高回火温度对扩大元素富集区宽度的作用更大一些。

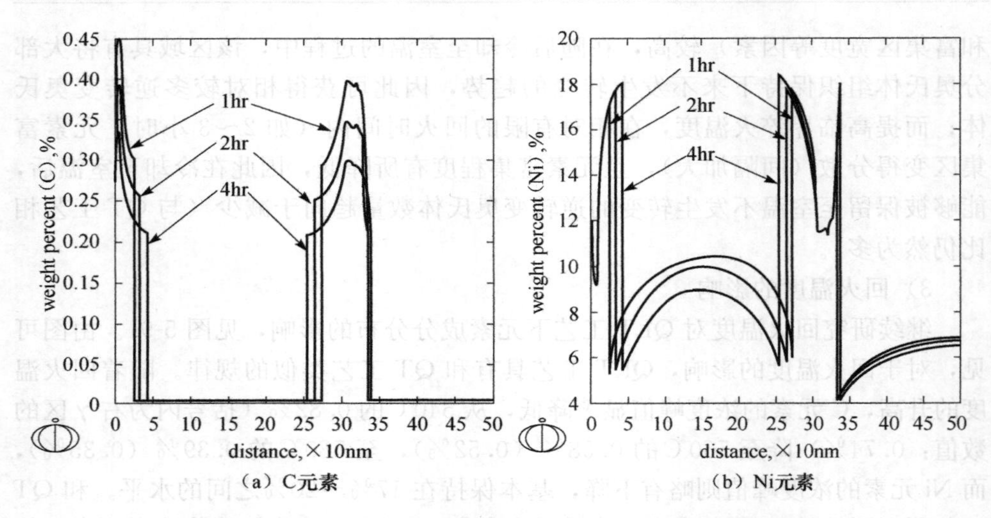


（a）C元素　　（b）Ni元素

图 5-92　回火时间对 QLT 工艺下元素分布的影响（界面图）

5. QT 和 QLT 工艺的比较

综合上述分析，对典型的 QT 和 QLT 工艺下合金元素的分布情况进行对比，结果如图 5-93 所示。从结果可以看出，QT 工艺下最有可能产生逆转变奥氏体的位置只有原马氏体板条之间，且仅在该位置在回火前已经存在残余奥氏体薄膜时才可能。而这种残余奥氏体薄膜的产生依赖于原始成分起伏和结构起伏等偶然因素，因此常规 QT 工艺在 9Ni 钢形成逆转变奥氏体的几率相对较低。而对于 QLT 工艺，形成元素奥氏体（不一定是薄膜形态）的条件由临界淬火工艺所控制，本身已经具备形成原始成分起伏和结构起伏的热力学和动力学条件，可以诱发形成逆转变奥氏体的潜在位置明显增多，因此 QLT 工艺具备了促进逆转变奥氏体的热/动力学机制。另一方面，从热力学相图（如图 5-81 和图 5-82 所示）和金属学原理判断，Ni、Mn 等元素是稳定奥氏体非常重要的元素，和 QT 工艺相比，QLT 工艺产生的 Ni 元素富集程度更高一些，因此，其形成的逆转变奥氏体的稳定性更高。这也是实践中、经过 QLT 工艺处理的 9Ni 钢经冷冻或变形等条件处理下逆转变奥氏体更稳定的动力学原因之一。

6. 实验验证

采用上述动力学模拟计算结果，在实验室成功设计合理的热处理工艺方案。并在实验中进行观察和分析，发现计算结果和实验结果具有良好的一致性。分别从以下组织观察和成分分析两方面加以验证。

从上述计算发现，经过一定温度下临界淬火工艺控制，在原始马氏体板条内

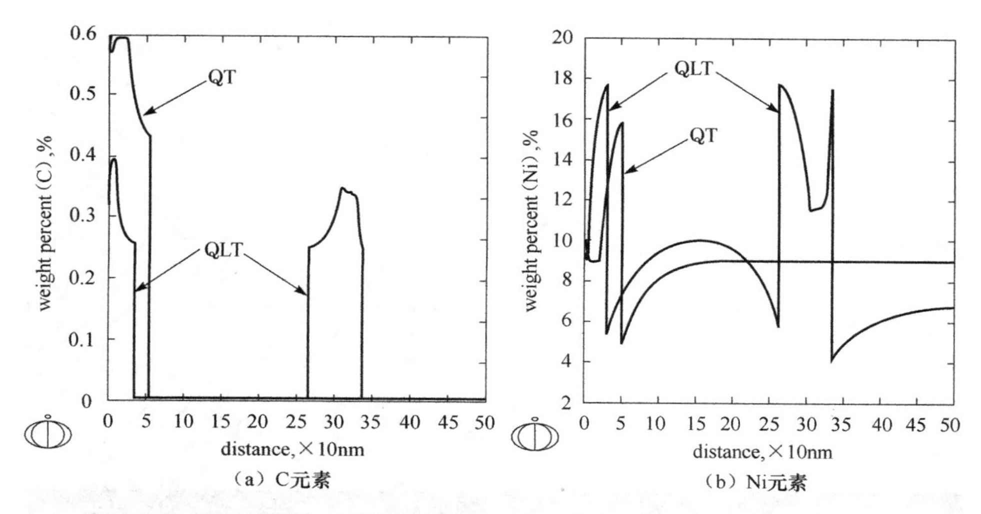


图 5-93　QT 和 QLT 工艺对元素分布的影响（界面图）
（QT：800℃＋580℃×2h；QLT：800℃＋660℃×1h＋580℃×2h）

部形成一定比例的元素富集区和元素贫乏区，对实际 QLT 处理的显微组织进行观察并与模拟计算结果进行对比，如图 5-94 和表 5-17 所示。组织观察发现，经 700℃“临界淬火”，实际上由于淬火温度已经超过 $A_3$ 点，没有形成元素富集区和贫乏区，仍然保留了均一的马氏体板条形貌，如图 5-94(a) 所示；在 680℃～640℃的温度范围内临界淬火，随着 L 温度的降低，元素富集区的宽度下降，而元素贫乏区的宽度增加，如图 5-94(b)～(d) 所示。

采用大样本对元素富集区和贫乏区的数据进行统计，并与计算结果进行对比，如表 5-17 所示。试样的原始马氏体板条宽度多分布于为 400～800nm，说明计算假设 500nm 的板条宽度是合适的。经测量，680℃临界淬火，元素富集区占视场的大多数，其富集/贫乏区宽度比例在 7∶1～15∶1 的范围，与计算结果 14∶1 较为吻合。当临界淬火温度降低至 660℃时，元素富集区仍为主要组分，但其比例已经下降为 2∶1～5∶1，而计算值为 2∶1。当临界淬火温度下降至 640℃时，元素富集/贫乏区的比例已经下降为 1∶1～1∶3，也与计算结果基本一致。当然，现实中由于原始 9Ni 钢中总是存在一定的成分微观偏析或结构、能量起伏，这种元素富集状态即使在相同的工艺条件下达到完全一致也是不可能的。

对元素富集区（已确认为逆转变奥氏体）进行多点成分测量（表 5-18），发现其中 Ni 含量基本处于 15%～20%的范围内（平均值为 17%～18%），与相同工艺下 18%的峰值 Ni 浓度计算结果极为接近，从另一个方面有力地证明了计算结果的可靠性。

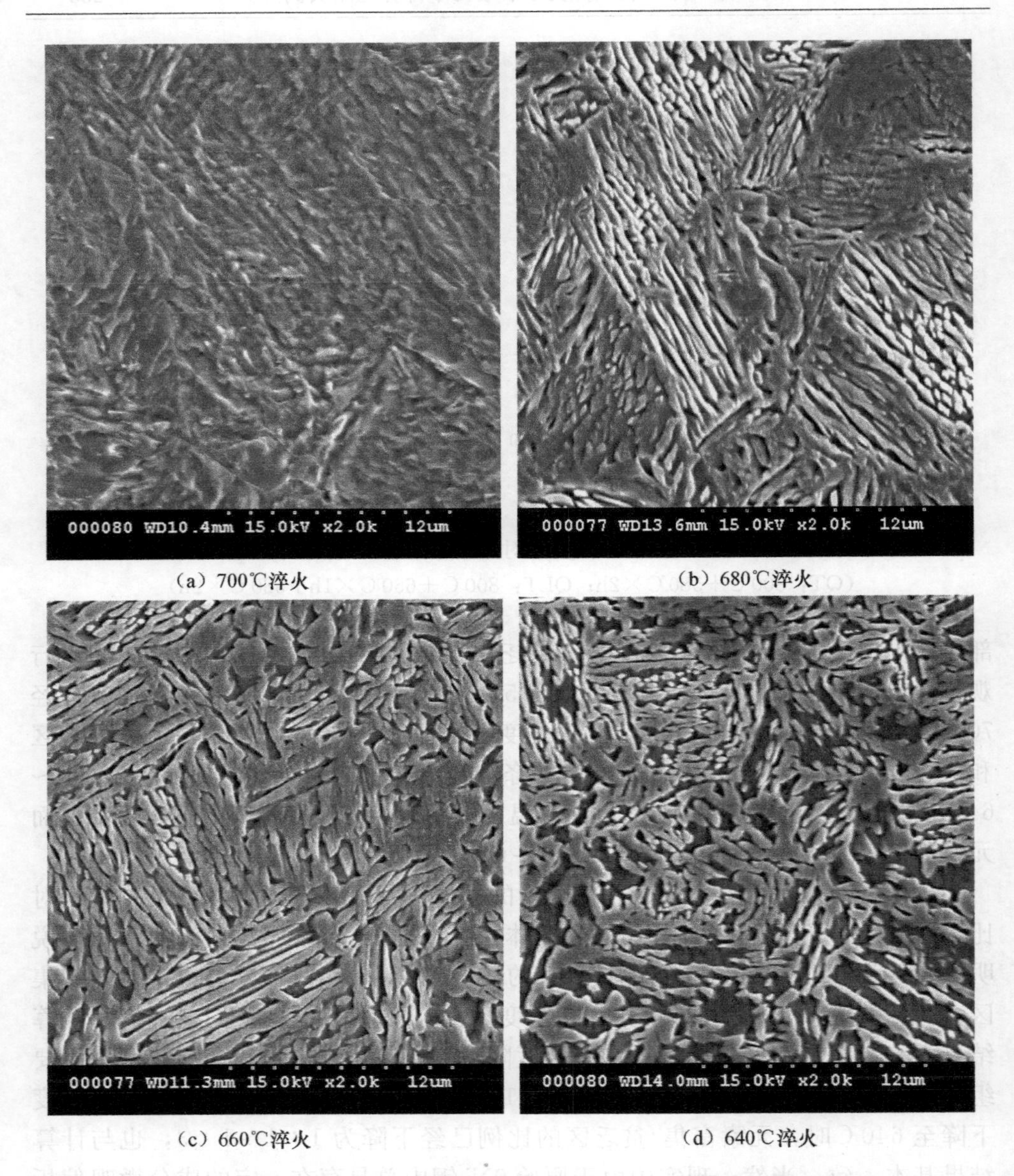


(a) 700℃淬火　　(b) 680℃淬火

(c) 660℃淬火　　(d) 640℃淬火

图 5-94　9Ni 钢不同临界淬火温度下的显微组织（一次淬火温度：800℃）

**表 5-17　QLT 工艺处理 9Ni 钢的元素富集区和贫乏区数据（实验测量和计算方法对比）**

| 临界淬火温度/℃ | 方法 | 典型元素富集区宽度/nm | 典型元素贫乏区宽度/nm | 板条宽度/nm | 富集/贫乏区宽度比例 |
|---|---|---|---|---|---|
| 680 | 实验测量 | 350～650 | 30～100 | 400～700 | 7∶1～15∶1 |
|  | 模拟计算 | 468 | 32 | 500 | 14∶1 |

续表

| 临界淬火温度/℃ | 方法 | 典型元素富集区宽度/nm | 典型元素贫乏区宽度/nm | 板条宽度/nm | 富集/贫乏区宽度比例 |
|---|---|---|---|---|---|
| 660 | 实验测量 | 300～600 | 80～250 | 400～800 | 2∶1～5∶1 |
|  | 模拟计算 | 329 | 171 | 500 | 2∶1 |
| 640 | 实验测量 | 150～300 | 200～600 | 400～800 | 1∶1～1∶3 |
|  | 模拟计算 | 177 | 323 | 500 | 1∶2 |

**表 5-18　元素富集区（逆转变奥氏体）的成分检测**（采用高分辨电镜手段）

|  | 原始检测数据* |  |  |  |  |  | 经修正**Ni 含量/% |
|---|---|---|---|---|---|---|---|
|  | 元素 | 质量分数/% | 原子百分比/% | 不确定度/% | 修正系数 | K 因子 |  |
| 第 1 点 | C（K） | 13.524 | 42.172 | 0.305 | 0.173 | 6.279 | 20.2 |
|  | Ni（K） | 17.848 | 11.388 | 0.164 | 0.996 | 1.592 |  |
| 第 2 点 | C（K） | 12.651 | 40.311 | 0.257 | 0.173 | 6.279 | 16.4 |
|  | Ni（K） | 14.451 | 9.421 | 0.129 | 0.996 | 1.592 |  |
| 第 3 点 | C（K） | 12.925 | 40.745 | 0.311 | 0.173 | 6.279 | 16.3 |
|  | Ni（K） | 14.373 | 9.271 | 0.139 | 0.996 | 1.592 |  |
| 平均值 |  |  |  |  |  |  | 17.6 |

* 此处略去 Mn、Fe 等与本模拟计算不相关数据信息；

* * 去除观察中的 C 污染，对元素含量进行归一化处理。

### 5.7.4　产品（技术）应用情况

采用上述计算结果，与实验技术相结合，可以总结出两种热处理工艺下的力学性能特点，如图 5-95 所示，QT 热处理工艺生产 9Ni 钢，工序更为简单，可获得较高的强度，而保持较高韧性水平的工艺控制范围更窄，工艺条件更为苛刻。而 QLT 工艺生产 9Ni 钢，可获得更为优良的强韧综合性能匹配，尤其是良好的低温韧性，工艺控制窗口更宽，可操作性更强。

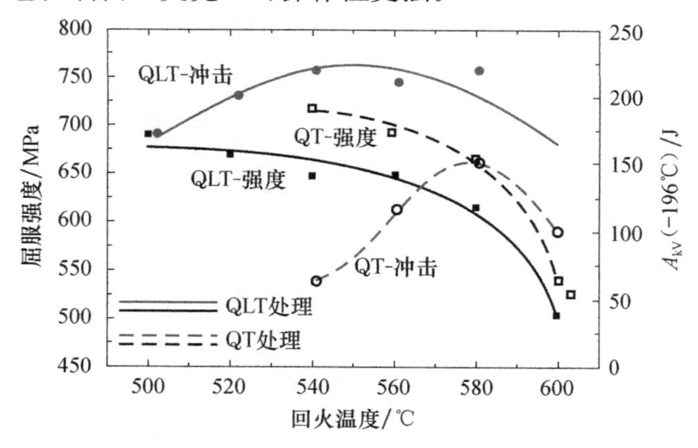


图 5-95　QT 和 QLT 工艺下的力学性能

采用上述实验室技术进行9Ni钢板的工业试制。取工业钢板进行系列温度冲击实验结果如图5-96所示。结果显示，对于所测试9Ni钢板，在试验温度范围内，没有出现脆性转变，冲击功均处于系列冲击实验的上平台水平。在－100℃以上，冲击功稳定保持在恒定值（纵向接近300J，横向250J以上）；当温度低于－100℃时，随着试验温度的降低，试样的冲击功稍有下降，至－196℃时，和20℃相比冲击值下降20%左右。从－196℃至20℃的系列温度范围内，9Ni钢的冲击断口均呈现100%韧性断口，没有出现结晶状断口[58]。

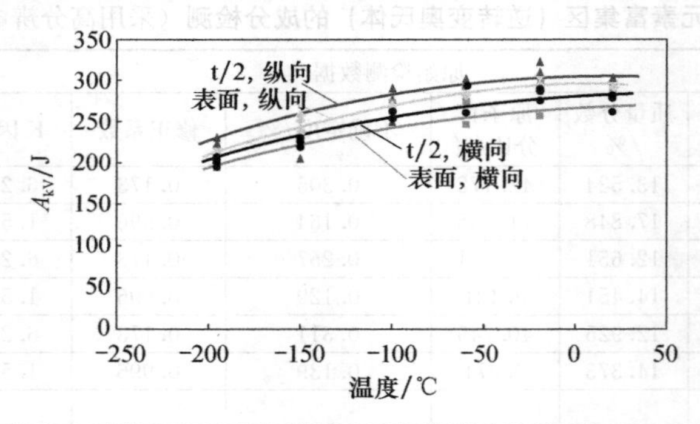


图5-96　工业试制9Ni钢板的低温韧性

目前，国产高性能9Ni低温钢板已经实现供货1万余吨，成功应用于国内大型LNG接收站，并打破了由国外垄断的局面。图5-97给出了采用国产化9Ni钢板自主建造的LNG储罐照片，标志了我国在关键设备制造领域采用国产低温材料方面迈出了具有里程碑意义的一步。

图5-97　采用国产化9Ni钢板自主建造的LNG储罐

# 5.8　本 章 小 结

本章介绍了材料热力学、动力学计算在钢铁材料研究中的各种应用情况，有微合金化技术的原理分析，有中高碳钢品种的成分设计，有氧化物冶金技术的机理研究，有铜脆现象的工艺研究，有高氮不锈钢的品种开发，也有对高 Ni 低温钢热处理工艺的指导。应该说，材料热力学、动力学计算在钢铁材料技术中的应用是全方面的，远非本章几个算例所能覆盖，希望这些工作能起到抛砖引玉的作用，大量精彩的算例有赖材料研究者在自己的工作实践中去发现、开发。

## 参考文献

[1] Coutsouradis D，Leroy V，Greday T，et al. Review of hot shortness problems in copper containing steels [C] //Conference：Copper in Steel. Luxembourg：[s. n.]，1983，23 (3)：1～24.

[2] Shibata K. Surface hot shortness due to Cu (+Sn) and its suppression by physical metallurgy [J]. CAMP-ISIJ，2003，16 (1)，391～1394.

[3] Shibata K，Seo S J，Kaga M，et al. Suppression of surface hot shortness due to Cu in recycled steels [J]. Materials Transactions，2002，43 (3)：292～300.

[4] Noro K，Takeuchi M，Mizukami Y. Necessity of scrap reclamation technologies and present conditions of technical development [J]. ISIJ International，1997，37 (3)：198～206.

[5] Djurovic M，Perovic B，Kovacevic K，et al. The effect of residuals on the susceptibility to surface cracking and hot deformability of plain carbon steels [J]. Materials and Technology，2002，36 (3～4)：107～113.

[6] Chen R Y，Yuen W Y D. Copper enrichment behaviours of copper-containing steels in stimulated thin-slab casting processes [J]. ISIJ International，2005，45 (6)：807～816.

[7] Imai N，Komatsubara N，Kunishige K. Effect of Cu，Sn and Ni on hot workability of hot-rolled mild steel [J]. ISIJ International，1997，37 (3)：217～223.

[8] Imai N，Komatsubara N，Kunishige K. Effect of Cu and Ni on hot workability of hot-rolled mild steel [J]. ISIJ International，1997，37 (3)：224～231.

[9] Yukio T，Naoki S，Takeshi T，et al. Improvement in HAZ toughness of steel by TiN-MnS addition [J]. ISIJ International，1994，34 (10)：829～835.

[10] Harrison P L，Farrar R A. Influence of oxygen-rich inclusions on the $\gamma \rightarrow \alpha$ phase transformation in high-strength low-alloy (HSLA) steel weld metals [J]. Journal of Materials Science，1981，16：2218～2226.

[11] Takamura J I，Mizoguhci S. Metallurgy of oxides in steels [C] //Proceedings of the Six International Iron and Steel Congress，Nagoya，1990. Nagoya：ISIJ，1990：591～597.

[12] Mizoguchi S，Takamura J I. Control of oxides as inoculants-metallurgy of oxides in steels [C] //Proceedings of the Six International Iron and Steel Congress. Nagoya：ISIJ，1990：598～604.

[13] Shim J H，Cho Y W，Chung S H，et al. Nucleation of intragranular ferrite at $Ti_2O_3$ particle in low carbon steel [J]. Acta Materialia，1999，47 (9)：2751～2760.

[14] Byun J S，Shim J H，Cho Y W. Non-metallic inclusion and intragranular nucleation of

ferrite in Ti-Killed C-Mn steel [J]. Acta Materialia，2003，51：1593～1606.

[15] 王明林. 低碳钢凝固过程含钛析出物的析出行为及其对凝固组织影响的机理研究 [D]. 北京：钢铁研究总院，2003，6.

[16] Hatano H. 微細ベイナイトによる高強度鋼の大入熱 HAZ 韌性改善技術の開發 [J]. CAMP-ISIJ，2003，16：364～367.

[17] 冶金部钢铁研究总院. 合金钢手册（上/下册）[M]. 北京：中国工业出版社，1971.

[18] Mabuchi H，Uemori R，Fujioka M. The role of Mn depletion in intra-granular ferrite transformation in the heat affected zone of welded joints with large heat input in structural steels [J]. ISIJ International，1996，36（11）：1406～1412.

[19] Park S C，Jung I H，Oh K S，et al. Effect of Al on the evolution of non-metallic inclusions in the Mn-Si-Ti-Mg deoxidized steel during solidification：experiments and thermodynamic calculations [J]. ISIJ International，2004，44（6）：1016～1023.

[20] Kojima A，Kiyose A，Uemori R，et al. Super high HAZ toughness technology with fine microstructure imparted by fine particles [J]. 新日铁技报，2004，380：2～5.

[21] Li J，Wang F M，Zhang X Y，et al. Effect of magnesium-contained deoxidizer on cleanliness of liquid steel and mechanical properties of final sheets [C] // 2006 International Symposium on Slab Casting and Rolling，Guangzhou，2006，4：430～434.

[22] Lee J L，Pan Y T. The formation of intragranular acicular ferrite in simulated heat-affected zone [J]. ISIJ International，1995，35（8）：1027～1033.

[23] 戴宝昌. 国内外不锈钢及其线材制品的现状与展望 [J]. 金属制品，2007，33（6）：6～9.

[24] 程鹏辉，贺东风，田乃媛. 我国不锈钢发展现状与展望 [J]. 特殊钢，2007，28（3）：50～52.

[25] 杨照明，韩静涛，刘靖，等. 奥氏体耐热不锈钢 310s 的抗高温氧化物性能研究 [J]. 热加工工艺，2006，35（14）：33～35.

[26] 白宝云，罗兴宏，范存淦. 奥氏体不锈钢在熔融碳酸盐中的腐蚀 [J]. 中国腐蚀与防护学报，2002，22（5）：278～281.

[27] 刘国平. 节镍奥氏体不锈钢凝固模式及氮的影响 [J]. 中国西部科技，2008，31(7)：13～14.

[28] 李学锋，李正邦，董翰，等. 节镍型双相不锈钢 00Cr21Mn5Ni1N 的热加工性能 [J]. 钢铁研究学报，2008，20（1）：40～43.

[29] 李志，高谦，何冰，等. 节镍型奥氏体不锈钢 1Cr17Mn9Ni4N 的组织和力学性能 [J]. 钢铁研究学报，2005，17（2）：68～71.

[30] Otani K，Hattori K，Muraoka H，et al. Development of ultraheavy-gauge（210mm thick）800 MPa tensile strength plate steel for racks of jack-up rigs [J]. Nippon Steel Technical Report，1993，58：1～8.

[31] Funakoshi T，Tsuboi J，Aoki S. The heavy plate of quenched and tempered steel with 80kg/mm$^2$ tensile strength [J]. Kawasaki Steel Technical Report (in Japanese)，1972，

4 (3)：56～69.

[32] 陈卓，吴晓春，汪洪斌，等. 硼含量及奥氏体化温度对P20B钢淬透性的影响 [J]. 钢铁研究学报，2008，20 (10)：40～43.

[33] Paju M. Effect of boron protection methods on properties of steel [J]. Ironmaking and Steelmaking，1992，19 (6)：495～500.

[34] Yulin Shen，Steven S Hansen. Effect of Ti/N ratio on the hardenability and mechanical properties of a quenched-and-tempered C-Mn-B steel [J]. Metallurgical and Materials Transaction A，1997，28A：2027～2035.

[35] Pan T，Wang X，Wang H，et al. Chemistry design of B-containing ultra-heavy plate steels aided by Thermo-Calc calculation [J]. Journal of Iron and Steel Research，International (Supplemented)，2011：242～245.

[36] Watanabe S，Ohtani H，Kunitaki T. The influence of dissolution and precipitation behavior of $M_{23}$ (C，B)$_6$ on the hardenability of boron steels [J]. Transactions ISIJ，1983，23：120～127.

[37] 钱立新. 国际重载机车车辆的最新进展 [J]. 机车电传动，2002，1：1～4.

[38] 张进德. 我国铁路货车技术近期发展趋向商榷 [J]. 铁道车辆，2001，5：15～19.

[39] Sun Jian. Proceedings of 12th International Wheelset Congress，Qingdao，September 1998 [C]. Qingdao：UIC，1998：18～29.

[40] 木川武彦. 車輪材料の動向 [J]. 金属（日文），2000，70 (2)：21～32.

[41] 苏航，季怀忠，张永权，等. 高速列车车轮钢摩擦热致相变的计算机模拟 [J]. 金属学报，2004，40 (9)：909～914.

[42] Lonsdale C，Dedmon S，Pilch J. Recent developments in forged railroad wheels for improved performance [C] //2005 Joint Rail Conference Proceeding. Colorado：ASME，2005：39.

[43] 沈逢祥，郁珊华. 车轮钢珠光体片层间距及其与断裂的关系 [J]. 马钢科研，1989，1：10～15.

[44] 潘涛，李丽，马跃，等. 合金元素对车轮钢抗剥离性能的影响 [J]. 钢铁，2009，44 (8)：67～71.

[45] Lagneborg R，Siwecki T，Zajac S，et al. The role of vanadium in microalloyed steels [J]. Scandinavian Journal of Metallurgy，1999，28 (5)：1～74.

[46] Korchynsky M. Overview [C] //Proc. 8th Process Tech. Conf.，Pittsburgh，USA，1988. USA：Iron and Steel Society，1988：79～87.

[47] 潘涛，张娟，杨才福，等. 薄板坯连铸连轧的实验室模拟和V-N微合金化 [J]. 钢铁研究学报，2005，17 (增刊)：54～58.

[48] 刘清友，毛新平，林振源，等. CSP流程V-N微合金钢的冶金学特征 [J]. 钢铁研究学报，2005，17 (增刊)：26～31.

[49] 潘涛，杨才福. 低成本V-N微合金化高强度钢筋的研究与生产 [J]. 中国冶金，2009，19 (7)：13～17.

[50] 程鼎，潘涛，张永权，等. V-N微合金化厚壁H型钢的组织、力学性能及析出研究[J]. 钢铁钒钛，2008，29 (3)：1～6.

[51] Aneli E，Ibabe J M，Stercken K. New steel generation for high strength large diameter wire rods [C] // Technical Steel Research for European Commission. Luxembourg，2002. Luxembourg：European Commission，2002：1～169.

[52] Kubo T，Obmori A，Tanigawa O. Properties of high toughness 9%Ni heavy section steel plate and its applicability to 200，000 KL LNG storage tanks [J]. Kawasaki steel technical report，1999，40：72～79.

[53] 张弗天，姜健，宋建先，等. 9Ni钢回转奥氏体相变的Mssbauer谱学研究 [J]. 金属学报，1986，22 (4)：1121～1129.

[54] 张弗天，王景韫，郭蕴宜. 9Ni钢中的回转奥氏体与低温韧性 [J]. 金属学报，1984，20 (6)：405～411.

[55] Syn C K，Fultz B，Morris J W. Mechanical stability of retained austenite in tempered 9%Ni steel [J]. Metallurgical Transactions A，1978，7 (12)：1635～1640.

[56] Morris J W，Guo Z，Lee T K. Thermal mechanisms of grain refinement in lath martensitic steels [C] //Fourth International Conference on HSLA Steels October 30-November 2，Xi'an，China，2000. China：Chinese Metal Society，2000：195～202.

[57] 沈俊昶，杨才福，张永权. 10Ni5CrMoV钢两相区淬火热处理组织与性能研究 [J]. 钢铁，2007，42 (6)：63～69.

[58] 董恩龙，朱莹光，潘涛. LNG用9Ni低温压力容器钢板的研制 [C] //全国低合金钢年会论文集. 北戴河：中国金属学会低合金钢分会，2008：741～749.